# 直面童心的点拨

## 幼儿园 个体心理辅导 101 例

YOUERYUAN
GETIXINLI FUDAO 101 LI

主　编　周耀飞
副主编　董艳芳　王芸萍
主　审　张骏乐

宁波出版社
NINGBO PUBLISHING HOUSE

图书在版编目（CIP）数据

直面童心的点拨：幼儿园个体心理辅导101例 / 周耀飞主编.—宁波：宁波出版社，2015.8（2020.6重印）

ISBN 978-7-5526-2180-8

Ⅰ.①直… Ⅱ.①周… Ⅲ.①学前儿童—心理健康—健康教育 Ⅳ.①B844.12

中国版本图书馆CIP数据核字（2015）第171244号

# 直面童心的点拨——幼儿园个体心理辅导101例

| 主　　编 | 周耀飞 |
|---|---|
| 副 主 编 | 董艳芳　王芸萍 |
| 主　　审 | 张骏乐 |
| 责任编辑 | 张雅光　黄　彬 |
| 装帧设计 | 吉祥文化 |
| 出版发行 | 宁波出版社（宁波市甬江大道1号宁波书城8号楼6楼　315040） |
| 电　　话 | 0574—87287264（编辑）　87242865、87279895（发行） |
| 网　　址 | http://www.nbcbs.com |
| 印　　刷 | 浙江开源印务有限公司 |
| 开　　本 | 787毫米×1092毫米　1/16 |
| 印　　张 | 16.25 |
| 字　　数 | 340千 |
| 版　　次 | 2015年8月第1版 |
| 印　　次 | 2020年6月第4次印刷 |
| 标准书号 | ISBN 978-7-5526-2180-8 |
| 定　　价 | 35.00元 |

如发现缺页或倒装，影响阅读，请与发行商联系调换。

# 代序

## 真正的陪伴是"读懂"

当"心理健康从幼儿抓起"被越来越多的有识之士所认同的时候,我们欣喜地看到了《直面童心的点拨——幼儿园个体心理辅导101例》一书的面世。该书是《直面心灵的艺术——中小学心理辅导方法101例》的姊妹篇,也是张骏乐会长继《直面危情的智慧——中小学生班主任应急讲话101例》、《直面困境的精彩——中小学德育创新101例》之后的第四个"101",这是他和他的团队,奉献给我国幼儿教育的一份崭新的礼物,也填补了目前幼儿园心理健康个别辅导的空白,展开了一幅幼儿园心理健康教育的新画卷。

担任本书主编的周耀飞女士,长期从事早期教育和心理健康教育工作,对幼儿发展心理有着较为深刻的了解,具有丰富的教育实践经验,是一位资深的儿童心理教育工作者。她用她的优秀,为幼儿教育增光添彩,用她的思考与实践,为幼儿教育添砖加瓦,她提出,有一种爱叫"陪伴","陪伴"的基础是"读懂"。《直面童心的点拨——幼儿园个体心理辅导101例》正是一本让你"读懂"孩子,陪伴孩子,和孩子一起成长的好书。

全书的案例都来源于幼儿教师个别心理辅导实践,具有很强的针对性和可操作性。它将3-6岁幼儿成长期出现的"紧张焦虑"、"消极依恋"、"恋母情结"等情绪问题,"盲目多动"、"同伴嫉妒"、"拒绝分享"等行为问题,以常用的心理辅导方法,结合多个案例进行深入浅出的阐述。当我们面对"调皮捣蛋"、"屡教不改"的孩子束手无策时,《直面童心的点拨——幼儿园个体心理辅导101例》无疑就是一场"及时雨",让我们看到了禾苗的希望。

值得一提的是,如宁波市中小学心理健康教育一样,宁波市幼儿园心理健康教育也是走在浙江省乃至全国的前列。早在2003年,宁波就有数十位幼儿园教师获得了"浙江省心理健康教育教师上岗资格C级证书";自2006年开展的"宁波市幼儿园心理健康活动优质课评选"一直延续至今;迄今已连续十五届的"宁波市幼儿园心理健康教育论文评选"又为幼儿教师对心理健康教育的理论提升和实践深化提供了平台。这一切都为编写《直面童心的点拨——幼儿园个体心理辅导101例》打下了扎实的基础。

幼儿行为最接近早期人类,也最具有自然人的属性。幼儿的缺点是显而易见的,他们缺点暴露得越多,我们越有机会引领他们向着社会人方向发展。所以,不要把孩子的心理问题,武断地从成人的角度解读为"品行问题"。而是要在孩子出现心理问题的萌芽阶段,就及时予以点拨,扣开心门,抚慰心灵,化解心结,拓宽心胸。这样,孩子将拥有阳光的心态,健康地成长。我想,这也是张骏乐先生主审、周耀飞女士主编此书的意义所在。

虽然提供这些案例的老师不一定是最专业的心理教师,但他们能静下心来"阅读"孩子、"读懂"孩子,并默默地陪伴着孩子,在成长孩子的过程中,也成长了自己。在这里我要向他们表达真诚的敬意!

张国宏

《德育报》社长兼总编辑

# 目 录

代　序/张国宏

## ■ 心理辅导之紧张焦虑

- 002　1.渐入"家"境/林环舟
- 004　2.扬"帆"起航/傅露露
- 007　3.笑,不再含泪/张戴凤
- 009　4."音"之爱/叶　夏
- 011　5."大猫"我不再怕你/邬晓萍
- 014　6.老师,你会死吗?/黄晶璐
- 016　7.她喜爱上幼儿园了/龚小丹
- 018　8.小新的"小动作"/陈莉霞
- 020　9.幼儿园里有"坏人"/胡　极

## ■ 心理辅导之欺骗说谎

- 024　10.我的爸爸是警察/李海珍
- 026　11.泽泽与《狼来了》/何萍萍
- 028　12.不做"匹诺曹"/沈珍珍
- 031　13.对不起,是我做错了/周　维
- 033　14.玫瑰、剪刀和谎言/胡凡叶
- 036　15.寻谎、说谎、悟谎/冯优萍
- 038　16.谎言背后的心声/何　璐
- 040　17.说谎与遐想/洪淑霞

## ■ 心理辅导之动辄告状

- 044　18.麦子间谍/周　艳
- 046　19.圆圆的转变/黄玉萍
- 048　20.缘缘与小报告/周　云
- 051　21.不要告状,除非是大事/姚丽娜
- 053　22.宁宁安宁了/刘兰芳
- 055　23.和告状Say Bye-bye/钱　静

| 057 | 24.小宇宙不再"爆发"/陈 洁 |
| 060 | 25. 向阳那面,灿烂如"你"/章玉叶 |

### ■ 心理辅导之胆小退缩

| 063 | 26.孩子,让我轻轻走进你的世界/金雨玖 |
| 065 | 27.不再说"不会"/杨宏梅 |
| 067 | 28.小荷露出尖尖角/兰小红 |
| 069 | 29.原来我也很棒/王凯莹 |
| 071 | 30.野百合也有春天/李红雨 |
| 073 | 31.成成成功了/桑莹莹 |
| 076 | 32.我怕……/陈美英 |
| 078 | 33.我相信我可以/张李雅 |
| 080 | 34.缩在壳里的小蜗牛/徐红奕 |

### ■ 心理辅导之盲目多动

| 084 | 35.与静有约/毛寅娜 |
| 086 | 36.孩子,请别再抽动/水波波 |
| 088 | 37.让多动成为甜蜜的负担/虞美君 |
| 091 | 38.一通神奇的电话/周 霞 |
| 093 | 39.回归平静/王 燕 |
| 096 | 40.寻找一条通往安静的路/董珂璐 |
| 098 | 41.我是小公主/孙霞杰 |
| 100 | 42.约定/陈海俏 |
| 103 | 43.我和你在一起/徐 萍 |

### ■ 心理辅导之同伴嫉妒

| 107 | 44.和嫉妒说再见/罗建丽 |
| 109 | 45.小怡变了/朱丹喜 |
| 111 | 46.把"醋意"化为"甜蜜"/任 波 |
| 114 | 47.源源的情绪解码/周志远 |
| 116 | 48.学会观景/陈凌靓 |
| 119 | 49.在阳光下微笑/王 毅 |
| 121 | 50.快乐原来这么简单/诸诗岚 |
| 124 | 51.少点嫉妒,多点欣赏/毛红珠 |

### 心理辅导之拒绝分享

| 128 | 52.洋洋愿与你分享/陈亦军 |
| 130 | 53.走进雷雷的内心世界/黄燕娜 |
| 133 | 54.快乐源于分享/王　珂 |
| 135 | 55.小新有了新习惯/舒丹丹 |
| 137 | 56.小Q的"争夺战"/章晨晨 |
| 139 | 57.我们大家一起玩/曾亚会 |
| 142 | 58.和分享Say Hello/张　儿 |
| 144 | 59.煖煖的一小步/陈燕娜 |

### 心理辅导之固执任性

| 147 | 60.不再任意妄为/徐东颖 |
| 149 | 61.硬硬的"小肉球"/陈嘉琪 |
| 152 | 62.跳跳不再暴跳/张珊珊 |
| 154 | 63.我不倔强/岑　冲 |
| 157 | 64.期待阳光下的七色花/卜　瞿 |
| 159 | 65.小雨转晴了/樊亚芬 |
| 161 | 66.一点点结出的果子/鲁晓倩 |
| 164 | 67."洋娃娃"的歌声/陈　霞 |

### 心理辅导之消极依恋

| 167 | 68.小船的"暖心之旅"/刘露凤 |
| 169 | 69.小小快长大/周耀敏 |
| 171 | 70.让我们牵起手/张微微 |
| 173 | 71.潇潇你很棒/李　丰 |
| 176 | 72.你不是被遗忘的角落/千静静 |
| 178 | 73.走进克莉丝汀的内心世界/陈安君 |
| 180 | 74.再现微笑/陈双利 |
| 183 | 75.助你,从爱出发/邱文红 |

### 心理辅导之恋母情结

| 186 | 76."美羊羊"的情结/郑爱柳 |
| 188 | 77.世上不只妈妈好/朱海英 |
| 190 | 78.爱和恋的故事/薛以瑜 |

| 192 | 79.渐渐地,渐渐地……/黎 芬 |
| 195 | 80."冉冉"升起/刘芳芳 |
| 197 | 81.冰融化了/陈恩露 |
| 199 | 82.破解孩子心灵的密码/陈圣婷 |
| 201 | 83.对"保护伞"说不/丁莹莹 |

### ■ 心理辅导之恋物嗜好

| 205 | 84.恋围巾的孩子/王桃月 |
| 207 | 85."奥特曼"的华丽转身/史璐璐 |
| 209 | 86.毛巾妹/胡珍艳 |
| 212 | 87.小熊回家吧/何 荆 |
| 214 | 88.牛牛的布/陈瑜露 |
| 216 | 89.驰驰的旅行/邱丽霞 |
| 218 | 90."小兔子"跳跳/陈 燕 |
| 220 | 91.嘟嘟的棉布条/龚育红 |
| 223 | 92.一物降"衣"物/王烈飞 |

### ■ 心理辅导之其他

| 227 | 93.在外"不当虫"/卞娟娟 |
| 229 | 94.有个小怪叫孤独/徐晓青 |
| 231 | 95.遥望星星的孩子/史微波 |
| 234 | 96.爱的伤害/叶凌燕 |
| 236 | 97.我当哥哥了/史南竹 |
| 238 | 98."公交车"伴我成长/张青青 |
| 240 | 99.他像个女生/杨增叶 |
| 243 | 100.他不再唱反调/李 君 |
| 245 | 101.风雨过后是彩虹/林晓花 |

后 记

# 心理辅导 之
# 紧张焦虑

# 1 渐入"家"境

林环舟

### A 辅导缘起

新学期伊始,孩子们兴高采烈地来到幼儿园,新生小A拽着妈妈的手僵持在校园门口不肯进去,边哭边喊:"我要回家!我要回家!"妈妈连拖带扯地把她塞到老师手里,小A强烈地反抗着,表现出极度的恐惧。一会儿,她挣脱了老师的怀抱冲向门口,哭喊着:"我要妈妈!我要妈妈……"

午餐时,小A一动不动地坐在餐桌边,嘴里念叨着什么。老师拿起碗勺准备喂她,她将头转向一边,拒绝进食……

午休了,小A抱着她的小枕头,坐在小床上拒绝入睡,不时地发出低泣声。

孩子第一次进入幼儿园,由于与爸妈分离所产生的一系列焦虑情绪的反应都是正常的,毕竟第一次离开熟悉的家庭环境,离开熟悉的爸妈,进入一个陌生的地方,接触陌生的人,并且还要逐渐学会独立照顾自己。但过度的焦虑会使孩子抵抗力下降,长期的焦虑所产生的心理压力会对孩子性格形成、社会性能力的发展带来一定的影响。

为了让小A尽快地克服焦虑情绪,并融入幼儿园生活,我们对小A进行了渗透性辅导。

### B 辅导节点

**1. 家的气息。**

新生班级环境中,我们特别设计一块"宝宝的家"区域,在那里孩子们可以摆放各自从家里带来的物品,感受到家的气息,以帮助孩子消除对幼儿园的陌生感。小A有个心爱的大型玩具——小狗的家,老师让她带到幼儿园来,当小A出现烦躁焦虑的情绪时,老师建议她去小狗的家坐坐,听听小狗的家发出来的声音(老师在小狗的家里面放了个MP3,里面录了小A喜欢的儿歌、音乐),跟小狗说说悄悄话,让她紧张的心情得以缓解、放松。

班级的"亲亲墙"上挂满了孩子们和爸爸妈妈的笑脸,小A也从家里带来一张全家福,在老师的协助下进行了相框装饰,然后挂在"亲亲墙"上面,小A想家、想爸爸妈妈时,可以随时看看照片,感受到父母就在身边,适当缓解分离焦虑。

另外,"抱抱小屋"是小A钟爱的场所,大型的柔软的公仔玩具,对分离焦虑的小A有良好的安抚作用。依恋妈妈怀抱的她,进入"抱抱小屋"后在抱抱亲亲中感受到了温暖和满足,焦虑的心情也在很大程度上得到放松。

**2. 心的接纳。**

一开始,小A对老师表现出来的是极度的抗拒,不要老师抱、不要老师碰,甚至不要老师帮助上厕所,而宁可把小便解在裤子里;老师喂饭,她吐老师一身;老师哄她睡觉,她会冷不丁地抓老师的头发;她会在午睡时从梦中惊醒,进而尖叫……

对于这一切,老师表现出来的是无条件地接纳。当小A哭泣时,老师并没有马上阻止,而是在一边陪伴,让她做适当的宣泄再用游戏活动吸引她,转移她的注意力;当小A故意把小便解在裤子里时,老师没有责骂,甚至没有当众说穿,而是悄悄地把小A领到午睡室帮她清理,给她换上干净的衣裤;当小A因为没有好好吃饭而表现出饥饿感时,老师悄悄地在她的小手里塞几块小饼干……老师无条件地接纳给了小A绝对的安全感。

慢慢的,小A减少了哭泣,减少了与老师的对抗。游戏时,虽然还是坐在一边"冷眼旁观"不参加活动,但是她小脸上的表情却发生着微妙的变化。

慢慢的,她的眼光会去追寻老师的身影,她要小便了会把自己的小身体往老师身上蹭,她会主动走到老师身边拉拉老师的衣角对着老师笑一笑……

我们知道,小A已经度过了焦虑的高峰期,她在试探着和身边给她带来安全感的对象建立新的情感链接。这时老师给了她及时的、适当的回应,在她可以接受的程度内予以亲密的接触,温情的链接正在建立。

**3. 能的养成。**

初到幼儿园,小A的生活从"一个人"变成了"一群人",这样的环境使她因找不到自己的位置而产生紧张的情绪反应。因此,让小A融入活动,让她有能力在活动中找到自己的位置、体会到快乐,成了尽快消除小A分离焦虑的不错的选择。为了体现"一群人"的乐趣,我们创设了"我生日了"墙面。当9月生日的小A出现在了生日墙上,大家为她唱歌、祝福,一下子增强了她对班级大家庭的信任,感受到了小朋友对她的接纳。到了10月庆生的时候,小A已经会主动给过生日的小朋友唱歌祝福了。

来园的第一件事情是,小A要在父母带领下去选择心情棒(笑脸或哭脸)放在贴有自己照片的小杯子里,虽然在哭闹,可是小A并不乐意拿到黑色的哭脸。所以每到这个时刻她会努力"踩刹车",让自己的哭声停下来以拿到粉色的笑脸。老师借机表扬她,并奖励她笑脸贴,小A来园哭闹的现象明显在减少。在"心情棒"的选择中,小A慢慢学会了控制自己的情绪……

## C 辅导反思

开学两周后,小A开始逐步有序地加入集体活动。从小A的变化来看,她的分离焦虑经历了比较典型的三部曲:抗拒、愤怒;减少啼哭、情感冷漠;寻求亲情、适应环境。在此期间,我们比较适当地给小A以各个阶段的支持:允许其合理地宣泄以缓解焦虑、无条件地接纳以建立安全感,用游戏化的方式潜移默化地培养其融入集体的能力。

在看到辅导效果的同时,我们也发现了一些问题:首先,由于小A的自理能力比较弱,每到进餐时情绪仍会反复,这需要我们继续加强能力上的培养。其次,在我们把注意力放在缓解小A的分离焦虑的同时,我们也感受到了小A妈妈的焦虑,妈妈的这种情绪也给小A带来了一定的负面影响。所以,在关注孩子的同时,我们也应该关注到成人的情绪,帮助他们跟宝宝一起度过共同的分离焦虑期。

作者单位:宁波市闻裕顺幼儿园

傅露露

### A 辅导缘起

开学第一天,我们中二班转进了一个白净的小男孩帆帆。第一次见面,帆帆忽闪着大眼睛怯怯地看着老师,当老师伸手想去拉他时,他迅速转身躲在了妈妈的身后,老师和他打招呼,他还是躲在妈妈的身后不肯回应。妈妈把他领进教室,他的小手紧紧地拽着妈妈的衣角,老师做了好半天的工作,他才眼泪汪汪地松手让妈妈离开。

早点的时间到了,大家都去吃点心,帆帆坐在位子上一动不动地抹眼泪,问他怎么了,他什么也不说……

午餐时,他还是一句话也不说,老师喂他吃饭,他依旧一动不动,只是眼泪不停地流着……

孩子从自己熟悉的环境到一个陌生的环境,需要一个适应的过程,帆帆也是如此。当他看到其他小朋友在快乐地一起游戏,而他却没有一个熟悉的伙伴,难免会感到孤独与寂寞,不安全感也会油然而生。于是帆帆选择不说、不做的方式保护自己。为了使帆帆早日度过转学紧张期,尽快融入新环境,大家一起总动员,带领他扬"帆"起航。

## B 辅导节点

**1. 扬帆。**

连续一星期,帆帆都是闷声不响,他不哭也不闹,只是一个人坐在一边,就像这个集体中根本没有他的存在。我正琢磨着从哪里打开"缺口"让帆帆开口,忽然有一天,盥洗结束以后的自主活动时间,我发现一直处于沉默状态的帆帆慢慢走向平时寡言少语的成成,悄悄地和成成攀谈起来。两个小伙伴聊得很开心,说着说着还咯咯地笑了起来。这让我很惊喜,终于有了突破口,我并没有马上加入他们的交谈,而是在一边观察,因为我担心我的行为会吓到帆帆。

午饭结束以后,我找成成聊了聊他和帆帆的对话,成成说他们聊了各自的家里都有什么玩具,自己喜欢什么样的玩具,帆帆还告诉成成,在他原来的幼儿园,他有一个好朋友,名字就叫成成。

原来,孤独的帆帆在寻找似曾相识的小伙伴。于是,我和成成之间也有了一个小小的约定,让成成每天都去找帆帆聊聊、一起游戏或者带着帆帆和其他的同伴一起游戏。每一次当成成带领帆帆一起去玩的时候,我都会在一旁悄悄关注,偶尔也加入他们的游戏,不知不觉中让帆帆渐渐地熟悉了小伙伴,同时也消除了对老师的心理戒备。帆帆就像一艘小帆船,虽然忐忑但也坚定地驶离了港口,悄悄起航。

**2. 起航。**

经过几天的观察和了解,我对帆帆的喜好有了更多的了解,也开始一步一步地走近他。这一天,帆帆来得很早,我拿着一个变形金刚在他的身边坐了下来。他看了看我,我笑眯眯地望着他,说:"我能不能坐下来和你聊聊天?"他点点头。我说:"我昨天看到一个小朋友拿着这个变形金刚,一眨眼的工夫就变了身,我很好奇也想试试,可就是不会,最后还是那个小朋友教我的。"这时,帆帆轻轻地说:"这个我家也有,我家的那个更大,可以变得更厉害。"我带着崇拜的眼神看着他:"哇,这么厉害,那你明天能带过来教教我吗?"他微微地笑了笑,我知道他同意了,这是一次成功的谈话。

第二天刚进教室,帆帆就拉着我的手来到他的座位上,让我看他带来的变形金刚。我把小朋友都召集过来,让他当众教我,同时还七嘴八舌地和几个小朋友一起切磋。不一会儿,帆帆就把他的变形金刚变成了一辆装甲车,在我的鼓动下,小朋友们都对帆帆竖起了大拇指。借助这个机会,让帆帆感受到了老师和小伙伴们对他的喜爱,让他不再排斥新的环境,紧张焦虑的情绪也大为缓解。日子一天天地过去,笑容一点点地在帆帆的小脸上荡漾,找他一起玩的小伙伴越来越多,帆帆也渐渐融入了这个大家庭。小帆船就这样正式起航,与同伴一起驶入大海!

**3. 抵达。**

班级里正在进行讲故事比赛,孩子们个个争先恐后,都把小手举得高高的。故事一个接着一个,有的幽默好笑、有的寓意深刻;有的半拉子出糗、有的讲得生动形象。这时,我看到帆帆坐在椅子上,两眼盯着台上讲故事的小朋友,抿着小嘴,两只小手用力抓着小椅子的边缘,一动不动。我知道,小家伙有上来参与的欲望,但这种欲望又让他感受到紧张,他的内心在挣扎。

我坐到他的边上,悄悄地说:"帆帆的心里一定也装着很有趣的故事,这个故事帆帆一定讲给小朋友们听过,小朋友们都很喜欢听,夸帆帆讲得好呢。"帆帆看着我,张大了嘴巴:"老师,你怎么知道?"我说:"老师当然知道呀,老师还知道,帆帆现在很想把这个故事讲给小朋友听呢,是吗?"帆帆用力点点头。我笑着抱了抱帆帆,没有再说什么。

故事讲了一个又一个,很快轮到帆帆了,我走过去说:"帆帆一定可以的!"我拉起他的手,能感觉到他的紧张,因为他的手在微微颤抖。我看着他,对他点了点头,对小朋友们说:"今天,老师和帆帆一起给大家讲个故事,故事的题目叫作《小猫钓鱼》。"

起初我们一起讲,慢慢的,我的声音越来越小直到消失,但是我的手一直拉着他的手没有松开,因为此时我是他的支撑。令我没想到的是,帆帆讲故事实在很棒,不但声情并茂,还连蹦带跳,惹得小朋友们开怀大笑。帆帆讲着、跳着、笑着……我感觉到这艘小帆船已经渐渐到达集体生活的彼岸!

### C 辅导反思

有些孩子进入一个陌生的环境时,会有或长或短的紧张焦虑过渡期,本案例中帆帆因为环境的变化,产生过度的紧张焦虑,用不声不响、远离同伴等方式来"保护"自己。我在仔细观察孩子、充分了解孩子行为之后,先用"曲线救国"的方式,让帆帆喜欢同伴、放松心情;再像妈妈一样给予爱和温情,像朋友一样给予力量和信心;不断鼓励,给他更大锻炼自己的舞台……就这样,在一个充满爱的集体中,帆帆一点一滴地发生着改变,宛如一艘小船,刚驶入大海时担惊受怕、惶恐不安;在老师和同伴的帮助下,小船渐行渐远不再独孤与寂寞,渐渐消除紧张焦虑;最后冲破海浪,扬帆起航!

在整个辅导过程中,帆帆紧张焦虑的情绪舒缓了,但在集体活动时通常处于被动,一定要老师暗示了他才敢大胆表述。所以,在以后的日子里,我还要继续跟踪孩子,鼓励、帮助孩子自己的事情自己做,提高自理能力;多关注孩子的情绪变化,引导孩子主动大胆地参与,让已经扬起风帆的小船驶得更稳、更远……

作者单位:宁波市大榭开发区中心幼儿园

# 3 笑，不再含泪

张戴凤

## A 辅导缘起

均均是个清秀可爱、自尊心很强的小男孩，在幼儿园各方面表现都很出色，深得老师和小朋友们的喜爱，但是他有一个小"问题"，就是不能面对别人的关注。

例如，桌面游戏时间，小朋友们都在搭插塑积木，均均最喜欢飞机，而且他用插塑积木搭出来的飞机非常逼真。搭建飞机时，时不时露出开心的笑脸。我想把这美好的镜头拍下来，可当镜头对准均均时，正高高兴兴搭建飞机的他，突然显得很紧张，一点笑容也没了，我鼓励他抬起头来笑一笑，没想到他把头垂得更低了。我鼓励道："老师知道均均笑得很漂亮，对着相机笑一个，好吗？"可他低着头，咬着自己的小嘴就是不笑。边上的小朋友们急了，大声对他说："笑一个嘛，不然张老师会不喜欢你的！"看到小朋友们都这样说，均均有点儿难堪，乞求地望着我。我笑眯眯地看着他，他见躲不过去只好勉强地笑了一下。正当我按下相机的快门时，我看到一颗晶莹的泪珠从他的眼角悄然滑落，我的脸突然僵硬了，心像被针刺了一样，很痛。

经家访了解到，均均从小就胆小怕生，两周岁才开口说话，小时候最怕的就是大人让他跟别人打招呼。爸爸妈妈一跟他提出"叫叔叔阿姨"，他就会躲到爸爸妈妈身后，可他越是这样，爸爸妈妈越是要求他"大方一些"。久而久之，只要别人一把目光聚焦到均均身上，就会引起他的焦虑。他妈妈说："上了幼儿园以后，均均的表现已经好多了，有时能勉强应对大人的要求，但是每次被动地接受之后，情绪就会低落一阵子。"

为了打开均均的心结，建立他的自信，让孩子能够开心、开怀地接受别人的关注，我们对均均进行了心理辅导。

## B 辅导节点

### 1. 爱的猜想带来放松。

班级里每个月都会把同月生日的孩子集中起来过一个"集体生日"。在一次生日会上，我拿出一张均均不经意间露出笑容时拍下的照片，用手遮住，问小朋友："这是老师见过的最漂亮的笑脸，你们猜猜他是谁？"小朋友们开始交头接耳，从均均的神态中，我看出他也在努力地猜想着。当我亮出照片时，其他小朋友都很惊讶，均均也愣了一下，他没想到这个美丽的笑脸会是自己。我又大声问："这个笑脸漂亮吗？""漂亮！""是啊，老师也觉得均均的笑容是最漂亮的！"这时，我看到均均开心地笑了。在他的笑声中,我读到他放松的心情,我仿佛听到均均在说:"原来我可以笑得很好看!"

以后的每一天,当看到均均笑时,我都会发自内心地赞美:"均均,你的笑容真好看!小朋友都喜欢你的笑容呢!"当均均在各方面有所进步时,我也会伸出大拇指夸奖他:"均均,你的汽车、飞机搭得真像!""均均,你穿衣服的动作真快!"在我的影响下,其他小伙伴也主动寻找均均的优点,也和我一样真心地夸奖他。渐渐地,均均不再回避老师和同伴的关注,从听到夸奖就收起笑容转为能大方地接受夸奖,偶尔也会用开心的、自信的笑脸回应大家。

### 2. 爱的赞美换来自信。

集体活动是孩子们展现自我的最佳时机。小班段组织了"故事大王"活动。为了鼓励均均参加表演,我先让几位小朋友陪他一起上台,然后再让他请最要好的朋友一起上台表演,用陪他的人数逐渐减少的方式减轻他的心理压力。最后,均均能自己一个人上台展示自己的优点,得到老师、小伙伴和家长的夸奖,提高了他的表现欲和自信心。此外,根据均均心灵手巧、喜欢搭建积木的特点,我经常组织班级搭建积木比赛,对他在比赛中取得的成功,适时进行表扬。在他愿意的情况下,鼓励他展示自己的作品,并教小朋友搭建的方法。看着均均自豪地展示着自己的作品,还像模像样地教着:"先要想好,自己要搭建什么东西,然后找到适合的积木……"我知道,孩子的自信正在一次次的成功中建立起来。

### 3. 爱的改变提升自尊。

以前在家中,对均均这一弱项,家长时常采取过分关注的态度,用强制的方式来要求。均均妈妈常说:"他那么胆小,就是得逼他,他才肯迈出这一步!我们这是为他好。"家长们只是从自己的角度出发,而忽视了孩子的内心感受。为了使家园同步,我们约谈了均均的爸爸妈妈,跟他们聊了均均这段时间在幼儿园的变化,并对家长提出了"从鼓励均均的强项出发,去培养孩子的自信,让孩子在成功中获得自信,从而让孩子能够大方地面对关注、大方地进入人际交往"的要求。

幼儿园组织"故事大王"活动开始了,我们邀请均均妈妈参与到活动中来,帮助均均一起准备故事材料,并在家里反复练习。活动结束后,我们把拍有均均的活动照片给均均妈妈看,当她看到照片中与以前完全不同的均均后,连声称赞,由此也深切体会到了,过去"为孩子好"的举动其实是伤害了孩子。

现在,均均妈妈在教育孩子时非常注重鼓励孩子,尊重孩子的意愿,在一种潜移默化的氛围中逐渐培养孩子的表现欲望和热情,使均均面对镜头的微笑不再带着泪花。

## ❸ 辅导反思

经过半学期的努力,均均在怯场方面有很大的改变,开始能和同伴正常交往、交流。在此期间,作为老师,付出了很多努力:首先,充分认识到儿童是一个独立的、完善的、成长着的、拥有极大发展潜能的主体,其次为均均提供温馨、和谐、愉快的生活环境。但在活动中我发现,均均还缺少交往技能,无法很好地由被动变主动,由与同伴交往扩展到与成人交往。

期间,我们也深切感受到,父母是孩子成长过程中最有影响力的因素,他们的教养态度和方式直接影响着孩子身心的健康发展。所以,如何让年轻的父母看懂自己的孩子,能从孩子的个体出发,无条件地接纳孩子,耐下心来等待孩子慢慢长大,而不是按照自己的意愿,以"为孩子好"为爱的理由,无形中却伤害着自己最不愿意伤害的孩子。

作者单位:宁波市镇海区实验幼儿园

# ❹ "音"之爱

叶 夏

## Ⓐ 辅导缘起

威威是小班第一学期的新生,年龄相对较小。早上,威威紧紧抱着妈妈的脖子哭闹着不肯进教室,嘴里喊着:"这里不好,我要回家……"当老师连哄带拉地抱过威威时,威威表现出极度的排斥与挣脱,并大声地哭喊着:"我要妈妈,不要老师……"开学初的连续几天,几乎都是这样和妈妈哭喊着离别。

活动中,威威独自坐在门口,不愿参与任何活动,也不愿与同伴和老师交流;午餐时,威威不会自己吃饭也拒绝老师喂给他食物;午睡开始,威威不愿进午睡室,紧紧地抱着自己的小书包坐在凳子上,直至哭累了、睡着了,老师才轻轻地将他抱到小床上,但他也非常容易惊醒。

据了解,威威出生到现在,从未离开过亲人,以上的种种表现都是因为他与亲人分离而引起的不安、恐慌、焦虑、排斥等情绪的反应。有研究表明这种情绪若得不到及时的关注而持续时间过长,将会影响幼儿的心理健康。经过几天的观察,我们发现威威对音乐较敏感,每当老师播放音乐时,他就会认真聆听变得平静。于是,我们决定用音乐来缓解他的分离焦虑,让他尽快融入集体生活。

## B 辅导节点

### 1. "音"寄情

妈妈告诉我们,威威从小对音乐很敏感也很喜爱,每当威威哭闹时,幽静的轻音乐总会让威威焦躁的心平息下来。我们向家长了解了孩子在家里最喜欢听的曲目,然后把威威喜欢的音乐收集起来。在班级活动时,我们常常播放这些音乐,当威威哭闹时,有针对性地播放一段他在家里喜欢听的音乐,营造出家的氛围。我们还建议威威来园时带上自己喜欢的音乐玩具,玩具传递出来熟悉的旋律可以让威威感觉亲切。

这几天里,威威带的都是一个会唱歌的小兔玩具。在威威情绪稍微平静时,老师借机亲近威威:"威威的小兔叫什么名字呀?它会唱什么歌呢?"威威流着眼泪轻声说:"小白。"老师:"小白,你好,你会唱什么歌呀?"威威擦掉眼泪,按出一首《拔萝卜》。老师:"哇,小白好棒啊,威威能和小白一起唱歌给老师听吗?"威威摇摇头。过后只见他一边摆弄着手中的玩具一边时不时地哼唱着。

虽然威威没有直面回应老师的对话,但能从排斥到愿意让老师亲近他和他的玩具,这是一个很大的进步。威威玩着自己的音乐玩具,听着熟悉的旋律,嘴里念念有词,仿佛就像在家里一样,让威威把对家人的思念寄托在自己的音乐玩具中,减轻了他的焦虑感。

### 2. "音"为友

集体游戏时,威威总是做旁观者不愿参与。从威威妈妈处了解得知,威威从小爱唱爱跳,一听音乐就兴奋,但是由于分离焦虑让威威变得沉默和不合群。于是我们有意地多开展音乐类游戏来吸引他,让欢快而活泼的音乐感染他。

音乐游戏《小兔》开始了,威威的表情发生了变化,老师趁机拉过威威的小手,轻声说:"威威,你也是一只会跳舞的小兔是吗?我们一起跳吧。"威威跟着老师走进了队伍中,但不敢迈出舞步。老师对小朋友说:"威威是一只新来的小兔,他也很爱跳舞,你们谁愿意和他一起跳呀?""我愿意,我愿意……"在同伴和老师的鼓励和邀请下,威威渐渐放松心情,投入到快乐的游戏中来。

我们还通过一些音乐游戏帮助威威认识自我、主动认识伙伴。如《大拇指》的歌曲,我们把威威的名字填到歌谱里,教师唱"威威,威威,你在哪里?"鼓励威威回答"我在这里,我在这里,你好不好!"这种利用音乐的问候方式拉近了威威与老师的距离,也可以让威威在集体中找到自我,并从中熟悉其他同伴的名字。我们还通过《朋友,你好》、《碰一碰》、《斗斗虫》等歌曲,鼓励同伴之间抱一抱、拉拉手、碰一碰,让威威有主动亲近同伴的机会,使他熟悉同伴、感受到与同伴相处的乐趣。

### 3. "音"寓教

在威威渐渐接受老师、认识同伴后,我们发现,威威的规则意识和自理能力薄弱也是他快速融入集体的一个障碍。

用小朋友喜闻乐见的言语,把道理和规则唱出来是卡通片《巧虎》的一个特色,而威威恰恰很喜欢"巧虎"这个卡通人物。于是我们巧妙地利用其中的一些片段和歌曲帮助他建立规则意识,如上厕所,威威不会独立去厕所小便也不主动请老师帮忙,这时我们选择《巧虎》卡通片中的《我会自己小便》和《我会说"请帮忙"》这两支形象的歌曲,鼓励威威;如吃饭,我们利用《巧虎》卡通片中《我会乖乖吃饭》,让威威形成独立吃饭的意识。

形象生动的故事情节配上好听的音乐,轻而易举地代替了原本教师枯燥的说教,让威威轻松地接受了其中的道理和做法,较快地融入集体生活。

### C 辅导反思

在实践中,我们感觉到音乐的确能够较大程度地缓解威威的分离焦虑。在开学半个月后,威威的焦虑情绪得到了有效缓解,也渐渐地融入集体生活,心情明显愉悦许多。从大声哭闹、排斥老师到小声哭泣、愿意让老师抱,威威的接纳让我们安心;从拒绝进食到愿意让老师喂再自己拿调羹进餐,威威的进步让我们开心;从旁观者到参与者,从哭到笑,威威的变化让我们放心。

在看到效果的同时,我们也考虑到:幼儿初入园存在分离焦虑是一个必然的过程,对于喜爱音乐的孩子来说,用音乐来缓解焦虑情绪不失为一个好的方法。但在运用音乐缓解焦虑情绪的过程中,如何选择适合的音乐是一个难题。因为来自不同家庭的孩子们,他们本身对于音乐的感受是不一样的。但是,通过从威威的成功案例,我们认为,只要我们心中有爱,以"音"为爱,定能帮到那些喜爱音乐的孩子们!

作者单位:宁波市象山县石浦镇中心幼儿园

# "大猫"我不再怕你

邬晓萍

### A 辅导缘起

雯雯是个自尊心很强、性格却又内向的小姑娘。在一次公开课活动中,我无意间伤害了她,而且伤得很深。

在一次健康活动的公开课中,老师教小朋友练习跳的动作,游戏中,我协助执教老师扮演"老猫"的角色。活动进行到最后一个环节时,孩子已经完全进入了角色,当麻雀妈妈喊到"孩子们,老猫来了,你们赶紧跳到树上去吧!"听到命令的小麻雀们个个争先恐后地往树上跳,当时,扮成凶恶的老猫形象的我一下子蹿了出来,随手抱起我身旁的雯雯往猫穴方向跑,当时毫无准备的雯雯被我吓得四肢拼命挣扎,嘴里还大哭大叫,哭叫声一直延续到公开课结束。

回到教室后的雯雯还是显得非常的伤心,一直坐在位置上轻轻地抽搐着,嘴里一直念叨着"我要妈妈,我要妈妈"。当时,我们也没怎么在意,只是安慰她几句,见她没什么异常的行为,就忙着组织下面的几个教学活动。

下午,当雯雯妈妈出现在教室门口时,压抑了一天的雯雯一下子扑进妈妈的怀里,大声地哭起来,而且哭得比早上更加猛烈。在随后的几天里,雯雯始终不肯来幼儿园,从与她妈妈的电话沟通中,我们了解到孩子在家的情况很糟糕,不吃饭也不想睡觉,嘴里一直说"我怕邬老师",晚上也经常在梦中喊"不要来抓我,不要来抓我"等话语,并说出种种不肯上幼儿园的理由。

看来,雯雯是因为受到了突如其来的惊吓而产生了对入园的恐惧心理,只要有人提到上幼儿园就会使她整个人都变得焦虑不安。雯雯的这种情绪如果不及时缓解,可能会影响她的身心发展。为了尽快使其走出阴影,融入班集体,我对雯雯进行了以下辅导。

### B 辅导节点

**1. 积极共情**

俗话说"解铃还需系铃人"。首先,我跟家长进行一次真诚的沟通,告诉雯雯妈妈,是老师在教学活动中不经意的动作伤害到了孩子,让妈妈能够理解孩子恐惧的缘由;当孩子提出不愿意上幼儿园时,请爸爸妈妈不再用强硬的态度去批评她,大人更不能总是把"你再哭,我就送你去幼儿园"或者"你不去幼儿园,就把你一个人留在家里"等威胁孩子。

其次,进行家访。当我拎着雯雯喜欢吃的水果出现在雯雯家门口时,雯雯瞄了我一眼,迅速逃进自己的小房间,并把门重重地关上。爸爸正要开口"骂"雯雯,马上被我的手势阻止了。我和雯雯妈妈就坐在客厅里聊天,聊动画片,聊幼儿园里的趣事。慢慢的,雯雯的房门开了一条缝,慢慢的,雯雯走了出来,靠在了妈妈的身上,听我们聊天。这时,我故意跟她妈妈聊起了我小时候玩藏猫猫游戏时被同伴吓到,吓得哇哇大哭的事情。雯雯在一边听着,面部表情从紧绷转向缓和,整个过程,我们都没有向雯雯提及上幼儿园的事。

晚上,我请雯雯的好朋友璐璐给雯雯打了个电话,告诉雯雯小朋友们都在想她,璐璐问雯雯为什么不肯上幼儿园,然后告诉雯雯其实那个"老猫"是邬老师扮演的,不用害怕。最后雯雯答应第二天来园。

## 2.以情感人。

在接下来的一段时间里,我们对雯雯给予了更多的关注,付出更多的爱心。如每次外出散步时,我总会让她排在队伍的最前面,让她离我近一些。但是,当我去牵她的小手时,她还是会躲。课间我会找她聊聊天、说说她感兴趣的事情,她不再躲避,但也不愿意靠近。

在一次游戏活动中,她望着高高的平衡木不敢上,刚把小脚放上去又缩了回来。我看见了及时对她提供了帮助,她半推半就地接受着。完成动作以后,我对她进行了大大的鼓励:"今天雯雯进步真大,这么高的平衡木也敢上了。"她听着,悄悄地把身体往我身上靠了靠。我感到,我们的距离在拉近。

## 3.欣喜变化。

通过一星期的努力,我渐渐地发现孩子身上有了可喜的变化,变得活泼、开朗,又能慢慢地主动接近老师了,由原来不肯来幼儿园进而会主动要求妈妈送幼儿园上学,有高兴的事也愿意跟小伙伴分享,对身边的人和事有了较多的反应。

为了彻底打消孩子的恐惧心理,我再次扮演了"老猫"的角色。

这一次,我当着孩子们的面把自己装扮成凶恶的"老猫",游戏时,我故意走到雯雯身后,在被她发现后,再去抓她的小手,雯雯不再害怕,反而开心地扑到了我的怀里。这一刻,我被深深地感动了,"老猫"带给她的紧张焦虑已经完全消除了。

晚上,妈妈来接雯雯,她扑上前去,对妈妈讲:"今天邬老师又变成'老猫'了,我一点都不害怕,因为'老猫'就是邬老师,我还拉了'老猫'的胡子,可好玩了!"

看来,雯雯已经能坦然面对这件事了。

### C 辅导反思

在这次"伤害"事件中,我能够及时反思自己的教学行为,发现问题,采取了积极有效的辅导措施,尽快消除了孩子在这次事件中所受的"伤害"。

通过这起"伤害"事件,让我感慨很多,作为教师在设计教学活动时,不仅要关注活动的各个环节,还要充分考虑到孩子的心理承受能力。当教学失误发生时,教师应该积极面对,及时对孩子进行情绪疏导,而不要让无意的伤害成为孩子永远的痛。

同时,在平时的教学中,我们家园双方都要渗透对孩子挫折教育的内容,这对于今天处在顺境中的孩子尤为重要。从这起事件还反映出孩子的种种心理问题、家长的教育态度问题等,都值得我们去发现、去思考、去解决。

作者单位:宁波市李惠利幼儿园

## ❻ 老师，你会死吗？

黄晶璐

### Ⓐ 辅导缘起

源源是个聪明机灵的小男孩，每天都带着甜甜的笑和老师打招呼，他的笑容温暖而亲切，仿佛早上的阳光，明亮中透着温馨。

可是，最近的源源，开心的笑容底下却藏着深深的忧愁。在某个午睡的空当，源源睁着大眼睛，认真地问我："老师，你会死吗？"他那严肃认真的样子让我有些恐慌，如此年幼的他似乎在纠结死亡这件事情。死亡对他来说，意味着什么？是恐惧，是害怕，还是焦虑？

"源源，你怎么了？"我抱着他颤抖的身体。源源说："爷爷死了，我再也见不到爷爷。我很想爷爷。我不想爸爸妈妈死，我也不想老师死！"说着说着，源源的眼眶红了，眼泪止不住地流下来。源源终于忍不住，在我的怀里号啕大哭起来。这是一个多么脆弱又敏感的孩子，灿烂的笑容底下隐藏着一颗易碎的心。爷爷的离世对源源造成了深远的影响。源源爱爷爷，为爷爷的离开而难过，从而对死亡这件事充满了未知的焦虑。

死亡是个沉重的话题，我们每个人都要面对死亡。而身旁亲人的离世，这个负面生活经验很可能成为孩子幼年的心理创伤，给孩子的成长带来影响。爷爷的离世使源源本该开心的笑颜每天笼罩着难以言说的愁云，他显得特别紧张和焦虑，惴惴不安。

为了帮助源源走出悲伤，帮助他初步理解死亡，我对源源进行了以下心理辅导。

### Ⓑ 辅导节点

**1. 情绪安抚，减轻焦虑。**

我抱着源源，轻轻地抚摸着他的背，他的抽泣声越来越小，可是悲伤却没有因此而减少，他还在小心地问着："老师，你会死吗？爸爸妈妈会死吗？"，我告诉源源，我们每个人都会死，等我们年纪大了，我们就要去一个很远很远的地方生活，要离开我们的家人和朋友。那个很远很远的地方有一个美丽的家，有蓝蓝的天空，绿绿的草地，鲜艳的花朵，爷爷在那儿过着快乐的日子，不会生病，不用打针吃药，爷爷早上会看着太阳，对源源说早上好，下午会在草地上晒太阳，晚上会对着月亮跟源源说快回家吧。源源沉浸在我绘制的美好蓝图里，慢慢停止了哭泣。

2.正面引导，妙对死亡。

源源看着我，眼睛里闪过一丝希望。

他说："我想和爷爷说话，爷爷听得到吗？"

我说："爷爷听不到，那里太远了。但是透过太阳，爷爷会看到源源的表现，太阳公公就像镜子一样，会把源源的故事都告诉爷爷。爷爷喜欢看到源源开心地笑，高兴地玩，喜欢看到源源每一次的进步。"

源源的神色终于没那么凝重了，眼里有了光亮。

"那我进步了，被老师表扬了，爷爷就会高兴吗？"

"那是当然，爷爷会一直透过太阳公公看着你！"

"那爸爸妈妈会死吗？"

"等源源长得很大很大，爸爸妈妈也像爷爷那么大的时候，就会去找爷爷一块儿玩了。"

"那老师呢？"

"老师一直陪着源源长大，好不好？"

源源终于会心地笑了，他在安心的笑容里，渐渐入睡，眼角还有泪痕。

3.巧借绘本，摆脱焦虑。

一觉睡醒，源源精神了不少，能正常地与同学嬉戏、打闹。可当周围安静下来的时候，身边没有了喧嚣，他的落寞便难以掩饰。他有时会望着窗外，若有所思地看着太阳，似乎在跟爷爷说悄悄话。为了进一步缓解源源对爷爷离世的焦虑，我和源源一起阅读了《爷爷变成了幽灵》。故事中的小艾斯本失去了亲爱的爷爷，但爷爷却在一天晚上变成了幽灵来到他床前。他们一起去了爷爷以前的家，听爷爷讲过去的故事，回忆与爷爷相处的时光。源源在看到这些时说："爷爷以前也对我这么好，他带我去看马戏团，带我去草地上玩皮球，他还给我买喜欢的玩具。"他一点一滴讲述着跟爷爷之间发生的趣事，笑容荡漾在他脸上，他清楚地记得爷爷说话时的声音，记得爷爷的大方脸，记得爷爷每次说他"小坏蛋"时逗趣的表情。绘本故事的最后，艾斯本的爷爷想起了他最重要的事——跟艾斯本郑重地说一声再见。爷爷说："我要去见你奶奶了，我们会生活得很好。"他们约定好以后要时不时地想着对方，故事里的艾斯本笑了，故事外的源源释然了。源源说："我相信爷爷会一直在天上看着我，继续爱我。""是啊，源源，爸爸妈妈、老师都会爱你，我们会一直陪伴你走很长很长的路，看很美很美的风景。"源源紧紧地抱了抱我，这拥抱，有释然，有洒脱。

**C 辅导反思**

亲情是幼儿心灵深处最柔软的触动。在本案例中，爷爷的突然辞世让与爷爷感情深厚的源源忍受了巨大的伤痛，进而引发了他对父母、师长的未来充满担忧，甚至开始直面"死亡"这一痛苦的话题。我们从孩子的情绪疏导出发,巧妙地运用亲情绘本《爷爷变成了幽灵》,绘本中蕴含的浓浓祖孙情让源源产生了强烈的情感共鸣,在潜移默化中接受了爷爷离去的现实,感受到了老师、父母对他的关怀和爱护。无声的言语稳定了源源焦虑的情绪,改变了他对死亡的恐慌,使他的紧张焦虑得到缓解。

但是,在整个辅导过程中,源源表现出的情绪反复还是值得关注。如何选取适宜的方式进一步减轻源源潜藏的担忧,更深入、更巧妙地帮助孩子面对"死亡"的话题仍是我们下阶段努力的目标。

作者单位:宁波市鄞州区姜山幼儿园

# 7 她喜爱上幼儿园了

龚小丹

## A 辅导缘起

妍妍是个活泼开朗的小女孩,刚来幼儿园的时候,表现得非常兴奋,一直和妈妈说很喜欢幼儿园,想和小朋友交朋友,向老师学本领。妈妈要走了,她一下子扑过去抱住妈妈:"妈妈我会喜欢大家的,你要第一个来接我回家。"和妈妈告别后,她强颜欢笑地走到自己的座位上,就在大家以为她会快乐地和大家玩耍时,发现她一个人坐在座位上发呆,老师上前询问她怎么了时,她立即爆发了,大声地哭闹着:"我要妈妈,我要回家,我不爱你们……"

入园,是她成长路上的一次重大情感转折与人生体验。虽然她嘴上说着会爱大家,其实她心里是非常焦虑的,她害怕没有人爱她。她的焦虑虽然看似没有那么明显,但是一旦有人靠近和关心,她就会以大哭来自我保护。这种过度的紧张和焦虑感,如果长期得不到缓解,会让她缺失安全感,导致人格发展不健全。

为了让她真正地爱上幼儿园,我们在平时的生活中,进行了爱的渗透。

## B 辅导节点

1. 说出爱。

妍妍家是一个四口之家,家中有爸爸、妈妈、哥哥和妍妍。平时妍妍在家中是由妈妈全职养育的,在上幼儿园之前从没有离开过妈妈,生活中时时刻刻都和妈妈在一起,进入幼儿园她不太适应,感到非常焦虑。

我们发现,她和家人之间很喜欢表达爱,愿意将爱说出来。为了帮助妍妍消除这种焦虑,我们决定用"爱"包围她。

在她哭泣时,我们会和小朋友们一起来玩"爱的抱抱"和说"×××,我爱你"的游戏。"爱的抱抱"游戏中,老师走过去和每个小朋友抱一抱,并说"×××,我爱你"。从肢体上、从语言中让妍妍感受到老师和小伙伴的爱。小朋友们都愿意让老师抱一抱,但是妍妍却睁着眼睛木然地盯着老师看;不过当老师抱着她,并说出"妍妍,我爱你"时,她愣住了,继而咧开嘴笑了。"一抱一说"使她哭的情绪无法连续,情绪变得比较平静、安稳。看到她的变化后,我们立即让孩子们相互间抱一抱,说一说"我爱你",增进孩子们间的友爱。

平时生活中,当妍妍表现好的地方,我们也会说"我爱你"来表扬她。比如"我爱你哦,因为你笑得很开心"。也让孩子们相互间多说"爱",让妍妍感受到幼儿园也和家里一样,喜欢表达爱,喜欢爱别人。

2. 进驻爱。

和别人相比,妍妍更喜欢表达强烈、直接的爱。一开始,我们去安慰她,向她介绍幼儿园,或者请自我介绍的时候,她有点儿无法接受,总会在我们的安慰中哭得更激烈,更伤心。

有时,她会因为课堂上的一个故事,比如《汤姆上幼儿园》中讲关于幼儿入园的事情,突然大声哭泣,不愿意接受自己和妈妈分离的事情。对此,我们老师会让她先平复心情,再和她重新讲这个故事,并问她:"听了这个故事,你为什么这么伤心?""你伤心是因为觉得你和汤姆一样,和妈妈分开了,觉得害怕,对吗?"问完这些问题后,我们会引导她一起来听听看看,故事中的汤姆,他是怎么度过幼儿园的生活的,他有没有觉得在幼儿园很害怕。通过这个让她深有感触的故事,引导她发现,幼儿园也有很多爱她的人。

听完故事,她似乎有些信任老师了,会主动地和我说"龚老师,我爱你",虽然是含着泪说的,但我仍然感到非常欣慰。这时,我会笑着给她一个抱抱,并立即回应她:"谢谢你爱我,龚老师也很爱你哦。"随着不断的肢体接触及爱的多种表达,她对我们的信任增加了,也愿意将自己的爱向大家表达。

3. 播撒爱。

爱是相互的。妍妍开始喜爱老师们后,我们引导她将自己的爱传播出去,让其他小朋友也感受到她的爱。

妍妍在生活习惯、自理能力方面是比较强的,作为小班的孩子,自己能够系扣子、叠被子。发现了她的优点后,我对她说:"妍妍,你能自己系扣子、叠被子,真棒,老师好爱你。你能帮帮其他不会的小朋友吗?让他们也感受到你的爱,好吗?"

听了我的建议后,妍妍其实不太明白意思,不过她听懂了"帮助别人",于是在每次午睡起床时,她就像个小老师一样去帮助别人,帮助别人时还会说一句"×××,

我爱你,我帮你系扣子吧。"

在关爱他人中,妍妍感受到了爱别人得到的满足感和放松感。慢慢地,她融入到大集体中,在班级里面变得轻松、自如。

### C 辅导反思

在这次辅导活动中,我发现妍妍对爱的表达方式十分在乎,她需要我们用明显的肢体动作和语言等让她感受到爱。她的紧张焦虑,来自于害怕孤独,担心没有人来爱她。因此,辅导活动中,我们多采取与爱有关的表达方式让她感受到妈妈之外的爱。

爱的方式很适合妍妍,她妈妈也觉得她变得开始喜爱幼儿园。但是,我也发现了一些问题:妍妍对爱的需求非常强烈,假如老师和伙伴们没有表达爱,她的情绪就会反复;一旦父母提前和她说了接她的时间,她会一整天时刻牵挂着,做其他事时精力难以集中。因此,在妍妍适应幼儿园的日常生活后,我们老师和家长将引导她对爱的需求逐步淡化,让她不再被爱束缚。

作者单位:宁波市鄞州区小城春秋幼儿园

## 小新的"小动作"

陈莉霞

### A 辅导缘起

小新虽然已是个中班的孩子,但是每天早上来园看到值班老师,总要躲到外婆的身后把脸藏起来。走到教室门口还要拉着外婆的衣角说一会儿话,才依依不舍地进来。平时遇到困难或上课时请他回答问题,他会紧握拳头、不停地眨眼睛。

在家访中了解到,小新的父母工作比较繁忙,他从小由外婆抚养。外婆就这么一个外孙,所以特别的疼爱。小新是个很容易生病的孩子,每次生病外婆就会让他在家里完全调养好,才让他上幼儿园。因此,他在幼儿园的出勤率非常低。小新的胆子也小,心情一紧张就会不停地眨眼睛,所以家人一般都不会批评他。为了避免和小伙伴起争执,外婆不让他和小区里的孩子玩。随着年龄的增长,小新因紧张而表现出来的怪异"小动作"越来越多。如紧握拳头、眨眼睛、张鼻孔、撇嘴巴等。为此一家人都感到焦虑和担忧。

小新所表现出来的这些"小动作",跟他自身的紧张焦虑有关,有点像"急性单纯性儿童抽动症"。如果不及时干预纠正,今后可能会对小新的社会交往发展产生影响。为了缓解小新的紧张情绪,弱化他的"小动作",我们尝试对小新进行了心理辅导。

## B 辅导节点

**1. 接纳包容,安抚情绪。**

每天早上小新来园,我会主动迎上去,送给小新一个大大的拥抱,在他的耳边轻轻地说声:"早上好!"然后拉着他的手,和他一起跟外婆说再见。亲切的肢体接触,让他有种被接纳、包容的感觉,轻声的问候可以舒缓他来园焦虑的情绪。

每当我看到他眨眼、撇嘴巴等动作,我都会轻轻地走到他身边,倒不是求他停止"小动作",而是蹲下来微笑着跟他说:"小新,有什么事情我可以帮到你吗?"由于他对我比较信任,一般都会告诉我发生了什么事情,我就会和他一起解决问题。如:一起把笔帽找到;一起跟抢走玩具的小朋友讲道理,想法子一起玩;一起把翻倒的雪花片捡干净等。我的安抚和帮助,慢慢地减轻了他内心的孤独、无助和焦虑感,让他感受到朋友的力量和温暖,体验到得到别人帮助的那份快乐,逐步抚平那颗焦虑不安的心。事后我都会跟小新说:"我们是好朋友,应该相互帮助,帮助别人是一件很快乐的事情,我们一起来唱首歌吧!"虽然每一次他只唱一两句,声音也很轻,脸上还带着一丝尴尬,但是从他微微上翘的嘴角中,能感受到内心的喜悦。

**2. 融入伙伴,感受快乐。**

听小新的外婆说,小新在家里陀螺玩得很好。于是,我请小新把家里的陀螺带来,教其他小朋友玩。第二天小新就把陀螺带来了,我请他一边介绍一边示范。他的声音很轻,我就在旁边做"扩音机",小朋友们都听得很认真。

自由活动时,小朋友们主动来找小新一起玩陀螺,小新会很耐心地一个一个教他们怎么玩。在玩陀螺的过程中,他们还想出各种玩陀螺的方法和游戏规则。

渐渐地,我发现小新说话的声音变响了,脸上的笑容变多了,玩陀螺时眼睛也不怎么眨了。小新在玩陀螺中逐渐建立起了自信,找到了好朋友,收获了快乐!于是,我从小新的"强项"下手,创设机会,让他"展示本领",如搭乐高积木、玩具分类等,让更多的小朋友主动去找小新玩。

**3. 积极反馈,消除焦虑。**

我们把小新的点滴成长进行了记录,并反馈给了他的家长。我们不仅要给小新信心,更要给家长信心,让改变小新进入一个良性的循环。

我把小新在幼儿园的生活情况以照片、文字、作品等形式,记录在小新的成长档案中,经常把它放在小书包里带来带去。同时,也请家长把小新在家里的表现记录在档案里。这样既便于家长及时了解小新在园的情况,也让我了解小新在家里生活的点点滴滴。

我经常会把成长册里的内容念给小新听,一起欣赏他在学习、游戏、生活中的照片,每当听到我表扬他进步的话语,他都会低下头微笑。看到自己调皮时的照片,还会解释半天。我发现小新变得喜欢和我说话了,喜欢做好多事情了,那些怪异的"小动作"也变少了。

### C 辅导反思

通过几个月的努力,小新有了很大的改变,性格逐渐变得开朗起来,也愿意和大人一起去尝试着克服困难。每天看到他外婆微笑着把小新送进教室,听到小新主动对我说:"陈老师早上好!"我的内心感到无比喜悦。

虽然小新有了很大的进步,但是有紧张焦虑情绪的孩子,需要我们长期的"呵护"。因为小新还有不愿意独自为大家表演、遇到困难不会求助等困难。如果让小新再次出现频繁的眨眼睛现象,可能会更难"治疗"。

幼儿园和家庭是小新生活的主阵地,如果只有幼儿园单方面的努力是远远不够的,只有家园共育才能有事半功倍的效果。因此,我在帮助小新消除紧张焦虑的同时,还跟家长进行不定时的沟通,以逐步转变家长育儿观念。要求家长努力营造良好的家庭教育氛围,当孩子有不良情绪时,引导家长如何换位思考去理解孩子,如何用自己积极的情绪去感染孩子,如何用有效的方法去解决身边的事情,以帮助孩子舒缓情绪,在内心建立起一种安全感。

作者单位:宁波市鄞州区德培幼儿园

## 9 幼儿园里有"坏人"

胡 极

### A 辅导缘起

4岁的森森是班里一个能干的孩子,会自己吃饭、穿衣,在日常的园生活中还是老师的小帮手。他语言表达能力强,能清楚地表达自己的意愿,活动中每次回答问题,他都能完整地回答。平常来园时,森森都是独自一人到自己班的教室,可是最近他却要妈妈连拉带扯地抱进来,同时伴随着一阵撕心裂肺的哭声。

这样的情况出现,还得从那次"防暴演练"说起。

为提高师生在暴力入侵时逃生自救的能力,幼儿园进行了一次防暴安全演练,模拟"蒙面罗徒"入侵幼儿园,全体老师和幼儿逃生自救。活动开始了,"蒙面罗徒"

挥着玩具刀冲进幼儿园,保安和体育老师奋力与"歹徒"进行搏斗,其余人员迅速各就各位并拨打110、119、120报警。然后,各班教师组织幼儿有序撤离到就近教室,紧闭门窗,稳定幼儿情绪,并保持安静。将"歹徒"成功制伏后,园方宣布解除警报。

没想到经过这样一次防暴演练后,森森的心里烙下了幼儿园有"坏人"的阴影,产生了对上幼儿园的恐惧心理,这种恐惧是森森对本次防暴演练中的"歹徒",产生了无所适从的心理上的一种强烈反应,他把模拟当真了。

为了打消森森对假想"歹徒"的恐惧心理,让他明白幼儿园里没有"坏人",消除他的紧张心理,我们对森森进行了心理辅导。

### B 辅导节点

**1. 情感上的接纳。**

防暴演习后,森森每天来园时,总是大哭大闹,嘴里碎碎念着:"我不要上幼儿园,我不要上幼儿园……"此时,老师们会第一时间接过妈妈手中哭闹着的森森,拥抱他、抚摸他,缓解其心理的紧张情绪。除对森森进行身体安抚外,我们还认真倾听森森对恐惧的表述,让森森向我们说说他心里的想法,站在他的立场去理解他此时的心情。

同时,通过朋辈交流,让其他勇敢的幼儿和森森就"坏人"的话题进行交谈,让他在与同龄人的接触中,植入"幼儿园没有坏人"的观念,从而让其心情得以放松,焦虑情绪得以缓解。

**2. 空间上的感知。**

为了让他搞清楚幼儿园到底有没有坏人,带他游园参观是个不错的选择。于是,我热情邀请他参观幼儿园,但却遭到了他的拒绝,拒绝源于他的害怕与恐惧。我就转换角度和他说:"森森,我请你一起去瞧一瞧哥哥、姐姐们在干什么,看看有没有谁是你不认识的,我们一起去认识他们!没关系,老师会保护你!"经过多次交流,森森终于同意我抱着他参观幼儿园了。

参观完幼儿园后我问他:"幼儿园里有你不认识的人吗?有没有坏人呢?"他羞涩地摇了摇头。当然还有一个很重要的地方——保安室,要着重向森森介绍。在回教室的路上,森森不需要我再抱着他了。

不久,我再次邀请他参观保安叔叔的工作室,打消他"幼儿园里有坏人"的念头。走进保安室,保安叔叔向森森介绍了平时维护治安用的工具,并向森森演示了部分工具的用法,同时告诉他:"叔叔会保护你,坏人来了我用这些工具对付他,警察叔叔也会把他抓走。"最后,让森森试着打开幼儿园的大门,让他知道幼儿园大门很结实,坏人进不来,他在幼儿园里很安全,让他对幼儿园环境安全充满信心。

**3. 心理上的安慰。**

在日常的生活与学习中,当森森再提起幼儿园里有坏人时,老师和妈妈都会积极地配合,倾听森森的述说,接纳他的紧张情绪,然后对森森进行安慰与疏导,同时给他温暖的拥抱,使之感受到安全感。

爸爸在日常生活中起着展现男人的力量与强大的作用,他告诉森森,爸爸会无时无刻地保护他。爸爸的强壮与勇敢传递给森森的是男子汉的气概。

教师和家长都不去强调关于"幼儿园里有坏人"的话题,让时间渐渐地冲刷掉孩子心中的恐惧。

### C 辅导反思

森森对"坏人"的恐惧感源于对防暴演练认识的不足以及偏差,原本让幼儿进行一次防暴演练,是让幼儿具备一定的自我保护意识与能力,却不想给森森带来了心理上的恐惧,由此引发了我的思考。

首先,在本次防暴演练前,我们要给幼儿打好"预防针",让幼儿对防暴演练活动有充分的心理准备;

其次,在演练后要及时对幼儿进行事后干预,对本次演练进行总结,让幼儿们互相交流,减轻幼儿们心理上的负担;

再次,防暴演练后,须对心理上出现焦虑恐惧的幼儿进行循序渐进的干预,让他们慢慢地消退焦虑与恐惧;

最后,解决幼儿此类心理问题时,需要园方、教师、家长、幼儿等多方协力,积极帮助幼儿从负面的情绪中走出来。

作者单位:宁波奉化市第三实验幼儿园

# 心理辅导 之
## 欺骗说谎

# 我的爸爸是警察

李海珍

## A 辅导缘起

饭后的阅读分享时光,乐乐与小伙伴分享了绘本《我爸爸》,一时间孩子们都纷纷夸耀自己爸爸的本领、爸爸的职业。"我爸爸是警察,他抓了很多的坏人!"轻轻大声对小朋友说。小朋友反驳道:"不是,你的爸爸不是警察,你的爸爸没有穿警察的衣服!""就是!就是!我爸爸就是警察!他把你们全部抓起来!"轻轻边说边冲向反驳的小朋友,挥起小拳头重重地打在小朋友身上……

其实,轻轻是个弃儿,被一对退休的老夫妇收养,他称他们为外公外婆。也许是轻轻太想要一个爸爸,所以他自己编造了"我的爸爸是警察!"这样一个美丽的谎言。

平日里,轻轻好动,与同伴交往中易怒,有攻击性行为,每次他都会为自己的侵犯行为寻找各种理由、编造谎言。

说谎,是幼儿期表现出的一种常见的行为现象。从心理角度分析,幼儿的说谎有内在的把假象当成现实的原因,也有外在的用谎言获取满足的原因,不同种类的说谎,它的性质也是不同的。对于幼儿来说,经常性的说谎会形成一种思维的定式,长此以往,很有可能会影响孩子健康人格的形成。

轻轻说谎可能是缺少关爱的一种提示:轻轻生活在一个不完整的家庭,也许就是因为爱的缺失才导致他说谎,我们相信爱能阻止他的谎言。

从对轻轻的观察中,我们发现他特别喜欢参与阅读表演活动。我们就从表演活动入手,通过各种情境的表演,让他直面谎言,开启他的真实世界。

## B 辅导节点

### 1. 敞心扉,促感受。

班级里每周一次的表演活动是孩子们最喜欢的。活动前,老师会给孩子们做好挑选剧本、准备道具、布置舞台背景等工作。我们特意请轻轻来当我们的小助手。一开始轻轻都是在老师的要求下帮忙剪剪贴贴,每次完成后,老师都会送给他一个他喜欢的小卡片。慢慢地,轻轻显得很愿意在帮忙中和老师主动交流了,他也会提出自己的一些想法。

"老师,我们把小猫的家布置成绿色吧!"轻轻选出了绿色的KT板。

"为什么呢?"我看着他问。

"因为,我想要一个像花园一样的家!可是外公外婆说没有钱买美丽的家。"他有些失落地看着我。

"好的,那我们就来布置一个花园一样的家,老师相信你会有这样一个家的。"我用坚定的眼神看着他,并把他抱在怀里,他露出了腼腆的笑容。

在接下来舞台布置中,轻轻表现出了很大的积极性,他不但能主动和老师沟通自己的想法,还把自己家中喜爱的卡通贴纸也贡献出来贴到舞台背景上。轻轻和老师的心也在逐渐拉近!

2. 情景剧,促感悟。

为了让轻轻在情境表演中体验和感受谎言的危害和诚实的好处,我们对表演的剧本进行了精心挑选,准备了三个情景剧。

因为说谎而丢失小羊的《狼来了》,让孩子感受到一而再、再而三的说谎会失去别人对自己的信任。《撒谎以后》,讲的是一个孩子因为说谎给大家带来的极大的麻烦,最后被警察带走了。这个故事让孩子感受的是说谎还会失去自由。两个在情感上有递增效果的表演让轻轻在心灵上有了触动,在排练中轻轻感叹地对老师说:"原来,说谎这么可怕啊!"

幼儿的教育要以积极正面的引导为主,用正面的事实和道理来教育幼儿,使其知道什么是对,什么是错,从而养成良好的行为规范。为此,我们把《诚实的杰克》放到最后表演,故事讲的是:国王要选出一个继承人,他给全国的孩子都发了煮熟的种子,让他们进行种植。结果其他的孩子都调换了种子,种出了美丽的花,只有捷克捧着空花盆。当扮演诚实杰克的轻轻捧着那空花盆、戴上皇冠的那一刻,我看到轻轻露出了特别灿烂的笑容,也许在那一刻他感悟到了做诚实孩子的快乐。

3. 同伴爱,去谎言。

由于轻轻是由两位退休老人收养的,所以他没有像普通孩子那样能够享受父母的陪伴和关爱,基本上就是在家玩玩具、看电视。为了让他能感受到和其他孩子一样的生活,让他能感受到更多的爱,我们在班级成立了书香互助小组。每五个家庭一个小组,每隔一周由一户家庭负责组织孩子开展活动。这样就促进了家长和家长、孩子和孩子之间的交流。我们还特别向其他家长介绍了轻轻的情况,让他们多照顾、多关心轻轻。于是,叮叮妈妈经常制作好吃的曲奇饼带给轻轻;洋洋爸爸给轻轻买来了他爱看的图书;美美每周三都请轻轻去她家一起玩。

来自同伴及同伴家庭的爱,让轻轻有了很大的改变,他更喜欢上幼儿园、喜欢和小朋友一起玩了,撒谎和攻击性行为在逐渐减少,也不再嚷嚷"我的爸爸是警察"了,还愿意请小伙伴们到他家里去玩。看着轻轻慢慢地融入集体、活波地跟小朋友一起活动,老师们都很欣慰。

### C 辅导反思

我们始终相信"爱"能改变一切,在对轻轻的辅导中,我们一直都把轻轻的情感体验放在首位。孩子自己对撒谎心理上有一定的心虚、恐慌,如果成人直接点破,只会加剧孩子的心理负担,从情感上伤害到孩子,尤其是对于像轻轻这样的孩子,他的感受更需要保护。

从让轻轻能接近老师,和老师敞开心扉,到让他在表演中感悟到谎言的危害,让更多的人去关爱轻轻。其间,老师一直小心翼翼地对轻轻付出爱。只有这样才能在保护好轻轻及其家人自尊的基础上,让轻轻得到更好的爱护。在对轻轻的辅导中,我们还及时跟外公外婆做了沟通,让他们正确面对轻轻的"我的爸爸是警察"的谎言!

作者单位:宁波市华光幼儿园

## 11 泽泽与《狼来了》

何萍萍

### A 辅导缘起

4岁半的泽泽,是一个性格开朗的小男孩,白皙的皮肤,黑溜溜的大眼睛,非常可爱。泽泽生活在一个三代同堂的家庭,爷爷奶奶、爸爸妈妈都把他当成宝。泽泽引起老师关注的原因在于,上了中班,泽泽表现出说谎较多的情况,如与老师的闲聊中,谈及妈妈昨天给他买了一个很大的生日蛋糕,可昨天妈妈并没有给他买;他与妈妈谈到老师奖励他一个小木头玩具,事实上是他没有经过老师同意,自己将玩具悄悄带回家……

撒谎行为是指为了达到某种目的,故意编造出某些情节或理由,即以欺骗的方式歪曲事实真相以达到某种目的的一种不良行为。由于幼儿的生理发展和心理发展的特点,幼儿的撒谎行为性质与成人是不同的。幼儿的撒谎行为可分为无意撒谎——无目的、无意识随性而为;有意撒谎——有意识、有目的为了掩盖真相。前者会随幼儿的心智发展水平的提升而消退,后者则对幼儿良好品质的形成及幼儿行为的健康发展不利。

经过访谈,我们发现泽泽之所以撒谎,与其自身性格、家长行为及期望、教师的言行等有关,他希望通过撒谎赢得老师、家长的认可,同伴的羡慕和满足自己占有事物的需要。

为了帮助泽泽矫正撒谎行为,我们对他进行了多途径的浸润式辅导。

## B 辅导节点

**1. 榜样引导。**

集体活动时,我们发现彤彤和泽泽因为油画棒是不是自己的而发生争执,泽泽说这是爸爸妈妈买的,而事实是幼儿园统一发放的。而邻桌的甜甜和庆庆也因油画棒的归属问题正在协商,最后甜甜帮庆庆从他自己的"百宝箱"里找到了,同时庆庆还主动向甜甜说了对不起。我们及时抓住这一契机,就甜甜和庆庆之间的事让全班幼儿进行讨论。

师:甜甜和庆庆怎么处理油画棒是谁的问题的呢?

幼:商量……

师:那到底是谁的?

幼:甜甜的。(集体指向甜甜,包括泽泽)

师:我们要向甜甜和庆庆学习,诚实地说出这盒油画棒到底是谁的,我们为他们鼓掌,老师还要奖励他们爱的拥抱。那泽泽和彤彤该怎么做呀?

幼:泽泽不应该说谎,应该说真话……

这时,彤彤主动向泽泽道了歉,但她也批评泽泽撒谎了,油画棒不是他爸爸妈妈给他买的。泽泽低下头玩衣角,我们看得出泽泽已经知错了,为了保护泽泽的自尊心,我们将泽泽带到一旁,就甜甜和庆庆处理油画棒一事,对他进行了榜样式引导。

**2. 绘本渗透。**

为了让泽泽转变撒谎行为,我们以绘本《狼来了》对幼儿进行情感上的渗透。讲完故事后,师幼进行了讨论。

师:这个放羊的小朋友为什么会被大灰狼吃掉呀?

幼:他骗人,他说假话……

师:那如果你跟这个小朋友一样撒谎,其他的小朋友会喜欢你吗?

幼:会被大灰狼吃掉,会没有人喜欢……

泽泽:小朋友会不喜欢他的……

我们欣喜地发现泽泽也参与了讨论,也对撒谎有了初步的认识。

师:小朋友不说真话,你会生气吗?

幼:会……

泽泽小声道:会生气的……

师:老师也会很生气,还会难过。

泽泽悄悄地低下了头,活动进行完后,我们和泽泽进行了谈心,泽泽也开始担心其他的小朋友不喜欢他了,同时我们也引导泽泽要勇敢面对,其他小朋友还是会喜欢他的。可见，绘本对泽泽已有了正面影响。

3. 家园共助。

经过我们走访，发现泽泽的爸妈由于工作比较忙，对泽泽的关心也仅停留在吃喝拉撒睡上。针对这一情况，我们试图从转变家长的教育方式来改善泽泽的撒谎行为。

与其爸妈交流，发现泽泽为了得到妈妈的奖励，跟妈妈说他带回的玩具是老师奖励的。妈妈开始还挺高兴，但基于对孩子的一贯表现，妈妈有点怀疑玩具的来历，就向老师求证，发现果然不是那么回事儿。于是爸妈严厉批评了泽泽，还动手打了他。事后爸妈发现自己处理问题方式太简单粗暴，经沟通后我们建议，今后爸妈应对泽泽撒谎作冷处理，并向其提出合理的期望，让孩子可以轻松达到这一目标。最后，妈妈说："泽泽是想让妈妈高兴，才说谎的，可妈妈更希望你成为一个诚实的孩子，妈妈也相信你能。"而泽泽露出愧疚的表情，他突然说："妈妈，我会做个好孩子，以后不说谎。"

## C 辅导反思

辅导中，我们及时利用教育契机为泽泽树立正面的榜样进行引导，利用绘本进行了情感渗透，还争取到家长的合作。经过两个多月多途径的浸润式辅导，我们发现了泽泽的改变。

在辅导过程中，我们也发现矫正孩子的撒谎行为不能一蹴而就，需要老师区分有意撒谎与无意撒谎并耐心引导，成人当为"言必行，行必果"的表率，家长给予孩子信任、合理期望与冷静处理。可喜的是，今天的泽泽已经不再撒谎，变成一个诚实的孩子。

作者单位：宁波市鄞州区城南公馆幼儿园

##  不做"匹诺曹"

沈珍珍

## A 辅导缘起

希希是幼儿园中班的孩子，他活泼调皮，也会经常惹点小麻烦、犯些小错误，不过他每次犯错后都不愿意承认。班里的孩子们经常会来告状："老师，希希骗我说刚才爷爷来看我了"、"老师，希希弄脏我的衣服了，他不承认"、"老师……"

有一天孩子们在"淘气堡"上做体育活动,希希动作过大不小心把玩具车的车门弄掉了,有小朋友告诉我是希希"干的坏事",其实我也看在眼里了。我把希希叫到身边,没等我开口他就急着说:"车门不是我弄坏的。"我说:"不小心弄坏没有关系,只要承认了就是好孩子。""我没有!"看着他要哭的样子,我没有再追问,可是他又低着头自言自语:"车门坏了,也是可以玩的。""反正不是我弄的。"我一时无可奈何,但是意识到希希的说谎行为已经渐渐成了习惯,不能再放任不管了。

孩子在幼儿园或者在家里,都会可能由于种种原因导致做错事情,做错事不要紧,关键是敢于承认,要学会担当。为了让希希改变推诿、说谎的习惯,做个敢于承担的小男子汉,我决定对他进行心理辅导。

## B 辅导节点

### 1.案例引导。

希希是个特别喜欢阅读的孩子。有一天午餐过后,他找了本故事书让我讲,借着这个机会我讲了几个小故事。希希的热情慢慢地被调动起来,他不仅觉得故事精彩有趣,而且还就故事的情节与我交流。我觉得机会来了,便问希希:"我们要不要继续听故事呢?""老师再讲一个吧。""那好,我们就继续。"我在书架上拿下了事先准备好的绘本《木偶奇遇记》,找出"匹诺曹说谎鼻子变长"内容,讲述完后,我问希希:

"匹诺曹的鼻子为什么会变长呀?"

"因为他说谎话了。"

我接着追问:"那说了谎话,别人不知道是不是就没事呢?"

"他的鼻子会变长,很丑,别人会笑话。"

"嗯,老师也觉得,说了谎虽然别人当时不知道,但是迟早会被发现的。"

"那我们班的小朋友永远都不做长鼻子好不好呢,老师希望希希以后也要做个诚实、敢于担当的好孩子,这样大家才喜欢你呢!"

希希没有说话,但他还是向我点了点头!

### 2.榜样引领。

孩子的很多习惯跟周围环境和人有着密切的关系,他们模仿能力极强,会自觉去效仿身边人的一些行为习惯,这样,利用好的榜样来影响幼儿,会对他们产生潜移默化的影响。所以我特意选定了希希平日里的"偶像"淘淘为榜样。

前几天,淘淘喝水时不小心把水洒在了绘本上,我当时没有发现。喝完水以后,我安排孩子们去做区域游戏,等到转过身去收拾绘本时才发现上面有水——"书怎么湿了?"淘淘马上走过来说:"老师,对不起,是我不小心弄的。"我表现出赞许的神情,马上说:"没关系,淘淘敢于承认错误不做'匹诺曹',就是个好孩子。"进而我转向在一边的希希问:"希希,你说是吗?"希希用力点点头:"嗯,是的。淘淘还是我的好朋友呢,我也不做匹诺曹!"

第二天,晨间谈话,我特意向小朋友们讲了这件事情,在班级中为小朋友们树立了诚实好孩子的榜样——淘淘。告诉大家要向淘淘学习,做错事要敢于承认,大家都不做"匹诺曹"。通过榜样引导,希希更加佩服淘淘,决心也要向他学习,做一个诚实的孩子。

3. 心理慰藉。

孩子和成年人一样,需要心理的慰藉。希希之所以经常说谎,是因为有时他犯了错,没有被发现,让他有了侥幸的心理。一旦被发现了,家长就采取批评责怪等教育方法,导致他犯了错误因害怕被责怪而不敢承认,只好用谎话掩盖事实。于是,我及时与希希的家长联系沟通,告诉他们当发现孩子做错事时,不要急于责备,要及时了解孩子的心理状况,给孩子心理慰藉。当希希说谎时,要耐心地进行讲解和提供心理疏导,使其认识到犯错误是正常现象,不能因为犯错误就用说谎来掩饰。同时帮助孩子对所犯的错误进行全面分析,找出犯错的原因,使问题得到有效的解决。

在家长的配合下,希希从心底里接受了我们的帮助,认识到什么是对的,为什么不该撒谎,在犯错后不逃避,坦然面对,不说谎话。终于,希希慢慢地告别了"匹诺曹"。

## C 辅导反思

孩子在本质上是纯真的,经过一系列的心理辅导,希希变成了一个诚实活泼的孩子。幼儿心理辅导是一个渐进式的过程,作为教师和家长,面对孩子的说谎行为,要做到对症下药,有的放矢,促进孩子健康、快乐地成长。

在收获经验之余,也有两个问题值得我们思考:首先,我认为教师及家长也应注意自己的言行,很多大人的说谎行为会被孩子看在眼里,记在心里,会在他们的心灵上埋下一颗"说谎"的种子。其次,谎言有时候是美丽的,有时善意的谎言甚至是必需的,但如何让孩子学会区别对待也值得深思。

作者单位:宁波市江东区幸福苑幼儿园

# 对不起，是我做错了

周 维

## A 辅导缘起

早上贝贝哭闹着被送进幼儿园，小脸无精打采，嘴里说着头好疼。妈妈悄悄地跟我们说孩子身体没问题，就是在妈妈面前撒娇有点不想来幼儿园。果然，等妈妈离开后，贝贝马上生龙活虎地挤到同伴中间玩耍起来……

游戏时间，贝贝从口袋里拿出一颗玻璃弹珠，在同伴前面炫耀，说是妈妈给她买的。有孩子认出是幼儿园操作区里的物品，可贝贝怎么也不肯承认，哭着喊着说是自己从家里拿来的。为此，我留了个心眼观察贝贝。第二天，我看到区域活动结束时，贝贝悄悄地把另一颗玻璃弹珠放进自己的口袋……被"抓个现行"的贝贝还是不肯承认，反而改口说是别人叫他拿的。

诚信是孩子在成长过程中一种非常重要的品质，也是孩子将来立足社会的根基。孩子说谎的原因有许多，有的是因为自己做了错事但害怕受到惩罚而说谎，有的是因为想通过说谎来满足自己的某种愿望，有的是因为错误模仿大人的行为而说谎，有的是因为分不清想象与现实间的差异而说谎，有的是因为想取悦家长而说谎，如此等等。在上述种种的说谎现象中，有些是孩子的无意说谎，有些是孩子的有意说谎，贝贝的情况就是属于后者，而这些都在逐渐改变和侵蚀着孩子的健康成长。为此，我们对贝贝进行了以下辅导。

## B 辅导节点

### 1. 诚实的渲染，浸润心灵。

一次吹泡泡的活动后，贝贝对泡泡水产生了很大的兴趣，我答应贝贝，只要第二天他进餐又快又整洁就送他一整瓶。第二天，贝贝很快就吃完午饭，并且拿空餐具让我检验。我大声地表扬了他，但是贝贝却不满意："老师，你昨天说我表现好，就送我泡泡水。"我这才想起这件事，于是就把昨天用剩的那瓶拿给了他。贝贝举着小半瓶泡泡水，嘴里嘟囔着："你说是一整瓶的……"我满怀歉意地说："啊，对不起，老师忘了买……"没等我说完，贝贝就涨红了小脸，愤怒地把手中的泡泡水扔在地上，边哭边喊："老师是个大骗子，说话不算数……"

好不容易哄好了贝贝，我利用午休时间，跑了附近的几家玩具店，终于买到了新的整瓶的泡泡水。当孩子们起床洗漱完毕后，我把泡泡水送到贝贝的手上，并郑重地向贝贝道歉:"这件事是老师的错,把答应你的事忘记了,请你原谅我好吗?"贝贝握着整瓶泡泡水乐开了花,我乘机说道:"老师做错了事,勇敢承认了,也马上改正。以后贝贝要是做错事情,也要勇敢承认,可以吗?"贝贝用力地点点头。

要想让孩子成为一个诚实的人,教师应该起到好的表率作用,为孩子树立一个诚信的榜样,促进孩子养成诚实守信的习惯。就如这一份小小的、随口承诺的礼物,正是孩子心灵旅途中诚信的参照物。

2.诚实的勇气,暗示心灵。

点心时间,见桌子上有一摊豆浆,老师询问孩子们,大家异口同声地说:"是贝贝打翻的。"贝贝却指着佑佑嚷嚷:"不是我,是佑佑倒翻的……"其实我也看到是贝贝打翻的。

我平静地问:"贝贝,豆浆倒在桌子上应该怎么办呢?"

贝贝看了看自己的桌子,"要用抹布擦干净。"

我:"是的,只要擦干净就行了,现在你能帮我这个忙吗?"

贝贝:"能。"

贝贝接过我递来的抹布,很快就擦干净了桌子。同时他长长地舒了口气,看得出,孩子的心里藏了一个小秘密。

我:"你看,桌子变干净了。你现在能告诉我豆浆是谁打翻的吗?"

贝贝犹豫了一下,低头小声说:"是我!"

我抱了抱贝贝,"嗯,贝贝能承认自己的错误,真是个勇敢的孩子。我们做错了事情不用害怕,更不能说谎骗人,要想办法解决问题才最重要的。"

贝贝:"老师,我错了,我以后再也不说谎了。"

著名哲学家罗素说过"孩子不诚实几乎总是恐惧的结果",所以不要让孩子因恐惧而说谎。对于说谎的孩子,我们首先要给予他们安全感,要用正面的方法进行引导,让孩子有承认错误的勇气,不要因为害怕承担错误而说谎。

3.诚实的种子,守护心灵。

贝贝喜欢被表扬。游戏中,贝贝和宸宸用脚踢积木。被老师制止后,宸宸承认了自己的行为是不对的,贝贝却坚持着,"我没踢……"整理完积木后,我对宸宸竖起了大拇指,和小朋友们一起夸奖他的诚实,同时悄悄地观察着贝贝。果然,贝贝一脸的羡慕和后悔表情。我趁机问贝贝:"贝贝有什么话要说吗?"贝贝红着脸轻声说:"刚才我也踢了,我做得不对。""嗯,原来贝贝也是诚实的孩子呢!"贝贝激动得涨红了脸。

贝贝喜欢阅读,我经常和他分享一些有关诚信的绘本,如《不是我》、《匹诺曹》、《谎话虫》、《手捧空花盆的孩子》等,使他认识到为人诚实的益处。绘本中的小主人公为贝贝树立了很好的榜样,这些榜样暗示着贝贝要做一个诚实的孩子!

经过两个月的辅导,游戏、活动中,贝贝做错了事情的时候,"我没有"、"不是我"的叫声少了,也能正确面对自己的"做错",大胆、大方地跟老师和伙伴们说"对不起,是我做错了……"

### C 辅导反思

辅导过程中,我发现,只要给予宽松的氛围,进行正面引导,贝贝还是能诚实地面对很多问题。特别是每次事情发生之后,多留点时间让贝贝想想自己该怎么做,他说谎的现象会减少很多。但是我也发现,同样的事情在面对家长的时候,孩子的诚信度就不太一样了,所以对孩子的教育,还需要家长和教师保持一致的教育观念和言行。

当然想让孩子完全不撒谎是不可能的,在他们的成长过程中,为了自己的某种"愿望"会时不时发生撒谎的现象。但是我相信,只要我们坚持为孩子树立良好的榜样,为他们营造一个温馨而诚信的环境,多关注他们的各种行为,那么谎言自然就会远离孩子。

作者单位:宁波市江东区托幼实验园

# 玫瑰、剪刀和谎言

胡凡叶

### A 辅导缘起

东东是一个聪明活泼的小男孩,爱学习,思维敏捷,他是老师的好帮手,也是小朋友眼中"小明星"。但是在活动中东东总会制造一些小麻烦,如自由活动时,东东把小朋友推倒在地却怎么都不愿意承认;在晨检时,东东因为指甲不干净,被罚了"小黄牌",老师说绿色牌子的是能干的宝宝,于是东东擅自换了别的小朋友的牌子,事后怎么都不承认,硬说这个牌子是自己的。

"说谎",往往被人们视为一种不良的行为品质,但对于孩子的谎言,我们要区别对待,有时可能是出于他们心智不够成熟,有时候,可能是出于满足某种目的的需要。在幼儿园,当孩子出现说谎时,老师要慎重对待,如果孩子的说谎行为是后者,老师就要分析他说谎背后的原因,做到对症下药,又不伤害孩子稚嫩的心灵。

我了解到东东的父母工作很忙,很少陪他。东东和奶奶住在一起,奶奶对东东很好,近乎溺爱。东东的爸爸对孩子要求很高,有时东东做错事情,爸爸会采取粗暴强硬的态度去进行"教育"。而东东的母亲则缺乏教育经验,她很少坐下来和东东沟通。东东的脑子动得快,他往往能通过"小谎言"来回避父亲的严厉,博得妈妈的欢心。

为了让东东对"小谎言"有个正确的认识,能够面对事实而不随口强辩或说谎,我进行了以下辅导。

### B 辅导节点

**1.玫瑰是我摘的**

教室里的植物角那盆硕大的玫瑰,让全班小朋友欣喜若狂。那天我走进教室发现东东摘下一朵玫瑰,抓在手中正从容地向外走去。

我:"东东,这朵花是谁送给你的?"

东东:"奶奶。"

我:"老师觉得它跟我们植物角里的那朵一模一样。"

东东小声地嘀咕:"我没有摘,不是我。"

我:"你这个花是要送给谁吗?"

东东:"这个花要给奶奶,奶奶生病了,奶奶很喜欢花,看到花会开心的。等奶奶病好了,我再把花拿回来。"

我拿出了用皱纹纸做的大红花对他说:"瞧!它多漂亮啊!老师把这朵花儿送给你,祝你的奶奶身体健康。"

东东低下头:"老师,奶奶病了肚子很疼,我想让奶奶开心,奶奶肚子就不疼了。"

我:"东东真是个懂事的好孩子!"

东东看着手里的花自言自语:"我摘下了花,花会疼吗?"

我:"当然会呀,是你摘下它吗?"

东东机械地重复着:"我要送给奶奶的。"

我拿出了第二朵纸花递给东东:"东东,这朵花老师送给你,奖励你对奶奶的爱!"

东东突然大哭起来:"老师你打我,骂我吧,这朵花是我摘的!"

我轻轻地抱住他,又拿出了第三朵纸花:"老师这里还有一朵送给你,因为东东大胆承认自己摘花了。"

东东红着脸,拿着那鲜花走到植物角,他试图把花重新插进泥土里……

我及时的引导,一步步接近了孩子的内心,启发孩子正视自己的错误,告诉孩子只要承认错误并及时改正,就可以不被责罚,甚至可以得到褒奖。

**2.剪刀盒是我打翻的**

手工课上,东东打翻了剪刀盒,他指着洋洋说:"都是你,剪刀盒是洋洋打翻的。"

于是,在游戏讲评的时候,我讲了一个故事:"丁丁弄翻了蜡笔,可是他不承认,还怪他的好朋友。慢慢地没有人愿意和丁丁一起玩了,丁丁可难过了。小朋友们,你们能帮助一下丁丁吗?"

小朋友:"丁丁要诚实,这样,小朋友才会和他一起玩的。"

我:"说得真对啊,刚才我们班的剪刀盒也打翻了……"

东东睁大眼睛看着老师,显然他在犹豫什么。老师抱起了洋洋,正要说下去,东东喊了起来:"是我打翻的,下次我拿剪刀的时候不奔跑了。洋洋,对不起!"

我轻轻地抱起东东:"老师爱你!"

东东低下头说:"是我打翻了剪刀盒。"

我:"你跟洋洋说了对不起,洋洋也已经原谅你了。"

东东:"老师我骗人了,我不是好孩子。"

我:"你主动能承认错误,所以老师还是爱你的。"

东东:"只要我承认错误,老师就还爱我,原来是这样的。"

当发现孩子的"小谎言"时,老师没有直接严厉地指责,而是用一个故事的形式去引导孩子。"知错就改,老师还是爱你的",这样的接纳给了孩子内心的安全感,让他不再惧怕,不再因为逃避惩罚而说谎。

3.不再喜欢小谎言。

面对东东的谎言,我多用剥夺东东由说谎得来的"权利",以矫正东东的说谎行为。如,东东在滑滑梯时插队了,并对我说他原来就排在那里的。我用照片记录东东的行为并告诉东东事实后,取消了东东的游戏资格,让东东明白说谎与后果的因果关系。同时,我尽力了解东东内心的需求,当他真实地说出自己的想法,并提出正当的要求时,我及时予以满足,让东东感悟到,想得到并不一定要通过谎言。

后来,我跟东东的爸爸沟通了孩子的情况,让年轻的爸爸猛然醒悟,感觉到自己以往教育方法的不当,表示要好好和幼儿园配合,帮助孩子改正说谎行为……

C 辅导反思

一学期过后,东东撒谎行为有了明显的改善。对矫正撒谎行为我有三个总结:一是让孩子懂得做错事不一定会受到惩罚;二是撒谎需要承担后果;三是和家长共创一个良好的教育环境。在这期间,我给予了东东多种引导和支持,让东东自己慢慢认识到撒谎的危害,愿意矫正撒谎行为。

但是,任何一个孩子的转变都不是一朝一夕就能实现的,他们往往会出现反复,东东也是如此。遇到这种情况,我们不能弃之不理,更不能操之过急,而是要用足够的耐心去等待。我相信,总有一天,东东会在内心不再喜欢"小谎言"!

作者单位:宁波市镇海区骆驼街道中心幼儿园

## 15 寻谎、说谎、悟谎

冯优萍

### A 辅导缘起

小L从小生活在一个贫困的家庭中，父母仅靠打零工赚取微薄的工资，家里还有一个病重的奶奶需要医治和照顾，小L还有个妹妹在读小班，一家几口人就住在一间40平方米的房间里，生活很拮据。

在大班期间的一次科学活动"我们的文具"中，孩子们把形态各异的文具放回自己的橱柜。这时，嘟嘟忽然发现自己的"愤怒的小鸟"橡皮不见了，经调查发现是班里的小L拿了那块橡皮。于是我询问小L，可性格倔强的小L始终不肯承认，硬说是爸爸昨晚给他买的。

小L的行为是一种行为性说谎，他把不属于自己的东西，悄悄地放入自己的口袋，又怕受到责罚，便用说谎来掩盖。这种说谎有明显的目的性，对孩子自身成长有很大的危害。为了不让小L幼小的心灵为这件事情蒙上阴影，不让他就此自暴自弃，我开展了以下心理辅导。

### B 辅导节点

1."寻"谎。

我对小L谎言背后的真相一直很好奇，在一个无人的角落，我和小L进行了认真的谈话。

老师："小L，老师知道你是个好孩子，今天有没有碰过那块愤怒小鸟的橡皮？"

小L吞吞吐吐地说："我也有一块相同的橡皮。"

老师："可是爸爸说根本没有买过呀！"

他低下了头，没有回答。

老师："老师知道你一定有原因，能告诉老师吗？"

小L沮丧地说："我想把愤怒小鸟的橡皮送给妹妹，因为过几天就是妹妹的生日了，爸爸妈妈没钱，不会给妹妹买。"

他终于承认了自己"拿"了那块橡皮的真正原因，可是我的心却像被什么东西扎了一下。现在城市里的孩子什么都不缺，可是小L的这些话让我看到了社会上另一类群体。虽然，他用撒谎掩盖自己的行为是个错误，可是他内心对妹妹的爱却是光明的。

接下来，我要让他认识到这种做法不合适，分清是非关系。

我亲切地对他说:"没有经过别人同意,就随便把别人的东西拿走,这种行为是错误的,你的需要可以和老师、爸爸妈妈说啊。"他点了点头说了声:"嗯。""老师明天给你妹妹送一块更好看的愤怒小鸟的橡皮,让她开心一下,并祝她生日快乐!""真的吗?"小L惊奇地问。第二天,我把另一块橡皮交给小L时,看到了他露出的喜悦的表情。

2."说"谎。

了解到小L的家庭困境后,我把这件事编成一个故事讲述给孩子们听。用小灰兔代替小L,我问孩子们:"你们觉得小灰兔是个怎么样的小兔子,我们该怎么帮助它呢?"孩子们纷纷发表自己的意见:"我们应该原谅它,给它改正错误的机会,因为它是一只充满爱心的兔子。"孩子们的想法正符合我的心意,于是我和班级的家委会商量开展了一个"爱心大互动"的活动,把孩子们的旧物品或玩具用义卖的方式帮助身边有困难的人,还给小L家里带去了一些玩具和生活用品。

那天小L和他的妹妹看到了那么多喜爱的玩具可开心了,高兴得流出了眼泪,他的爸爸妈妈接过东西时激动地说:"谢谢,谢谢!"

这次活动给小L上了一节很好的社会课,让他知道人家都爱他,也愿意帮助他。第二天,小L走到我身边悄悄地说:"老师,谢谢你的礼物,以后我再也不拿别人的东西了,也不撒谎了。"听到这里,我的内心一阵激动,一把抱住了他。

3."悟"谎。

小L的父母由于家庭原因对小L关爱甚少,忽视了孩子的日常行为。这件事情后,我及时和孩子的父母进行了沟通,让他们意识到小L是个很聪明的孩子,他的说谎只是为了满足妹妹的一个心愿,给妹妹一件生日礼物。家长在家里要注意教育子女的态度和方法,对子女的合理要求尽量予以满足,并及时关注孩子的行为。在幼儿园里,我还在活动中鼓励小L的正确做法,放大他的优点,并让大家把好东西带到幼儿园一起分享,小L也从家里带来了很多老家的特产给小伙伴。

这些活动让小L发生了很大的变化,让他懂得了相互分享的道理,也知道了应该征得别人的同意,才能动别人的东西。父母增加了对他的关爱,他脸上出现了笑容,小朋友的关心更让他的快乐多了起来。这一年,小L再也没有撒谎。

## 辅导反思

孩子说谎的现象形形色色,原因也各不相同。当孩子因为某种原因说谎时,我们就要引起注意。本案例中小L因家庭情况迫于说谎,为了及时制止这种不良行为,并保护他的自尊心,我采用了行为矫正法和情感辅导法,耐心引导孩子,用爱心去感化孩子的心灵,让孩子在放心表达自己行为背后的想法时,知道爱的伟大,体验到身边人对他的宽容和谅解。

在辅导中也让我思考:如果遇到孩子重复说谎时,我们该怎么对待,并如何用科学有效的方法来引导、教育孩子;在家庭教育中,我们该如何让家长正确对待孩子的说谎行为,从而形成家校合力。

作者单位:宁波市江北区阳光艺术幼儿园

## 16 谎言背后的心声

何 璐

### A 辅导缘起

这天上午,滇妈妈早早地来到教室找到我,她拿着发夹问:"何老师,这是班级里的发夹吗?是不是你送给滇的?"看了看她手中的发夹,我肯定地回答:"这是班级里的发夹,但我没有送给滇呀!"听了我的回答,滇妈妈仿佛早预料到了答案:"滇说因为她在幼儿园表现好,所以你奖励她的。这是说谎行为,而且我发现已经不止一次了。"她还告诉我,另外一次正值放学时间,滇拿一幅绘画作品给她看,她一眼便看出这幅作品并不是滇画的,于是疑惑地问:"宝贝,这幅画真的是你自己画的吗?"妈妈的疑惑让滇显得惊慌失措,没一会儿,滇便道出了真相:"这画是别人画的,学号是我自己写的。"滇边说边低着头不敢看妈妈。

孩子说谎的原因有很多,如害怕受到惩罚而说谎、受到物质诱惑而说谎、想象和现实混淆而说谎、为取悦父母而说谎等。案例中的滇把班级里的发夹和别人的绘画作品作为自己表现优秀的成果,展示给妈妈看,显然她是希望通过这些"奖励",得到妈妈对她的赞赏与肯定。她的说谎行为在心理学上属于为讨父母欢心而说谎。而滇不止一次对妈妈说谎,更说明了她内心极度渴望妈妈对她的肯定和赞赏或者是对她的关注和疼爱。

很多爸爸妈妈认为,孩子的谎言没有什么危害,甚至一笑了之,殊不知说谎一旦成了习惯,便会害了孩子一生。滇妈妈面对滇的第一次说谎,并未给予她正确的教育和引导,从而使滇接二连三地对妈妈说谎。这种行为如果不作改变,滇的说谎行为就会成为一种习惯,甚至成为一种可以帮助自己实现某种"愿望"的手段,对其今后的成长极为不利。

### B 辅导节点

1. 倾听心声。

一天课余时间,我把滇叫到了身边,温柔地问:"你能悄悄地告诉老师你为什么说发夹是老师奖励给你的吗?"涵低头不语,似乎不想告诉我原因。"是不是喜欢这个发夹呀?"我试探性地询问,涵还是低头不语。"那是为什么呢?是想妈妈知道你在幼儿园表现很棒吗?"这时涵抬起头来看了看我,微微地点了点头。原来孩子的内心并不是想获取这枚小小的发夹而是想得到妈妈对她的赞赏。为什么孩子如此渴望得到妈妈的赞赏?平日里妈妈很少或者根本没有称赞与肯定过她吗?带着疑问,我轻轻地摸了摸涵的脑袋,继续问道:"涵这么听话,妈妈是不是经常表扬你呀?"和刚刚的反应截然不同,涵的头摇得跟拨浪鼓似的,委屈地说:"妈妈很凶,只要我犯了一点点错误,她就会批评我,有时候还打我!"透过涵含泪的双眼,我觉得涵是那么的无助。和涵的交谈中让我感到,对涵来说,妈妈是一个严厉、不近人情,在犯错之后只会批评和打骂她的人,但孩子往往体会不到母亲在严厉训斥的背后隐藏着的另一种爱与关怀。

2.合理期待

现如今多数家长"望子成龙"、"盼女成凤"的心情迫切,对孩子的期望值过高,涵妈妈也是如此。其实涵妈妈并不是涵眼中所谓的"可怕妈妈",只是涵妈妈把期盼和愿望都寄托在涵的身上,希望涵能达到她所预期的目标,所以才对她的要求高而严厉。面对妈妈的高期望值,涵只好选择说谎来取悦妈妈。

我告诉涵妈妈,家长不能一味地给孩子树立目标,而应尽可能地支持和鼓励孩子一步一步地朝着目标前进。孩子的成长存在着个体差异,他们就像一只只蜗牛,虽很努力前行,但许多家长总觉得他们爬得太慢,希望通过大人的努力,让蜗牛们爬得快一点。但往往事与愿违,家长的付出并不一定能够取得自己想要的结果。面对像蜗牛一样努力爬行的孩子,家长应该从儿童的身心发展规律出发,多一些宽容,多一些耐心,多一些期待,从心底里说一句:"孩子,你慢慢来……"听后,涵妈妈若有所思。

3.回归自信

涵认为妈妈在每次面对她的缺点时都会严厉地训斥她,由此她担心自己的表现如不能让妈妈满意,妈妈会不爱她。所以在上述两件事例中,涵才说了谎以讨妈妈的欢心。在辅导涵的过程中,首先要让涵感受到妈妈对她的关爱,告诉她妈妈虽然会因为她所犯的错误而烦恼生气,但妈妈还是爱她的,关心她的。其次,引导涵要敢于面对挫折,不气馁,不害怕困难,尽自己最大努力完成力所能及的事,体验到成功带来的快乐。再次,我引导涵要善于发现自己的长处,建立自信心,并时刻激励自己:"别人能做好的事,我也一定能做好。"从而使涵变得自信、开朗,减少说谎行为的发生。

C 辅导反思

通过此次的心理辅导,涵妈妈认识到了自己对涵的期望超出了涵的承受范围,给涵造成了心理压力,才导致了涵多次说谎行为。事后,涵妈妈表示,会随时检查自己对孩子的要求是否得当,并给予涵支持与鼓励,使涵有了继续前进的动力。而涵感受到妈妈给予的爱和支持后,她的说谎行为也随之减少。

对于这些为了取悦父母而撒谎的孩子,他们的内心深处往往更想得到父母无条件的爱与尊重。虽然孩子通过辅导一时改掉了说谎的行为,但不能保证之后就不会重犯,所以后续我还会对涵在园的表现进行阶段性观察和跟踪,随时做好家园互动,让涵真正改掉说谎的不良行为。

作者单位:宁波市北仑区戚家山中心幼儿园

## 17 说谎与假想

洪淑霞

### A 辅导缘起

昊昊是班里各方面表现都很出色的孩子,活泼开朗,能言善道,深得各位教师的喜欢。每次集体教学活动中也总能赢得老师的赞许,同伴的羡慕。但最近昊昊状况频频:午睡起床时,保育员在整理昊昊的被子时发现昊昊尿床了,可昊昊却硬说是睡觉太热,出汗了,不是尿床了;周一晨间谈话时,小朋友互相会交流周末去了公园游玩、超市购物、探望爷爷奶奶、乘地铁等。昊昊会说去了香港迪斯尼乐园游玩,还会滔滔不绝地向同伴介绍那里有各种好玩的东西;进餐时,每当看到盘子里有不喜欢吃的鱼时,昊昊就会佯装咳嗽,大声辩解"我今天喉咙发炎了,不能吃鱼"。看来,向来被掌声包围的昊昊为了维持自己"好孩子"的形象,出现了说谎行为。

儿童说谎可分为无意说谎和有意说谎。有意说谎包括为了达到某种目的而有意识地编织谎言,不承认自己所犯错误和夸大自己成绩等,它是一种不健康的心理状态,会让孩子混淆是非,无法正确区分事实和假象,对孩子积极心理的发展非常不利。

长期被掌声、羡慕、赞许包围的昊昊使他养成了内心深处的优越感,因此受不得同伴或其他人的任何否定,他总是期许表扬,害怕不完美。

为了让昊昊养成对人对事诚实的态度,从而提高其行为的正确性和自我控制的能力,进而促进其心理健康发展,我特此开展了以下辅导。

## B 辅导节点

### 1.给予回旋余地。

故事时间到了,我特地选了一个关于说谎的故事《狼来了》。当讲到第三段"人们都说,小孩又在说谎了,根本没有狼,大家不要管他继续干活吧。结果,当小孩喊破喉咙还是没有人来救他的羊,所有的羊都被狼叼走了"这一段时,我注意到昊昊很替故事里的小孩着急。

于是我问昊昊:"明明这一次狼真的来了,为什么大家都不相信小孩了呢?"

聪明的昊昊立即回答:"因为他总是说谎,大家以为他这次也在说谎。"

我:"哦,原来谎话说多了,会让别人不再信任啊。"

我趁机追问:"如果大家都不相信你了,那你还会有好朋友吗?"

昊昊:"没有了。"

我:昊昊,你会说谎话吗?

昊昊:"不会,我有很多好朋友的。"

这时候,我注意到昊昊有点心虚。

我:"是的,老师相信昊昊也不会说谎。"

我借助故事里的人物,适时对昊昊进行引导,让他感受到了说谎会导致的后果,并且不直接戳穿孩子的谎言,给予其回旋余地,让孩子更易接受老师的引导。

### 2.鼓励正向行为。

起床后,孩子们议论着昊昊尿床的事,可是昊昊憋红了脸一直强调:"我没有,是出汗了,那是汗,不是小便。"同伴却一直坚持说:"就是小便,很臭的。"昊昊一直辩解着,终于忍不住哭了。

我把昊昊抱到一边,告诉昊昊:老师小时候也经常尿床的,有时候还会把整条床单都尿湿了,那个时候老师也害怕会被妈妈批评,但是老师还是会勇敢地跟妈妈承认,结果妈妈不但没有批评,还表扬我敢于承认,没有说谎。妈妈还告诉老师,长大了就不会尿床了。昊昊非常震惊,这么能干的老师也会有尿床的时候,这时候小家伙完全放松了警惕,轻声向老师:"老师,我不是故意的,睡着的时候我自己也不知道。"之后的一段时间里,我一边提醒保育员在午睡管理中多留意昊昊,掌握孩子想尿尿的时间,并且在那个时间里叫昊昊起床解一次小便,一边在班中开展"自我批评"活动,鼓励孩子们敢于承认自己的缺点,正视自己的错误。

### 3.满足合理需求。

餐后活动,孩子们总是向往去果树林探险,但出于安全隐患等多方面考虑,始终未能让孩子如愿。昊昊更是对果树林心向往之,几次谈话活动中,昊昊都会不由自主地说:"那里可好了,我去过了。"

这一天,我事先对那一片果树林进行了勘察,排查了能预见的安全隐患,午餐后宣布今天将去果树林探险,孩子们全场雀跃,昊昊尤其开心,拉上他的好伙伴就往果林深处钻。直到回到教室后,仍然意犹未尽地谈论着刚刚的探险经历。

我把昊昊叫到一边:"昊昊,今天是我们第一次去果树林探险,感觉很棒对吗?"

昊昊:"是的!"

我:"你以前去过那里吗?"

聪明的昊昊似乎感觉到了我意有所指,低下头轻声说:"没有,我一直很想去那里看看到底有什么,这样就可以告诉其他的小朋友了。"

老师:"想去和已经去过是不一样的,现在昊昊真的去过果树林了,就可以回家告诉爸爸妈妈了。"

昊昊:"好的!"

我满足了昊昊一直想去果树林探险的愿望,并且巧妙地交谈让昊昊明白"想去"和"已经去过"是不一样的道理。

### C 辅导反思

每个孩子都拥有丰富的想象力,很多时候他们只是想用谎言达到自己的一些小目的、小愿望,但这些都不会伤害别人。在辅导过程中,我充分考虑到了昊昊的成长环境,尊重和保护孩子的自尊心。当昊昊不愿意承认自己尿床时,我没有直接点穿,而是以自己的经历鼓励昊昊勇敢正视缺点,而不是以谎言来遮盖。当昊昊分不清愿望与现实的区别时,我则通过实际的活动满足其愿望,从而懂得想去与已经去过是全然不同的。

在以后的日子里,我发现其他孩子也会因为某种原因说谎,这样的情况绝不是只发生在昊昊身上。因此,我们老师要学习读懂孩子,了解孩子的需求,面对孩子说谎时,应抱有正确的态度,采用科学有效的方法进行教育引导,防止孩子形成习惯性说谎。

*作者单位:宁波市北仑区厚生幼儿园*

# 心理辅导 之
## 动辄告状

# 18 麦子间谍

周　艳

## A 辅导缘起

4岁的麦子,人如其名。就像风吹麦浪中随风飞舞的金色麦浪,是一个活泼开朗的小女生。小班下学期开始,发现麦子喜欢告状了。

水果餐时间,小朋友都津津有味地吃着小番茄,突然麦子义愤填膺地指着嘟嘟说:"老师,嘟嘟不吃小番茄,还把小番茄捏碎了。"这一声告状成功吸引所有小朋友目光。见状麦子更加起劲了,"小番茄可有营养了,老师说过不能浪费食物!"

自由活动时间,暖暖拿着毛绒小熊在玩,一旁的麦子想从她手里抢过来,暖暖低着头使劲不放,"咔嚓"一声,小熊的衣服被撕破了。麦子连忙跑来告状:"老师,暖暖把小熊的衣服撕破了。"说完便得胜似的跟暖暖炫耀,"哼,叫你不给我玩,我已经告诉老师了。"

喜欢告状,是幼儿期比较明显的一种现象。经过了解,我们发现麦子喜欢告状与其家庭因素密不可分。麦子生活在一个四代同堂的大家庭,家庭中同龄的孩子比较多,麦子的爸爸妈妈和其他亲戚对于麦子能"及时发现其他孩子错误行为"并向大人及时报告大加赞赏,他们总是会竖起大拇指赞许:"你们看麦子多懂事呀,就知道这样的事情是不能做的……"久而久之强化了麦子的告状行为,成了"麦子间谍"。

"告状"看起来事小,但是处理不当,会影响幼幼之间、师幼之间的关系,并对幼儿的心理发展产生影响。针对麦子的告状行为,我将它归纳为自我保护、维护规则和自我表现这三种告状模式,于是改变"麦子间谍"告状行为的辅导悄然展开。

## B 辅导节点

**1. 自我保护之学会分享。**

区角时间到了,麦子来到了"奇思妙想"区,选择了拼图游戏。宁宁看了也想玩,于是说:"你还没有拼完啊,让我来让我来。"麦子不甘示弱:"不行不行,这是我先抢到的。"这个时候宁宁动了动麦子的拼图,麦子大叫着责备宁宁,"都是你,都是你动的,都是你动了我的拼图",然后哭着跟我说:"老师你看,是我先抢到的,她还把我的拼图弄坏了。"

我把麦子拉到了一边,稳定她的情绪,"老师说过哭是没有用的,要做一个坚强的小朋友,跟红眼睛小兔子说Bye-bye好吗?"

我:"发生了什么事呢?"

麦子:"宁宁抢我的拼图,还把我的拼图弄坏了。"

我:"那你想想,自己有没有做得不对的地方呢?"

麦子:"发脾气大喊大叫,没有分享。"

我:"那你觉得应该怎样解决这件事情呢?"

麦子:"一起分享,一起玩。"麦子默默地走到宁宁面前。

麦子:"宁宁,我们一起玩拼图吧。"

针对麦子这种自我保护式的告状,首先要让她对问题的来龙去脉有个认识,对自己的行为有所反思;其次便是要培养麦子的分享意识,利用故事中的正面形象培养麦子的分享精神;最后是创造一些分享玩具、食物等机会,体验分享的快乐。

**2. 维护规则之学会解决。**

孩子们自主活动时间到了,有的在图书角寻找喜欢的书籍;有的在建构区玩各式各样的积木;有的拿着赛车,在"路上"狂奔……教室成了玩具的海洋。此时"麦子间谍"的告状声此起彼伏,"老师,小宝没有把积木收拾干净","老师,天天把书本放地上了"。

我:"麦子能不能想想办法帮助他们呢?"

麦子:"一起把玩具宝宝送回家吧。"

我:"小朋友,你们听,玩具宝宝哭了,他们想回家了,我们一起把玩具宝宝送回家吧。"

针对麦子这种维护规则的告状模式,值得赞许的是麦子的"是非分明"观,会对同伴的行为做出"好坏"、"对错"的判断。但是老师不能一味地鼓励和支持,也不能一味地责备孩子,因为这些都不利于培养麦子独立解决问题的能力。给她创造一个自己解决问题的机会,启发她寻找解决问题的办法,逐步学会自己解决与同伴之间的问题。

**3. 自我表现之提升自信。**

美术课,小朋友都在认真地完成自己的作品。不一会儿麦子就跑到我面前说:"老师,闹闹不认真画画,涂得那么慢,我都快涂好了。"说着还骄傲地把手中的图画本高高举起,以便证明自己的"成果"。

我说:"其实老师一直都在观察麦子画画哦,麦子画得真漂亮。"麦子脸上的自豪感油然而生。

麦子这种自我表现的告状模式,本意并不是真正的告状,而是想通过告状让老师关注自己,得到老师的表扬,潜意识中这也是缺乏自信心的表现。"谁拥有了自信心谁就成功了一半",幼儿期是自信心培养的关键时期,多多发现麦子身上的闪光点,更多给予一个微笑、一个拥抱、一句赞美,麦子的自信心就会在不知不觉中形成。

### C 辅导反思

麦子频频出现的告状行为是对其进行教育的良好契机,教师巧妙抓住时机,根据不同的情况,采取不同的措施,及时处理以达到对麦子进行教育的目的。

在辅导过程中发现要改变麦子的告状行为也不是一蹴而就的,需要家长和其他老师的配合,积极发挥家庭对麦子的教育作用,家园合作,双管齐下,将是我继续减少麦子告状行为的努力方向。

作者单位:宁波市鄞州区姜山幼儿园

## 19 圆圆的转变

黄玉萍

### A 辅导缘起

5岁的圆圆长得白白净净,能说会道。每天妈妈都会把圆圆打扮得漂漂亮亮,可圆圆在班上几乎没有要好的朋友,除了炫耀自己的新衣服、新发夹,就是爱告状,小朋友之间的一句玩笑话或一个小动作,都会成为圆圆告状的内容。

圆圆来自单亲家庭,年轻的妈妈为了弥补对圆圆的愧疚,会满足孩子物质上的任何需求,但很少顾及她心理上的需要。表面上看圆圆每天光鲜靓丽,但事实上圆圆是个敏感、缺爱的孩子,为了得到老师的关注和赞许,圆圆在班上最关注的就是找小朋友的毛病。

告状,从心理学角度上说,指的是人与人之间发生某种冲突、矛盾而不能自行化解时,借助第三方力量来解决纠纷的一种人际行为。而圆圆的频繁告状,是一心想得到老师和同伴的关注和赞许。这种不良的心理状态,带来的后果往往是恶意告状、攻击和敌对,还会影响其与同伴之间的正常交往。

为了让圆圆对自己的告状行为有一个正确的认识,也为了让圆圆学会与同伴友好相处,我们做了如下辅导。

### B 辅导节点

**1. 直面告状。**

早上,露露从家里带来了一盒飞行棋,邀请聪聪和萱萱一起玩。圆圆站在一旁看了一会儿,对露露说:"露露,让我一起玩好不好?"露露不假思索地说:"现在不行,我们已经在玩了。"圆圆一听,马上向我告状:"老师,露露不让我玩。"而露露则一脸委屈地说:"老师,不是这样的。"

圆圆立马接上说:"哼,你就是不让我玩,你不会分享!"

圆圆的这种告状行为是她敏感的心理在作怪,她认为小朋友不给她玩,就是不喜欢她,告状是为了求得老师的帮助。

看到露露委屈的神情和圆圆生气的样子,我蹲下来拉着圆圆的手说:"圆圆是想让露露马上答应你跟她们一起玩吗?"圆圆点点头。"露露没有马上答应让你很着急是吗?"圆圆迫不及待地说,"是的是的,她们就是不想让我玩!"我把圆圆揽在怀里:"圆圆,我们来听听露露的想法好吗?"圆圆点点头。露露说:"老师,我和聪聪、萱萱已经在玩了,等我们玩好之后,我会请圆圆和其他小朋友玩的。"

我转向圆圆:"原来露露是这样想的,圆圆愿意等待一会吗?"圆圆不好意思地点点头:"我愿意。"

面对圆圆的告状,我及时蹲下来倾听孩子们内心的声音,可以让孩子们感受到老师对她们的尊重,同时也让圆圆感受到同伴并没有故意不让她玩,从而引导圆圆学会理解同伴。

2.辨明是非。

中饭过后,欣欣和几个小朋友在帮保育老师打扫教室卫生,圆圆站在一旁看着。这时欣欣一不小心,把畚箕里的垃圾倒翻了。圆圆立马向我告状:"老师,欣欣把畚箕的垃圾倒在地上,脏死了。"

圆圆的这种告状行为是抓住了欣欣的"不小心",从而想得到老师的表扬,然后像个小功臣一样,大摇大摆地跟在老师后面,看老师批评欣欣,让自己的心理得到满足。但圆圆的这种不良告状行为会直接影响她和小朋友之间的关系,导致小朋友疏远她。

于是我拉着圆圆的手说:"那我们看看,欣欣是怎样做的,好吗?"只见欣欣用熟练的动作把垃圾扫了进去,圆圆看得哑口无言。

这时圆圆的身体微微靠向我,我明显地感受到圆圆为自己刚才的行为感到不好意思。我顺势引导:"我们每个人都会不小心做错事情,做错了不怕,只要及时改正了,还是好孩子。"圆圆轻轻地"嗯"了一声。

我知道,圆圆已经具备了辨别是非的能力,她的告状只是为了引起老师的关注,这时只需老师正确引导,帮助她与同伴建立良好的关系。

3.学会交往。

区域活动开始了,圆圆、娜娜一前一后来到了甜品屋,她们都想拿服务员挂牌,但挂牌被娜娜先行一步拿走了,圆圆一时间站在原地不知所措,突然她伸手去抢娜娜手上的服务员挂牌,娜娜不让。圆圆气势汹汹地跑来告状:"老师,娜娜不让我当服务员。"娜娜也不甘示弱地说:"老师,是我先拿到挂牌的。""我也想当服务员。"

圆圆继续说着。安抚好两人的情绪后,我问圆圆:"那你有没有把你的想法告诉娜娜呢?"圆圆:"没有。"我说:"那要是下次圆圆拿到了服务员挂牌,别的小朋友也把你的抢走,好不好?"圆圆回答:"不好。"

我用谈话的形式,引导圆圆进行换位思考,从而反省自己行为中的不足。

见圆圆已经意识到自己的错误,我微笑着拉着圆圆的手说:"如果小朋友好好跟你商量:'圆圆,我也很想当服务员,一会儿可不可以让我也当服务员?'"

一时间,圆圆转怒为喜对娜娜说:"对不起,我也很想当服务员,等一下可不可以让我当服务员?"娜娜爽快地答应了。

我通过将心比心的谈话,让圆圆意识到自己行为中的不足,并创设了一些自己解决问题的机会,引导圆圆用正确的方法与同伴交往。

### C 辅导反思

本案例中,由于圆圆家的特殊情况,使得圆圆从小敏感、缺少关注和安全感,导致圆圆频繁告状。这种告状行为,看似小事,却影响着孩子的心理发展以及良好品质的形成。

辅导中,我时刻关注圆圆的心理和情绪变化,用很多的肢体动作和语言让圆圆感受到老师对她的尊重和爱。当圆圆出现不良的告状行为时,我耐心地引导圆圆正确认识同伴、接纳同伴,学会与之交往。

在看到辅导效果的同时,我也看到了一些问题,虽然圆圆妈妈在极力配合我的工作,但不完整的家庭多少还是会影响圆圆的健康成长,但愿幼儿园这个大家庭能给圆圆创造一个积极向上的成长环境。

作者单位:宁波市江东区彩虹幼儿园

## 缘缘与小报告

周 云

### A 辅导缘起

吃水果时间到了,小朋友们秩序井然地去盥洗室上厕所、洗手,我叮嘱孩子们:"小朋友不要跑,谁小手先洗干净,老师就先分水果给她。"缘缘从盥洗室出来就跟我说:"周老师,毛毛洗手的时候打了很多肥皂,很浪费,我没有浪费。""谢谢你,你很棒,老师知道了。"缘缘从我手中接过一块水果,看到刚出来的毛毛,很得意地说:

"我告诉老师你浪费肥皂了,老师表扬我了,看,我的水果。"说完开心地拿着水果走向了座位。

缘缘这种"打小报告"的行为,在幼儿中非常普遍。根据幼儿行为和动机,可以把告状分为几种类型,如:求助型告状、求赏型告状、求罚型告状、试探型告状等,从上述案例来看缘缘属于求赏型告状。

幼儿这种行为形成源于两个方面。首先,幼儿以自我为中心,从自身角度出发维护自己的利益,不善于站在别人的立场和观点看问题;其次,缘缘是属于典型的"4+1",从出生开始一直就是爸爸、妈妈、外公、外婆四个人围着她转,养成自私、妒忌、好强、娇气等不良习惯,跟别的孩子相处时缺乏合作、矛盾不断,又缺乏解决问题的能力。

孩子的"小报告"看起来事小,但如果处理不当,不仅会影响幼儿与幼儿之间,幼儿与教师之间的关系,而且会对幼儿以后性格和品质的形成产生一定影响。

## B 辅导节点

**1. 认真倾听,满足需要。**

又到了吃水果时间,今天吃的是西瓜。孩子们每人领取了一块西瓜,吃完的小朋友把西瓜皮送到小桶里。缘缘很快就吃完了西瓜,扔完了西瓜皮,突然她快速地朝我走来,并且大声叫道:"周老师,我告诉你,我早把西瓜吃完了,可是牛牛连西瓜还没去拿过,他肯定又不想吃了。"

虽然早上我已知道,牛牛有点轻微的拉肚子,不能给他吃西瓜。但我还是认真地听着缘缘说,看着她期待表扬的神情。我摸了摸她的小脑袋说:"你的眼睛真亮,谢谢你的提醒,但是我们也要听听牛牛的想法,可能他有什么原因呢?"缘缘点了点头。

我让她把牛牛请了上来:"牛牛,你怎么不去拿西瓜吃呀?"

牛牛:"老师,我有点拉肚子了,不能吃西瓜的。"

听了牛牛的解释,缘缘无奈地耸了一下肩膀,"哦,原来是个这样子",然后就一声不吭了。

我微笑地跟缘缘说:"虽然是弄错了,但是老师还是要谢谢你的提醒,如果下次你发现小朋友有什么不对劲,可以先去问问,然后再来跟老师说,这样就不会像今天一样弄错了,对吧?"缘缘用力地点点头,过了很久,她还在谈论误会牛牛这件事。

**2. 直面告状,正向引导。**

午餐时间,今天吃红烧大虾,为了锻炼孩子的动手能力,我让他们动手自己剥,并告诉他们自己剥完的可以得到一颗五角星。缘缘很快就剥完了,一边倒虾壳一边跟我说:"老师,筱奕她不会剥壳,我会剥的。"贴了小红花的缘缘走过去向筱奕炫耀:"老师奖励我的,因为我会剥虾壳。"而筱奕只能是眼巴巴地看着。

我向缘缘招了招手:"缘缘有小红花是不是很开心？"

缘缘:"是的,有些小朋友没有的。"

她笑得像花儿一样灿烂,还用手摸了摸小红花。

我追问:"那筱奕没有小红花会不会不开心呢？"

缘缘低头一想说:"应该会不开心吧！"

我说:"小朋友之间要相互帮助,这样才会相亲相爱呀,大家都会开心。"

缘缘似懂非懂地点点头:"哦,我知道了。"

虽说后来缘缘还是时不时来告状,但是比以前能克制一点了,也不会再告完状就去别人那里炫耀。

**3. 同伴引领,换位思考。**

美术活动时,孩子们都在认真地钩线,萱萱不小心撞了旁边缘缘的手臂,把她的画弄坏了,缘缘不高兴了,马上向我告状,而萱萱一直念叨"我是不小心的"。这次我没有像以前那样帮助他们解决问题,而是带着孩子们玩起了"小小调解员"的游戏,这个办法可真灵,一下子就吸引了孩子们的注意。小调解员认真极了,很快就把问题给解决了,我当着全班孩子的面表扬了小调解员,还奖励了一朵大红花,孩子们向小调解员投去羡慕的眼光,其中缘缘的眼睛睁得最大。

渐渐地,我发现缘缘告状的次数少了,有时候当别人发生矛盾时,缘缘还争着要当调解员,看着她安慰别人的模样,我的心里很是欣慰。

## C 辅导反思

从上述案例可以看出,针对缘缘频繁的告状行为,教师通过循序渐进地引导、谈话和培养幼儿独立性等策略,让她的行为有了明显的改正,甚至于当起了别人的调解员。除了这些方法,教师还可以通过组织幼儿观看动画片、听故事、看电影、结合教学活动等,有目的地引导幼儿评价其中人物的行为,从而丰富幼儿判别是非的感性经验,提高他们的辨别能力,减少幼儿的告状行为。

虽说缘缘的告状行为在现阶段有所改善,但是她真的彻底改变了吗？这还有待日后的观察。我想,只要家长和教师敢于直面幼儿的"告状"行为,并通过家园合作,正向引导,幼儿的告状行为或许会得到有效的遏制。

作者单位:宁波市鄞州区横街镇中心幼儿园

# 不要告状，除非是大事

姚丽娜

### A 辅导缘起

小杰是个长得胖乎乎、热心肠的男孩，平时很爱帮老师、阿姨做些力所能及的事情，如果有小朋友遇到困难他也会仗义出手。可是有个小毛病从小班开始就一直跟着他，他老是动不动就来告状。有些是和自己有关的，比如：哪个小朋友在抢我的东西，哪个小朋友"打"我；有些是与自己毫无关系的，比如：哪个小朋友在捣乱，哪个小朋友不遵守纪律，哪个小朋友扰乱别人的游戏等。告状的次数频繁，有时甚至会影响集体活动的正常开展，扰乱活动秩序。每次跟他说，都是当面答应了，过后又马上告状。

小杰是家里的"小皇帝"，依赖性较强，即使一点小矛盾也总想依赖别人，外婆比较宠他，遇到事情就帮他，他的父母虽然知道这样不利于孩子成长，但也听之任之。长期生活在呵护宠溺下的孩子，从小不知道什么是困难，一旦遇到困难就会手足无措。如果孩子一直接受这样的生活观念，对他的心理成长是没有好处的，也不可能在自己解决问题中学会坚强。为了能让他自己处理矛盾纠纷，健康成长，我们做了以下辅导。

### B 辅导节点

**1. 巧借绘本，分辨事由。**

从涵涵妈那里我了解到涵涵以前在家也老是告状，涵涵妈为此很头疼，她就给涵涵买了本《不要告状，除非是大事》。故事讲述了麦太太如何对待爱告状的孩子，我心想对小杰或许有用，就从涵涵妈那里借来了这本书。利用区域活动时间，我和小杰一起看这本书，我一边看书一边看小杰的反应。

"你觉得麦太太的学生怎么样？""麦太太的学生很不听话，老是捣乱，还老是向麦太太告状。""那他们告的这些事情都很重要吗？"小杰想了想："好像……都不是很重要，最后麦太太生病了很重要。""为什么前面这些都不重要，而麦太太生病了却很重要？""前面的那些没有危险，有些还是和自己没有关系的，但是麦太太生病了就要吃药，就没有人给她的学生上课了。"

"是呀，有些小问题都是自己能解决的，而且是不危险的，有些问题和我们一点关系也没有就更不用我们管了，只有有人受伤或处境危险，有人伤害你，或者伤害小动物，或者破坏一些属于大家的公共设施，这时候就可以来告状，因为这是大事！大事就是紧急的事，这时候你需要找大人帮忙！"小杰憨憨地说："我知道啦！"

**2. 担当管理，明确职责。**

午餐结束后孩子们都坐在椅子上看书，这时小杰拿着书跑上来告状："老师，这本书是我先看到的，但乐乐不让我看。"乐乐也不甘示弱："书是我先拿到的！我没有不让他看！"两个人争论不休，谁也不让谁。

我先让他们安静下来，接着说："你们两个想想办法，看看怎么做才能让两个人都开开心心地看书。"小杰想了一会儿说："我们可以一起看。""这真是一个不错的办法，你能想出这个好办法真厉害。你看，有些事我们自己动动脑筋就可以想到了，是不是？"

为了能让小杰自己处理事情，我决定让小杰当我们班的管理员，让他来解决小朋友的纠纷。一开始小杰热心满满，"乐乐又在抢别人的书""宣宣打到人不说对不起"只要一有"案件"发生，小杰立马出现调解，每次解决完他都很开心。可渐渐地，我看到小杰力不从心起来。在一次美术活动时，青青向小杰告状，小杰放下画笔去处理青青的事件，等解决完，很多小朋友都已经将作品交上，就只剩小杰和几个动作较慢的孩子了。等他把作品交上后我问他："平时你不都是很快就能完成吗，今天怎么慢了？""因为我帮青青处理事情去了。""但是你自己的事情也没有完成呀。有些事很小，自己就能解决，我们要在处理好自己的情况下再去看看别人有什么需要帮助的。""好的。"小杰若有所思。

**3. 妙用信箱，宣泄情绪。**

虽然小杰知道要有大事情才可以告状，可他还是会忍不住，于是我在班级里设立了告状小信箱。在晨间谈话时我将小信箱的用途介绍给小朋友："如果你有'冤情'，就把你要告的事情画在告状纸上，然后投到小信箱里，第二天我们一起来给你处理案件。"

一次晨谈时，我将告状纸都拿出来，拿着其中一张问："这是谁的告状信啊？"大家你看我我看你，没人认领，过了一会儿小杰站起来说："好像是我的。""那你有什么'冤情'啊？"小杰看了看他的告状纸想了会儿："嗯……哦！昨天乐乐在抢末末的书。""他们两个人受伤了吗？"小杰看了看乐乐和末末说："没有。""被乐乐抢的那本书破了吗？""好像没有吧。""乐乐抢书确实是他的不对，幸好他们都没受伤，书也完好无损。"我又拿出几张告状信，有些无人认领，其中有几张就是小杰的。

我对小杰说，"不是没有大事不用告状吗？怎么又忘啦？"小杰不好意思地低下了头。经过一段时间，小杰好像忘了有小信箱这回事，信箱里的告状信越来越少，现在已经很少看到小杰告状的身影了。

### 辅导反思

现在的小杰是我们班的管理员，他不仅能管好自己，还能管好其他小伙伴，是老师的好帮手。有时在别的小朋友告状时他也会跟那个小朋友说"不要告状，除非是大事"。

但随之而来的另一个麻烦开始了,小杰爱管闲事了,他动不动就去"插手"别人的事,很多都是没有"上诉"的案子,渐渐地向我反映小杰的小朋友也多了起来。而且,小杰妈也向我反映说,每次出去散步他都是要去管别人,怎么说他都没用。所以下一阶段就要针对小杰爱管闲事的小毛病想出相应的方法、对策。

作者单位:宁波市北仑区长来幼儿园

# 宁宁安宁了

刘兰芳

## A 辅导缘起

宁宁是小班第二学期来到我们班的,她刚来时全然没有新生的拘谨,很快就融入了这个新的环境。但是,经过一段时间的观察,我发现,宁宁特别喜欢告状。比如,排队时别的小朋友不小心踩到她了,她会跑到老师面前告状;一起游戏时有人不小心碰到她了,她会来告状;在洗手间洗手时小朋友把水弄到她的衣服上,她会来告状……

经了解得知,宁宁的父母在外地做生意,她平时跟舅舅、舅妈、外婆生活在一起,父母偶尔会回来看她,而每次父母离开时,宁宁总会哭闹一番,舍不得跟爸爸妈妈分开。这让我意识到,宁宁的动辄告状其实是一种缺乏安全感的表现。因为父母长期不在身边,虽然表面上她很独立,但其实内心里却特别渴望得到成人的保护,遇到一点点困难就依赖成人帮助解决。

为了让宁宁尽快地建立安全感,学会正确应对与同伴之间的互动,不再动辄告状,我对她进行了以下辅导。

## B 辅导节点

1.一段真心的交流。

户外活动回来,小朋友们正坐在位子上休息,此时,宁宁揉着小手走到老师的面前,说:"老师,刚刚慧慧把我的手掰痛了。"在询问下,慧慧说出了事情的始末。原来刚才休息时,宁宁把手伸到慧慧前面的桌子上玩,慧慧想让宁宁把手拿开,于是推了宁宁的手。在慧慧跟宁宁说了"对不起"后,老师跟宁宁进行了一番交流。

我:"刚才慧慧不小心弄疼了你,你觉得有点委屈是吗?"

宁宁点点头:"嗯!"

我:"老师发现,当小朋友不小心碰到你了,你总是会到老师这里来告状。宁宁是不是害怕被别的小朋友欺负,希望老师能保护你?"

宁宁:"嗯!"

我:"其实小朋友们有时候不是故意的。"

宁宁看着老师,若有所思。

我:"如果有小朋友欺负你,老师肯定会保护你的。但如果小朋友是不小心的,老师也希望宁宁不要介意,好吗?"

宁宁:"好的。"

通过这次交流,我让宁宁感受到自己在班级里是很安全的,是被保护的,同时也让宁宁能意识到同伴与自己之间的互动并非都是恶意,要学会客观地去看待。

**2. 一个耐心的鼓励。**

教学活动结束后,小朋友们喝水的喝水,去卫生间的去卫生间,还有一些小朋友坐在自己的椅子上聊天或是休息。宁宁离开椅子,走到我面前,指着她旁边的小宇对我说:"老师,刚才小宇很烦的,他一直踢我的椅子,弄得我没有办法好好坐着。"这一次,我没有先去批评小宇,而是耐心地对宁宁说:"老师知道小宇的做法让你有些生气,那你有告诉小宇你有点生气吗?或者让他不要弄你的椅子吗?"宁宁:"没有。"我:"小宇不知道你生气,也不知道你不愿意让他弄你的椅子,他觉得这样很好玩,所以就没有停下来。"宁宁的脸上露出疑问。我:"老师觉得,宁宁可以试着自己去跟小宇说,告诉他你的想法,看看小宇会怎么做。"

听完我的话,宁宁走到小宇面前:"小宇,你刚刚一直踢我的椅子,让我有点生气,我都没办法坐了,你可以别踢了吗?"小宇吐了吐舌头:"哦。"得到小宇如此回应的宁宁,高兴地看着我。我竖起了大拇指:"看,宁宁可以自己解决问题了,真棒!"

这次鼓励,让宁宁尝试着自己去解决问题,通过她的自身实践,让她体会到自己的能干,让她感觉到不需要告状,也可以保护自己。

**3. 一次诚心的表扬。**

晨间活动时,先来园的小朋友在桌子上玩着雪花片积木。坐在宁宁旁边的嘉嘉搭了一支小手枪,只见他时不时用雪花片手枪戳宁宁的胳膊。宁宁刚想站起来突然又坐下去,想了一会儿,对嘉嘉说:"嘉嘉,你的手枪戳得我很不舒服,我不喜欢你这样跟我玩,你可以别戳了吗?"嘉嘉听宁宁这么说,愣了一下,继而点点头:"哦,对不起哦,我不戳你了。"宁宁就像什么事都没有发生一样,继续玩着自己的雪花片。

晨间谈话时,我在全班小朋友面前表扬了宁宁:"小朋友们,今天早上玩雪花片的时候,我看到了我们班有个小朋友,她进步特别大。以前,她总是喜欢来告状,可是今天早上,我看到她会自己去解决问题了,没有老师的帮忙,她也解决得很好。你们知道她是谁吗?"小朋友们你看看我,我看看你,有人说出了宁宁的名字。我:"对,就是宁宁小朋友!老师要表扬她,奖励一个大苹果。"说着,我将一个"大苹果"贴纸贴在了宁宁的额头上,宁宁的脸上顿时乐开了花!

这次表扬,更加肯定了宁宁之前对自己的肯定:不需要告状,也可以保护自己,爱告状的宁宁,终于安宁了。

### C 辅导反思

辅导中,老师抓住了宁宁动辄告状的原因,从宁宁缺乏安全感依赖成人这点着手,先在情感上给宁宁以"被保护"的感觉,让她感受到来自老师的情感支持,继而引导宁宁尝试自己解决问题,意识到有时告状是没有必要的,最后,通过对宁宁行为的及时肯定强化了宁宁用自己解决问题代替向老师告状的意愿。辅导过程流畅自然,幼儿容易接受。

而对宁宁的辅导也让我产生了更多的思考,宁宁缺乏安全感的原因是父母长期不在身边,虽然辅导中宁宁最终能够自己解决问题,不再动辄告状,但是她内心的那份脆弱仍然需要父母的陪伴来支撑,所以,接下来,如何跟宁宁的父母沟通,让宁宁获得更多来自家庭的情感支持从而建立内心的安全感成为亟须解决的问题。

*作者单位:宁波市鄞州区甲南幼儿园*

# 和告状Say Bye-bye

钱 静

### A 辅导缘起

涵涵是个活泼可爱的女孩子,语言表达能力发展很好,胆子比较大,上课爱举手发言,但她却不怎么受小朋友们的喜欢,因为她总喜欢向老师"告状"。

一次餐前的时候,我一边忙着分饭菜,一边安排孩子们进行欣赏故事活动,一开始孩子们听得不错,很认真,可是过了一会儿,个别孩子就开始聊天了。这时涵涵马上到我这里来告状说:"老师,天天在讲话!"当时我也就随便应了一声,没有过于强调要求安静。又过了一会儿,讲话的孩子越来越多,声音也越来越响,这下涵涵不满意了,跑上跑下一个劲地向我告状。

又有一次孩子自主活动时,涵涵和阳阳在玩橡皮泥。这时阳阳拿着饼干模型在印饼干,涵涵看着喜欢也想印,可是喜欢的饼干模型只有一个,她想抢,但阳阳不肯,于是涵涵就向我"告状",阳阳就把饼干模型给了涵涵,但是他又很不甘心,没过多久,阳阳在我耳边轻轻说:"老师,涵涵她一点也不乖,她一直说粗话还骂人。"

案例中的孩子都是独生子女,在家庭中父母、祖父母等都视其为掌上明珠,以他(她)为中心忙得团团转。当他们逐渐长大,开始与小伙伴们一起玩耍、游戏时,许多前所未遇的矛盾就会接踵而来,当遇到其他小朋友玩具不让玩、抢他玩具等,原先习惯于被父母保护的他们,为了保护自己的利益不受侵害,便会向大人告状,其目的就是为了求得保护和帮助。

对于孩子的告状行为不仅占用了教师大量的时间、精力,而且还会直接影响到孩子心理的健康发展。所以,培养幼儿独立解决问题的能力,减少告状行为,在幼儿教育过程中是非常必要的。

### B 辅导节点

**1. 区分告状。**

(1)反映问题类告状。在案例一中,涵涵的告状实际是反映问题,他们希望老师能对被告的行为做出纠正,发现老师毫无反应之后,讲话的孩子逐渐多起来,最后让告状的孩子感到失望。遇到这样的告状,教师要及时肯定孩子的行为,以强化孩子的积极方面。

(2)检举揭发类告状。在案例二中涵涵的这种行为是不宜鼓励的,要防止孩子因为怀有嫉妒心理而告状,这会导致孩子心理畸形。而教师要做的是,对告状的孩子及时纠正他的行为,使他认识到自己的行为是不对的,小朋友之间要相互帮助,互相谦让。

**2. 应对告状。**

我们教师应对孩子的告状持积极态度,任何简单敷衍的态度对孩子都是不尊重的。在工作中遇到孩子告状,我们可以先停一停,别急着截断或不耐烦,相信微笑会让孩子得到放松,只要我们重视孩子告状,并以恰当的方式加以指导,相信这些孩子良好的心理品质会得到发展。比如,我们可以表扬案例一中告状的涵涵,"涵涵做得真好,故事听得入了迷,真是个好孩子!"其实这就是在培养孩子的正确判断力和克制力,同时也通过涵涵这个榜样的作用,及时制止一些不良的习惯。对于案例二中的告状,我们可以对涵涵说:"你可以试着和阳阳一起轮流玩哦!给阳阳说你玩好了再给我玩,我下次给你吃糖哦!你去试一试,老师相信你们俩一定会玩得很好的!"让涵涵试着处理与同伴的关系。

**3. 解决告状。**

为了不让告状演变成一种习惯,必须培养孩子的辨识能力,辨识哪些是可以自行处理的问题,哪些是属于需要大人来帮助解决的紧急情况。孩子需要培养一些解决问题的技巧,分清大事还是小事。我看了绘本《不要告状,除非是大事》,这本绘本故事温暖而幽默,让孩子懂得什么时候该自行解决问题,什么时候该去找大人。我曾经和孩子一起讨论,在自由活动的时候,如果你看见一个小朋友正在抢别人的玩具,你做的第一件事就是跑去向老师告状。现在,你对这事怎么看的呢?如果你试着自己努力解决的话,会如何做呢?当你用寻求解决问题的方式处理事情时,其他小朋友是否会更喜欢你呢?让孩子在和我一起讨论的过程中逐渐学习解决问题的能力。同时我也组织孩子们观看动画片、听故事等,有目的地引导他们评价其中的人物的行为,从中让孩子学习交往技能,学会解决身边的矛盾,这样孩子的告状行为自然就会减少。

### C 辅导反思

幼儿园孩子的告状行为看起来是小事,但跟孩子的心理发展有着密切的关系,作为孩子们的启蒙老师,我们有责任引导孩子自我反省,换位思考,相互间要理解、宽容,让孩子知道别人的想法,理解他们为什么会有这种想法,让孩子考虑一下他人的行为是否有合理的一面,给孩子创设一个自己解决问题的机会,启发他们寻找解决问题的办法。

经过一段时间对孩子告状行为的正确对待与引导,让我在涵涵、阳阳身上看到了实实在在的变化,当他们面对生活中的矛盾,会先自己分析问题,然后再试着去解决问题,让他们逐步学习这种技巧并用于实践,和他人融洽相处。于是孩子们对我更信任了。虽然,很多时候自己的教育方法还在摸索,但我相信自己的努力会让更多孩子有惊喜的改变。在整个辅导过程中,如何让不同类型的家长在对孩子的教育观念和行为上与教师保持一致,是我今后工作中有待进一步思考的问题。

作者单位:宁波市江东区幸福苑幼儿园

# 小宇宙不再"爆发"

陈洁

### A 辅导缘起

手工课开始前,老师已经宣布了"不准说话、不准干扰他人"等规定。科科做到一半的时候,就开始找别的孩子说话,并拿着别人的东西来玩。小宇看见后,马上向老师报告:"老师,科科不认真,还说话,拿别人的东西玩!"在餐前准备时,我让孩子们排队洗手,小宇洗完后跑到老师面前说:"刚才我好好在洗手,凯凯不好好洗,把水都弄到我身上了,老师你看,我的衣服都被他弄湿了。""老师,小乐拿水果的时候又挑大的了。"一个早上,小宇的告状声就像小宇宙不停地在"爆发"。

爱告状是幼儿期孩子的普遍行为,是心理发展和人际关系发展的一个阶段性的正常现象。每个孩子都天生具有"我要做个好孩子"的愿望,当看到同伴的"不当"行为时,为了表现自己,获得老师的好感、关注和认同而向老师告状,以此来抬高自己在老师心目中的地位。"爱告状"既是幼儿期独立处理问题能力尚未成熟的表现,也是孩子和他人沟通的方式之一。

如果对孩子的"告状"不置可否,会使一些存在的问题无法解决,孩子的独立处事的能力得不到发展,还会挫伤孩子的积极性,这些都不利于孩子健康成长。

## B 辅导节点

### 1.倾听询问,理清事实。

"耐心倾听,关注每个幼儿的需要",是新《纲要》、《3—6岁儿童学习与发展指南》、《幼儿教师专业标准》等政策、学前教育教学法规中所强调的。因而,在幼儿告状行为发生时,我们一定要耐心倾听。通过倾听,不但能全面了解告状事件的前因后果,而且能帮助孩子客观分析事件。

像遇到上述"他把我衣服弄湿了"这样的"告状"时,我通过倾听与询问,了解到事件的发生过程,并非是凯凯捣蛋故意把水弄在小宇身上,而是小宇有意找凯凯玩,在玩闹的过程中不小心弄湿了小宇的衣服。由此可见,处理小宇告状行为时首先要弄清事实,以便做出有效的回应和处理。

### 2.介入引导,对症下药。

在充分了解告状事件后,有针对性地进行回应处理,即"对症下药"。我通过多种形式帮助小宇分析事件,如利用晨间、午间谈话,把事件的来龙去脉请当事者讲述,请幼儿集体分析事件中谁对谁错,讨论如何来处理此事件,以及以后如何防止类似事件的发生。又如组织幼儿讨论"上课讲话"事件时,很多孩子都说在上课时说话、玩耍会影响到别人。有一位孩子提出,如果实在想讲话了,该怎么办?针对这个问题,集体展开讨论,想出了许多方法。在处理类似事件时,我时刻关注"原告"、"被告"的情绪,在组织幼儿进行告状事件分析时,引导幼儿对事不对人,不能将某一方"鉴定"为"坏孩子"或"捣蛋鬼"等。这样做的目的是帮助幼儿客观分析事件,培养辨别是非能力,促进他们与同伴和谐相处。

### 3.自助自乐,促进和谐。

小宇在家受长辈们的宠爱,性格上比较任性、狭隘,经常会为了一些小事来告状,如"老师,诚诚拉我的衣服"、"老师,牛牛踩到我脚了"、"老师,涛涛推我"……当不愉快的事件发生时,我是这样来引导小宇学着自己处理的:

(1)原谅他一次。告诉小宇,当同伴不小心踩到你的脚,或者不小心推你了,请直接跟对方说:"你踩到我脚了。"不小心犯错的幼儿应真诚地道歉,说:"对不起。"如果同伴已经道歉了,那就原谅别人一次。此时我进一步引导小宇,大家不喜欢斤斤计较的人,每个人都有不小心的时候,如果你总是不肯原谅别人,那就会失去很多朋友。

(2)提醒他一次。在许多的告状事件中,幼儿都可以用这招——"提醒别人一次"。如,早上点心时间,小宇告状:"老师,晨晨座位上已经有一个茶杯了,但他还要拿一个茶杯!"这时,我就会这样引导:"小宇,你发现小朋友违反'一人一杯'的规则,真棒!但如果能及时提醒晨晨,告诉他座位上已经有一个茶杯,那么晨晨就不会再去拿了,是吗?这样你就更棒了!同时晨晨也会感谢你的提醒。"小宇照做了。

(3)警告他一次。当有同伴要与你玩拉头发、拉衣服等你不喜欢的游戏时,你就直接告诉对方"我不想玩、不喜欢玩",如果对方还继续玩,你就可以严肃地说:"你要是还要这样的话,我就去告诉老师了"或者"你还这样,下次我不跟你玩游戏了"等。这招"警告他一次"的方法能有效地让"受害者"正当地表达出自己的不满情绪,同时也让对方感到自己行为的不当,化解即将发生的告状行为。

## 辅导反思

"授人以鱼不如授人以渔"。在辅导过程中,我时刻关注小宇的"告状"现象,及时地制订出有效的引导策略,同时尽量为小宇提供健康、丰富的活动环境,引导小宇使用一些方法尝试自己解决同伴间的矛盾,让他了解告状并不是唯一解决问题的途径,帮助小宇提高分析问题、解决问题的能力,促进小宇与同伴间的和谐交往,从而逐渐形成小宇健康的心理和人格。

但是,在初见辅导效果的同时,我也发现了一些问题,很多的"告状"行为往往也会发生在家庭和小宇的父母身边,所以教师在研究应对幼儿告状行为策略的同时,如何改变家长现有的教育观念,提升家长对幼儿告状行为的认识,是我今后应当思考的问题。

作者单位:宁波余姚市兰江街道中心幼儿园

## 25 向阳那面,灿烂如"你"

章玉叶

### A 辅导缘起

"老师,她们不跟我玩!""老师,东东把我的椅子弄倒了。""老师,楠楠吃饭的时候又把不要吃的菜放桌上了!"……

自进入中班后,妞妞的告状声就越来越密集,很多孩子背地里给她起了绰号"告状王",因此她在同伴中的声誉越来越差。一天中午,妞妞又告状了,原来球球带来了全班女生最喜欢的《巴拉巴拉小魔仙》故事书,妞妞对这本书也非常感兴趣,她走过去一把抓过书,说:"球球,你们在看什么呀?哇,这个巴拉巴拉小魔仙的贴纸我也有!"原本和谐的阅读氛围马上就被打破……

不一会儿又听见妞妞告状的声音:"老师,彤彤不给我看书。"

针对妞妞在园爱告状的表现,我与其妈妈进行了一次约谈,了解到,祖辈都不在宁波,爸爸工作繁忙长期奔走外地,平时的教育、生活起居都落到了妈妈的身上,妈妈是特殊学校的老师,教学任务繁忙没有太多的时间和精力教育妞妞。这样的家庭氛围让妞妞特别渴望得到别人的关爱,总是通过有意无意的告状来提醒老师、同伴她的存在。

其实妞妞的这种告状属于"检举"告状,通过检举他人吸引成人的眼球,但此行为长此以往势必影响其与同伴的关系,对其今后的社会性交往、人际关系的处理带来较大的阻碍。基于妞妞的现状,我决定对其进行"太阳暖心行动",通过互动谈话、绘本剧演绎等激发她自主解决问题的内在动机,改变对告状的依赖,缓解同伴关系。

### B 辅导节点

**1.聆听、接纳,打开心灵之窗。**

在发现班级里告状频率最高的妞妞若干问题后,我主动找她进行了一次亲密互动,耐心倾听她内心的独白。她说:"老师,小朋友经常不和我玩,特别是东东每次我想找她玩,她总拒绝,我很伤心。所以我才会告她的状,和你说了她才会和我一起玩。"原来妞妞告状的原因是想借助教师的权威走进同伴,可她不知道这样的方法反而使自己离同伴越来越远。于是我很认真地跟她分析了告状的伤害,对她说:"其实不告状的妞妞最美,我相信你一定能自己想办法解决遇到的困难。"妞妞低下头默默不语,我趁热打铁说:"妞妞,老师现在特别需要你的帮助。'星光大道'里需要一个绘本剧节目,你可以邀请好朋友一起来表演吗?"妞妞欣喜地接受了我的请求。

经过这次谈话,妞妞明白了小伙伴们为什么不喜欢和自己玩的原因,而我适时抓住了她内心渴望与同伴交往的需求,并以关爱为切入口,让其感受到来自老师、同伴对她的关注与爱,并使她懂得没有告状声的妞妞更受大家的欢迎。

2.找寻、顿悟,萌发协作之芽。

在妞妞妈妈的帮助下,妞妞很快找好一本适合表演的绘本《大脚丫游巴黎》,这是一个关于友谊互助的故事,于是我想通过解读故事来改变妞妞的一些想法。"妞妞,你喜欢故事里的谁呢?"我用了一个非常开放的问题想听听她的想法,妞妞:"我喜欢嘉贝叶。""为什么呢?"妞妞回答:"当贝琳达遇到困难的时候是嘉贝叶帮助了她。"听了妞妞的回答我马上说:"是啊!虽然贝琳达是演出当晚最闪亮的明星,但如果没有了嘉贝叶的帮助你觉得她还能成功吗?"妞妞:"当然不能。"

听了妞妞的回答,我知道她已经明白与朋友相处之道并不是通过告状而是需要互相的帮助。慢慢地妞妞与同伴的关系变得融洽了。

3.绽放、蜕变,盛开友谊之花。

为了支持妞妞获得更多伙伴的关注和理解,我在班级活动"星光大道"里投放了与绘本相关的道具,如裁缝店的不同服装、鞋子制作模型等。

一次排练中,彤彤从"星光大道"的道具服装里找到了一件问妞妞,"妞妞,你看!这件衣服像不像贝琳达的芭蕾裙!我可以穿着它表演哦!"妞妞回答:"我觉得很不错,可是你的芭蕾舞鞋需要粉色的布,这里没有怎么办?""要不,我们来用粉色纸代替吧!"彤彤想了想回答说。"那我去老师那儿要一张粉色的纸来,你等我!"说完妞妞急速跑向了我。听了她的来意后我赞同了她的做法:"妞妞,老师真为你高兴,你和彤彤已经是非常友好的搭档了,这个绘本剧一定会成功。"妞妞点了点头说:"老师,我知道,如果遇到意见不同的时候还可以用石头、剪刀、布的方法做选择!上次我和彤彤闹矛盾就用过!"听了妞妞的话,我一阵欣喜。

### 辅导反思

佩斯泰洛齐说过,"教育的主要原则是爱",在辅导的过程中,我始终为妞妞创设着互动的教育环境,细心捕捉妞妞每一个细微的转变,并及时给予肯定和鼓励,坚信妞妞会通过改变赢得同伴的信任。但在辅导过程中也发现,妞妞虽然可以控制自己的告状行为,但与同伴发生矛盾时解决方式比较单一,需要今后通过游戏交往、家园小组互动等更多方式提高她解决问题的能力。

对于爱告状孩子的心理辅导还在继续着,我将不断为幼儿创设"自由、自主、自发"的教育环境,坚守"授人以鱼不如授人以渔"的教育原则,用更多的"太阳暖心行动"让每一个孩子"向阳那面,灿烂如'你'"!

作者单位:宁波市红旗幼儿园童洲分园

# 心理辅导 之
# 胆·小·退缩

# 孩子，让我轻轻走进你的世界

金雨玖

### A 辅导缘起

涵涵是个秀气的男孩，在集体活动中总是低着头，大大的眼睛透过睫毛偷偷瞟你一眼，一旦和你的目光相遇时，他便神情紧张，目光游离不安。请他回答问题时，说话结结巴巴，没说完便满脸通红，急切地盼望老师赶快让其坐下。上台表演学过的儿歌，就脸红着低声说："我不会……"户外活动时，其他孩子嬉笑打闹，生龙活虎，他总是最好的观众，远远地坐着观望，偶尔也报之以笑声。

和家长的交谈中我发现在婴幼儿期，涵涵都是由家里的保姆照顾生活，爸爸妈妈由于工作原因，陪伴他的时间很少，涵涵参加户外活动就更少。久而久之，就形成了胆小、懦弱、依赖性强、优柔寡断等不良性格特征，稍微遇到困难他就退缩，不敢自由地表达自己的喜好和愿望，怯于与周围人深入交往，参加活动的积极性、主动性差。针对这些，我积极关注他，努力走进他的内心世界，对其做了一些辅导，希望涵涵能逐渐明白每个人都要相信自己的力量，学做一个自信、勇敢的人。

### B 辅导节点

**1. 营造氛围，走近孩子。**

当孩子离开家庭步入幼儿园，就是从一个自然的人成长为社会成员的第一步，是孩子与他人交往、接受社会影响，达到社会化的最初阶段。当孩子进入陌生环境多少会遇到一些问题，关键在于老师要理解孩子、接纳孩子，走进孩子的内心世界，让涵涵感受到老师真诚的爱，从而对老师逐渐产生信任。

早晨来园时，我面带微笑主动抱抱他，抚摸他的小脑袋，礼貌地向他问早，从简单的生活对话中引起孩子说话的欲望。下课了，当他的目光追随我时，我便和他玩玩"猜拳"小游戏，让他帮我准备教学用具，我俩一边做事情，一边聊聊"今天早晨谁送你来的？""今天的球鞋真帅气，谁买的？"有时尽管他只是笑笑，我也总是轻言细语和他说话。慢慢地，我也会交代他一些简单的任务"请把这本书给隔壁的王老师好吗？""能帮我叫丁丁进教室吗？"每当他完成任务，我就及时给予鼓励，或一个拥抱，或一个亲吻，让他感觉我是喜欢他的，有困难时是可以依靠、信赖老师的。

**2. 故事引发，倾听孩子。**

涵涵喜欢看图书，于是在自选活动时，我便以故事《胆小先生》为切入点，从胆小先生这个角色引发涵涵去直面自己身边的人和事。

一开始,我问涵涵:"在生活中你看到过老鼠吗?你害怕老鼠吗?"涵涵挠挠头皮,不好意思地说:"我上次在小区垃圾桶旁边看到一只大老鼠,我赶紧逃回家,怕老鼠咬我。""我也觉得老鼠尖尖的牙齿,看到什么就咬,真是让人心里害怕。那我们来看看这个胆小先生碰到老鼠会发生什么事?"我和涵涵一边翻,一边讲,"涵涵,如果是你,你会把房子让给老鼠吗?"他皱起了眉头犹豫不决,"我心里是不想,但是……又有点怕。"涵涵小声地说,旁边的孩子忍不住说:"老鼠那么小,我才不怕,可以叫朋友帮忙赶走它。""我们人的力气要比老鼠大!"大家七嘴八舌地说,涵涵的眼睛也亮了:"我也有力气,和大家在一起,我不怕老鼠。""对呀,涵涵也是有力气的,遇到困难要相信自己能解决。可以多想想办法哦!""来,我们一起和朋友拉拉手,感受在一起的力量。"涵涵高兴地和小伙伴拥抱在了一起。

3.创造条件,鼓励孩子。

胆小怯懦往往与自卑感紧密地联系在一起,树立信心的确是很重要的一步。在一次拍球活动中,我要求大家能连续拍5下。小班的孩子刚接触球,我慢慢地让孩子在尝试中懂得,要让球宝宝跳起来,就应该力气用在整个手掌上,拍得重,球宝宝就会跳得高。经过练习,有几个孩子慢慢有了章法,可以连续拍两三下了。等我转过身时,发现涵涵不声不响已经在连续拍球了,我在心里默默地帮他数数:"1、2、3、4……"等涵涵拍完,我发现达到了6下,当时我马上叫其他的孩子,"大家快过来,看看涵涵拍得多棒!快给大家表演一个!"涵涵也很兴奋,立即拍起球来,"1、2、3、……6、7"小朋友们一边数数,一边为他加油。涵涵的小脸红彤彤的,眼里有了光彩,第一次在集体中表演,第一次拿到了"第一"。他主动拉我的手,悄悄问我:"老师你说我拍得好吗?""拍得好!涵涵可真厉害!"我大声地说,小朋友们也用羡慕的眼光看着他。

涵涵终于抬起了头,甜甜地笑了。

C 辅导反思

经过一个月的心理辅导,涵涵和别人对话或上课回答问题时目光不再游离了。如今,他上课总是把手高高举起,巴望老师关注他,户外活动时也总能听到他的笑声。

克服胆小、获得自信并保持自信不是一朝一夕的事,这是一个从量变到质变的过程。我们在关注幼儿胆小不自信的弱点时,要注重家园共育,因为现在"4+2+1"的家庭模式正越来越明显地影响到幼儿社会性的发展。在幼儿积极尝试、勇于挑战时,家庭扮演着比教师更为重要的角色。家庭教养的氛围与方法,尤其是祖辈们的教养观念及方法,对幼儿自信心的培养具有非常重要的作用。在家园共育的道路上让父母、祖辈们也与幼儿园齐心协力,这是教师们又将面临的一个难题,需要我们同样充满自信地去解决。

作者单位:浙江省湖州市实验幼儿园

# 不再说"不会"

杨宏梅

## A 辅导缘起

乐乐是班里新来的插班生,他是个乖巧的男孩子,非常听话,性格比较内向,但对于不会的事情不愿意尝试。每次上绘画课的时候,还没等老师讲完他就开始着急地哭起来:"老师,我不会画画的。"老师刚开始认为内容对于乐乐来说有一定的难度,于是,降低难度,让他仅仅是拿油画棒涂涂试试,但他始终不愿尝试,甚至每天上课前,他会先来问老师,今天上什么课啊?一听老师说是画画或手工课,他就紧张不安地说:"老师,我不会画画,也不会做手工。"从乐乐的这些反应来看,他是个缺乏自信的孩子,对于自己不会的事情就紧张退缩,不相信自己的能力,不愿去尝试,害怕失败。

自卑、退缩是一种消极的心理状态,自卑感强的人,往往只放大自己的缺点、不足,甚至对稍加努力即可完成的任务也自叹无能而轻易放弃,如果不及时帮助乐乐克服自卑心理,久而久之,定会影响孩子一生。为了让乐乐树立自信,我做了以下的辅导。

## B 辅导节点

**1. 及时共情,消除顾虑。**

晨谈活动"我升中班了",我请孩子们说说自己的进步,很多孩子都说了自己的进步。

轮到乐乐了,他站起来说:"可是我还是不会画画。"全班的孩子都笑了。其实,乐乐非常在乎自己的不足,对于自己的评价过低。这时候,我在全班的小朋友面前表扬了乐乐:"乐乐真的长大了,他能认识到自己的不足,勇于面对,是个小小男子汉!"然后,我转向孩子们:"你们有不会的事情吗?"这时候孩子们纷纷举起了手,连最能干的优优也说自己拍球总是拍不好。看到其他小伙伴都有这么多的缺点和不足,乐乐的焦虑情绪缓和了很多。最后我说:"其实老师也有不会的事情,比如上次幼儿园的工会活动踢毽子比赛,老师得了最后一名。"听我这么一说,孩子们都抢着说:"老师,没关系的,我刚开始拍球也不会呢。"看着眼前可爱的孩子们、看着乐乐不再紧绷的小脸,我对孩子们说:"其实,每个人都有自己不会的事情,所以,乐乐不会画画、做手工也是很正常的,也许多尝试、多练习就会有进步呢!"乐乐听了,脸上出现了一丝笑容,看得出他深深地舒了一口气。

**2. 分析原因，寻找方法。**

最近"爸爸去哪儿"节目又上映了，乐乐特别喜欢这个电视节目，每周五中午的动画时间他总是要求老师播放这个节目。这一天，"爸爸去哪儿"放了一段杨阳洋参加助小猪赛跑的比赛，这时候，我来到乐乐身边和他悄悄地谈话。

我："乐乐，你喜欢杨阳洋吗？"

见乐乐肯定地点了点头，我又说："杨阳洋遇到不会的事情就哭鼻子、发脾气，这一点你喜欢吗？"

乐乐："我不喜欢他发脾气，嘟着嘴巴真难看。"

我："你觉得他哭闹、发脾气就可以完成比赛任务吗？"

乐乐："不能，应该想办法。"

我："乐乐说得对，遇到自己不会的事情应该要想办法，放弃是不能够把问题解决的，对吗？"

乐乐赶快提醒我看电视："你看爸爸教他了，他没有放弃，小猪听他的话往前走了。"

我高兴地说："是呢，看来只要掌握方法，不怕失败，用心学习，一定能学会的，是吗？"乐乐坚定地点了点头。

**3. 培养能力，找回自信。**

教师节这天，乐乐和妈妈一起给我送来一束鲜花，我委婉地拒绝了，乐乐很不开心，我及时转移话题说："乐乐，老师喜欢你自己制作的小礼物，今天你做一朵花送给老师好吗？"乐乐不紧不慢地说："好是好啊，可是花怎么做呢？"我笑着对他说："做花朵很简单的，老师教你，很快就学会了。"乐乐和我一起来到班级的美工区，这里有很多漂亮的小花，有很多还没有粘贴完花瓣，乐乐拿起一朵粉色的小花对我说："老师，我觉得这朵最漂亮，我要做一朵一模一样的送给你"。我高兴地点点头。

没过多久，乐乐就做好了一朵，然后高兴地举着花跑到我面前说："老师，这个送给你，祝你节日快乐！"我高兴地接过花，摸摸他的小脑袋说："谢谢乐乐，这朵花真漂亮，老师最喜欢这个礼物。"乐乐高兴地跳起来。

后面的日子，我在美工区提供了丰富的不同层次的材料，乐乐经常去美工区涂涂、画画、剪剪，逐渐学会了不少方法，在多次尝试和动手练习之后，乐乐的动手能力有了一定的增强，也变得自信起来。

### C 辅导反思

乐乐自卑心理的形成原因与家长的教育观念有一定的关系，在此之前，乐乐并没有接受幼儿园的教育，动手能力相对差也是很正常的。经过与乐乐妈妈的沟通，得知他在入园之前一直是由爷爷奶奶带着，爷爷奶奶怕孩子把家里弄脏弄乱，从不让孩子拿笔涂涂画画，更不用说使用胶水和剪刀了，一旦孩子想要拿笔涂画时，爷爷奶奶就会阻止他,并且告诉他,这个你不会,那个你也不行,久而久之孩子形成一种消极的自我暗示,认为自己是不会画画,也不会做手工的,导致到了幼儿园之后,这种自卑心理就非常明显地表现出来。

所以,在培养幼儿在园动手能力和自信心的同时,也要不断跟进孩子在家的情况,让家长和祖辈们一起关注孩子的心理状态,给予积极的心理暗示,逐渐帮助孩子找回自信。

作者单位:宁波市第三幼儿园

## 小荷露出尖尖角

兰小红

### A 辅导缘起

荷露是小班新生,她高高瘦瘦,头发自然卷曲着,是个漂亮的小姑娘。入园三周来,她显得难以适应集体环境,在父母面前与在集体里的表现迥然不同。每天来园,她总是紧紧地抱着妈妈,边哭边喊,"我要妈妈,我要妈妈",并紧抓妈妈的头发,撕扯妈妈的衣服,一副歇斯底里的样子。在园内,她不喜欢与人交流,自主活动时间,小朋友们都自由结伴玩,而她则是静静地独坐在座位上,从不主动和别的孩子说话。和她对话,她经常采用点头或摇头的应答方式。

据父母介绍,荷露只有在他们面前会大声说话,即使在祖辈面前,她也不爱说话,很胆小。荷露入园适应以及日常表现,存在较明显的退缩性行为。

胆小退缩行为将直接影响孩子对新环境的适应,进而影响自信心的培养,人际关系的建立,极大地阻碍幼儿的健康成长。为帮助荷露尽早适应集体生活,融入集体,形成良好的个性,我阶段性地对荷露进行了心理辅导。

### B 辅导节点

1.释放心情,感受友爱。

孩子们已多数到园,妈妈抱着哇哇大哭的荷露走来,我立刻迎上去,伸手接过荷露,可荷露扯住妈妈的衣服不放手,嘴里还大喊大叫。把荷露交给我后,妈妈转身就走了。哄了一会儿,荷露逐渐安静下来。这时,另一个妈妈经过,又勾起了荷露对妈妈的思念,刚静下来的荷露开始低声抽泣,继而慢慢地哭着喊妈妈,我搂着她哄、抱、游戏,都无济于事。

我决定让她释放一下自己。我说:"荷露,如果你很想哭,就到寝室里去哭一会儿,哭好了你自己出来。"她走了进去,开始号啕大哭。三分钟后,她声音低下来,我走进寝室,抱起她:"荷露,小朋友们都等着你过去跟他们玩呢,跟老师一块儿过去玩好吗?"她犹豫地点点头。我亲了一下她:"真好!老师最喜欢荷露和我们做游戏了。"我把荷露带到小朋友中间,伙伴们请她加入,她退缩在一旁。我并没有强求,就让她在一边看着,但从她的脸上,我看到了她想加入游戏的愿望。

孩子的情绪是没有对错的,有时候让孩子适当地发泄是非常有必要的。给孩子一个独立的空间,让她学习自我调节和自我控制,这对她以后的发展是有好处的。另外对于荷露这种敏感型的孩子,教师一定要以共情与接纳去打动幼儿,让她获得安全感、满足感。当荷露感受到老师和同伴的宽容、友爱,使得她对幼儿园里的伙伴渐渐放松了戒备,建立了信任。

2.放大优点,树立自信。

区域活动时间,孩子们都在自己喜欢的区角里游戏。荷露怯怯地走到图书角,伸手拿了本《红袋鼠》。眼睛看了下旁边没人,才放心地坐下来。我走过去,搂着她:"荷露喜欢看书呀?"她咬着小嘴看着我,"爱看书的孩子是最聪明的,老师陪你看吧"。她点了点头。我陪她看了两页,当我有意识地询问她图片上的内容时,她能够轻声回应我。

活动评价环节,我表扬了荷露爱看书,是个聪明的好孩子。当伙伴们把羡慕的目光投向她时,她害羞地低下头,但是嘴角上扬着,洋溢着小小的满足和自豪。为树立荷露的自信心,我总会刻意放大她的优点,并在当天给予"聪明豆"奖励。

这天,荷露依然由妈妈抱着走进班级,尽管还在抽泣,却少了以前的大哭大闹。当我张开双手抱她时,她也扑了过来,少了以往扯住妈妈衣服不放的现象。显然,我们的努力起了一定的效果。

对于荷露这种胆小退缩型的孩子,教师要注重捕捉她的闪光点,并放大强化,逐步帮助她树立自信心。

3.融入集体,小荷露角。

为了让荷露感受到集体的吸引力,我安排了活泼的尹尹和她做朋友。逐渐地,荷露的眼神大方了,笑容绽放了。但在表达方面,即便老师不断地给予鼓励,荷露还是没有战胜自己。

学期末,我邀请家长参加观摩活动。在观摩活动前几天,妈妈说,她按照我的建议,给她模拟活动现场,家里的毛绒玩具做观众,让荷露进行表演,并答应,如果她能举手参加表演,妈妈会实现她一个愿望。

观摩现场,妈妈期待地坐在后排。一轮轮游戏后,荷露始终"按兵不动"。我用鼓励的眼神看着荷露,示意她上来表演,她回避地低下头。我请上了好朋友尹尹,悄悄地附在她耳边,请她邀请荷露一起来。胆怯的荷露在好朋友的邀请下,竟然站起来,随着音乐做起了动作。尽管,低着头的她动作没有摆开幅度,可在我看来,她走出了难能可贵的一步。音乐刚完,后排的妈妈按捺不住激动,站起来使劲鼓掌……

退缩型孩子不愿意在人多的地方表现自己,这个时候,我们不能因心急而粗暴对待,应该循循善诱,有伙伴的陪同,有成人的鼓励,会消除胆怯所产生的不安心理,慢慢产生积极的情绪体验,最终克服胆怯,融入集体。

### C 辅导反思

荷露是比较典型的退缩型孩子。我抓住荷露的个性特点,尽早发现并采取了有效的干预措施。从理解她的情绪,到放大优点、树立自信、融入集体,最终迈出敢于表现的一步。

的确,退缩型孩子适应新环境的时间比一般孩子更长,当我们发现孩子有退缩行为时,不可拿她跟那些善于交际的孩子比较,要体谅她的心情,积极发现并强化她所表现出的闪光点。每个孩子都是种子,只不过花期不同,我们要给予他们理解和信任,相信小荷终究会露出尖尖角。

作者单位:宁波慈溪市博爱幼儿园

# 原来我也很棒

王凯莹

### A 辅导缘起

科科中等个,大大的眼睛,不爱说话,他是班里一个默默无闻的孩子。

课间,所有的孩子们都起身去盥洗室喝水,可他还安安静静地坐在椅子上,我走到他面前,温和地说:"科科,去喝点水吧。"科科慢慢地起身,慢慢地来到盥洗室,看着其他小朋友都在接水,他悄悄地站在了一边,不敢靠前,等所有的小朋友都接完水了,他才用颤抖的小手慢慢地拧开水龙头。

科科为什么表现得非常缺乏自信,做任何事情都会退缩?带着这个问题,我们从科科的爸爸处了解到,原来科科妈妈什么事情都替儿子包办,使孩子的动手能力差,自信心不足。

其实,家长对孩子在生活上的过分照顾、迁就,不但不是爱的表现,而且会使孩子失去很多尝试、体验的机会。科科妈妈就是这样,总觉得替儿子做好了,儿子就会开心、满足,遇到事情没有给孩子充分的信任,给他自己思考和让他做决定的机会。加之科科父母工作繁忙,很少带孩子出来与其他小伙伴玩,导致科科人际接触很少,到了幼儿园这个新环境,便表现出胆小退缩,不知所措。

科科的这种行为久而久之会影响人格健康,使孩子产生孤独感,甚至形成孤僻、冷漠、懦弱、多愁等不良性格。为了让科科尽快克服胆小退缩的心理障碍,树立自信,我对科科进行了以下辅导。

### B 辅导节点

**1. 走吊桥,我能勇敢通过了!**

这天的户外活动是走吊桥,还没开始走,科科的脑袋上就直冒冷汗,我看出了他对吊桥的害怕,于是走过去轻轻地拉起他的手,笑着对他说:"科科,不要怕,老师陪着你。"转身又对着所有的小朋友说:"今天我们走吊桥可有趣了,看看,老师这里有一个神奇的口袋,你们猜猜口袋里有什么呀?"这下孩子们都七嘴八舌地说开了。我打开口袋,孩子们眼睛一亮,原来是各种各样的小动物玩具。"小动物们听说今天宝宝们要走吊桥,它们也想一起玩,可是只有勇敢的孩子才能保护好它们,你们可以吗?"孩子们纷纷举起了手。

我把口袋摆在了科科的面前,说:"科科,你先来拿一个吧。"科科看了看我,小手不停地扯着衣角,我拉起科科的小手一起伸进了袋子里,说:"我们会拿到一个什么样的小动物呢?"拿出来一看,原来是一只小鸭子,科科一看露出了笑容,看样子他很喜欢小鸭子,我悄悄地在科科的耳边说:"科科,老师相信你,今天你带着小鸭子一起走吊桥,一定会很勇敢。"

等所有的小朋友都选择好自己保护的动物,开始进行走吊桥的游戏,科科站在原地一动不动,我拉起他的小手走上了吊桥,站在科科的身后,他的脚步迈得很小心,一只手一直抓着裤子,我不断地鼓励他:"哇,科科牢牢地抱着小鸭子,小鸭子感到很安全,小鸭子希望科科能再勇敢一点,脚步迈得大一点,这样就更好了。"前面的小朋友也特意放慢了脚步,鼓励着科科,说:"科科,加油。"不知不觉,科科走吊桥的脚步迈大了,我在科科的身后说:"科科,很厉害,老师陪你一起走完。"最后,他战胜了走吊桥的恐惧。

**2. 上课时,我会举手发言了!**

有一次,还没上课前,我悄悄地把科科叫了过来:"科科,老师跟你做一个约定。"他有点疑惑,但又不敢问我。"这个约定只有我们两个人知道,你不能告诉其他人,就是待会上课的时候只要你举手,你就能得到我们约定的秘密礼物,你想不想要?"科科想了想,然后点了点头。

上课了,这是一节语言课,我讲了《三只羊》的故事,当我问道:"三只羊用什么办法对付大灰狼呢?"只见科科跟着其他小朋友一起举起了手,但是他的小手举得低低的,我很高兴地走了过去,"请科科回答",科科轻轻地告诉我:"小羊用头撞,中羊和大羊用角顶。"似乎这声音只有我能听到,但是他的回答我怔住了,没想到科科能回答得那么完整,我立刻给科科竖起了大拇指,夸奖他:"科科回答得真好,他像故事里的小羊们一样勇敢,我们给他鼓鼓掌。"其他的小伙伴给他热烈的掌声。

3. 我知道,我也是很棒的!

有一次让孩子们任意搭建雪花片,等我过去巡视时,被突入眼前的一个大城堡给吸引了。这个城堡是科科搭建的,很大,而且每一个房子都各不一样,我拍了拍科科的肩膀,用激动的语气说:"科科,你搭得太棒了,这个城堡好漂亮,老师都没有你搭得好。"

说完,我特意让科科把他的大城堡展示给其他小朋友看,好多小朋友都被眼前这个特大的城堡惊呆了,还有的小朋友忍不住问:"科科,你的城堡借我住一下好吗?太好看了。""是啊,是啊,科科,你教我怎么搭吧。""科科,你太厉害了,你真的很棒!"……

科科的脸上露出了笑容,那一丝笑容仿佛是给自己最大的鼓励。我蹲下身去,抱住科科,听到科科在我耳边轻轻地说:"我知道,我也是很棒的!"

我的心,被融化了。

## C 辅导反思

一个学期的辅导,科科进步比较明显,情绪也稳定了,他拥有了自己的朋友,会主动与他们游戏,也愿意参与到集体活动中来。

幼儿期是身心迅速发展的时期,也是个性初步形成的时期,应抓紧这个关键期,培养幼儿良好的人格特征。在幼儿园实施心理健康教育时,要注意与家长的密切配合,要求家长多与孩子沟通、交流,多给孩子展示的机会,多去观察和发现孩子身上的闪光点,让他们发现自己的长处,知道自己原来也是很棒的!

作者单位:宁波市北仑区长来幼儿园

# 野百合也有春天

李红雨

## A 辅导缘起

我班月月小朋友沉默寡言,不愿意与别人交谈,喜欢低着头一个人静静地坐在教室一角看着小朋友玩,有时尿憋急了,也只是发出哼哼的响声,而不会告诉老师,像一朵无人欣赏的野百合默默开放在寂静的深山。

她的行为具有明显的社会退缩特征,不主动与同伴交往,常常沉默寡言,宁愿一个人玩,也不愿主动参加到同伴的游戏中去,不愿进入陌生的环境,表现出害怕、孤独、胆怯等行为特点。究其原因,除了孩子的个性腼腆胆小之外,最大的因素是由于父母在外地工作,回来陪伴孩子的时间和机会不多,孩子长期寄养在祖辈家,他们对孩子事事包办,过多地关心和照顾,使孩子在生活中不用多动手、动口,愿望就能得到满足,而且不太让孩子与外界接触,造成了孩子不爱活动。

月月的行为虽不属于明显的心理问题,但对孩子的个性形成、身心健康发展还是会造成许多不利的影响。如果在幼儿园不及时进行干预,她的个性会越来越孤僻,特别是随着年龄的增长,交往技能与正常的孩子之间的差距会越来越大,我对月月进行以下辅导。

## B 辅导节点

**1. 投其所好,尝试交流。**

我决定先接近孩子,用我对她的接纳来换取她的信任。

月月喜欢在角落里看图书,她特别喜欢《人鱼公主》这本书。一天,我事先将图书藏在软垫下,在月月迟疑着走近图书角时,假装发现新大陆一样地惊呼:"哇,是月月最喜欢的书耶!"把她的视线吸引到我这里来。"人鱼公主就是美啊",有事没事我和她讨论书里的故事,有时她只是看着我笑一下,但我却觉得是天大的进步,我还主动寻找话题,与她聊天交谈:"你这件衣服真漂亮,是谁买的?"、"今天谁送你上幼儿园的?"、"你最爱吃什么?"还时不时拉拉她的小手让她感受老师对她的爱。

我发现她头发长了,就买了很多好看的发夹,变着花样给她梳不同的发型,刚开始月月对我还是不理不睬,但在我长期软磨硬泡的坚持下,她慢慢地感受到老师像妈妈一样喜欢她。终于,在一天午睡后,她拿着头绳来找我,"李老师!"虽然声音是那么的轻,但却是孩子第一次开口叫老师,我的心里别提有多高兴了,月月这朵迟开的野百合也终于含苞在温暖阳光下。

**2. 环境暗示,激发兴趣。**

自从月月开始信任我,喜欢黏在我身边后,我就委派一些简单的任务让她完成,"请你叫乐乐进来梳头"、"请你把这本书给思思",这些事月月都很乐意去完成。

上课时,我选择适合月月回答的小问题,让她来回答,声音高低先不作要求,为她创造说话的机会。我还有意识地在班级中创设适合她表述的区角环境,轻松温馨的语言角、饭前课后的故事会,还有娃娃家、面包店等,在游戏情境下,让月月学着做营业员与人交谈,扮妈妈哄着孩子入睡,作为小演员表演童话剧……每当她完成任务后,我都及时给予表扬和鼓励,一个拥抱、一个亲吻、一个五角星或一朵小红花,看到月月小脸上的开心和自豪,我陶醉了,仿佛置身于怒放的百合花丛中。

**3. 游戏训练,树立信心。**

仅有老师的关爱还是不够的,同伴的接纳、肯定对树立幼儿的自信,激发其交往的兴趣非常重要。所以我将善于交际的孩子安排在月月旁边,让月月在潜移默化中感受到孩子之间友好交往,引发她内心参与社交的欲望。

刚开始游戏时,我只要求她陪同老师参与活动,做老师的小助手,接下来就有意识地设计一个情节让她参与,如动物宝宝生病了,要一起抱着去医院;来客人了,需要一起做饭等等,让她参与到游戏中,一起享受游戏的快乐,最后我逐渐退出游戏,留下月月和其他幼儿一起欢笑,一起嬉戏。

经过一年来的矫正与引导,月月的语言表达能力、交往能力有了明显的提高。游戏让月月信心满满,渐渐与同伴产生了认同感,在交往中不再退缩。她能在同伴面前大声说话,能主动进行交流,友好地参与游戏,不仅能上台唱歌、讲故事,还在幼儿园开展的"故事大王"比赛中荣获了二等奖。更欣喜的是月月有了几个好朋友,还邀请他们到家里玩,她就像一朵不起眼的野百合花终于在阳光明媚下吐露芬芳。

### C 辅导反思

我发现在对有社交退缩行为的幼儿的干预与纠正中,教师首先要设法进入他们的情感世界,在关爱中让他们先接纳。其次,辅导训练前,教师应根据幼儿现有的水平制订明确具体的训练目标,起点要低,由易到难,循序渐进,交往训练的内容和方法应多样化,要将交往能力和语言训练紧密结合、相辅相成。最后,一定要按照"积极诱导、顺其自然"的原则,让孩子情绪愉快地独自参加游戏活动、与同伴交往,并参与社交,教师要多正面鼓励幼儿,善于发现孩子身上的闪光点,及时给予孩子积极的评价,让孩子懂得人人都有长处,使其的退缩性行为一点点好转。

幼儿性格的转变是一个较为长期的过程,需要老师和家长抓住每一个机会,肯定幼儿的点滴进步,多给孩子一些鼓励、一些关爱,帮助他在集体中找到自我,树立自信,健康快乐地成长。

作者单位:宁波市镇海区镇海幼儿园

#  成成成功了

桑莹莹

### A 辅导缘起

4岁的男孩成成看起来比同龄孩子高很多,每天他都很早来到幼儿园,教师从妈妈手中牵过他的手后,他一声不吭就是不问好。这种情况从开学到现在已经三个

月了。每天妈妈和教师会用各种方式引导他问好,可是不管用鼓励贴奖励、做游戏吸引,他还是绞着手,低着头,茫然不知所措。有同伴邀请成成一起玩,成成看一眼同伴,挪一步,又低下头,教师过来拉着成成的手,把他送到相应的区域,成成才玩起来,可是和同伴没有语言交流。

行为退缩症是一种心理障碍,因多见于儿童,故又称为儿童退缩行为。表现为孤僻、胆小、退缩,不愿与其他人交往,更不愿到陌生的环境中去,把自己封闭起来以获得安全感。有退缩行为的儿童,见到陌生人会表现出惶恐不安,在公共场合或者集体生活中显得孤独、畏缩。

成成的胆小退缩行为和父母的长期保护很有关系,加上家里语言环境复杂,从没说过普通话的成成到了幼儿园突然接触的都是普通话,让他更是紧张。为了让成成正确看待新环境,克服胆怯,慢慢融入集体,愿意与他人交往,我做了以下的心理辅导。

### B 辅导节点

**1. 巧用鼓励**

早上,妈妈送成成到教室,我看到成成没有拉着妈妈的手,而是走在前面带着妈妈走向教室,我马上笑眯眯看着成成,摸摸他的头说:"哇,成成会自己到教室来了,真厉害。"成成听了,看了眼妈妈,又低下头。

我继续鼓励成成:"巧虎会向教师鞠躬问好,成成肯定也能行,来,贴上甜嘴巴巧虎。"成成摸摸巧虎胸饰,试着低头,弯腰。我弯腰回礼,对妈妈说:"你看,我们成成是甜嘴巴巧虎噢!"妈妈也连忙配合:"成成鞠躬真标准。"我说:"来,甜嘴巴巧虎,跟妈妈大声说'再见'吧。"成成看着妈妈,小声地说:"妈妈再见。"虽然是轻轻地一声"妈妈再见",却是成成迈出的一大步。我看到成成进步很大,奖励他一辆声响汽车。

鼓励对于胆小退缩的孩子来说是助推器,虽然只是和妈妈分开进了教室,但我及时的鼓励让成成得到了肯定。而巧虎作为榜样的鼓励让他尝试着鞠躬,这个鼓励和渐进式的问候方式,让成成有勇气去完成,加上是和妈妈说话,成成虽然小声但还是做到了,声响玩具的鼓励肯定了成成的进步,给了成成较好的暗示。

**2. 搭建支架**

成成喜欢玩橡皮泥,可是橡皮盒在隔壁桌上,成成绞着手,看了看我,又看了看同桌。同伴可可正玩得高兴,没有留意,成成等了2分钟左右。我走到成成旁边:"成成,你想玩橡皮泥吗?"成成点点头。我说:"想要玩就要说出来,不说出来可可小朋友不会知道呀。"成成想了想,继续低着头。我和成成商量起来:"老师帮你叫可可,你来问好吗?"成成点点头。同桌可可应声回过头来看着我和成成,这时我向成成投去鼓励的目光,成成轻声说:"我也想玩。"可可听到了,手一挪,橡皮泥罐就到了成成手边。成成微微笑了下,坐下来和可可一起玩橡皮泥。

过了一会儿,成成把橡皮泥大饼做好了,他走到我身边想要一块小垫板展示作品,可就是羞于开口。我故作疑惑地看着成成,成成还是不吭声,见成成不说话,我说:"成成啊,大饼的花纹真好看啊。"成成:"我要这个垫板!"成成终于说出了自己的想法。这时我让成成自己选了喜欢的绿色垫板,并听成成介绍自己制作的大饼口味,说完,成成小跑步走向展台。

我在活动中对成成进行了两次干预,第一次,我帮助成成向同伴可可发起提问,我成了成成精神的支架;第二次,我通过主动发起对话,建构了谈话的氛围,让成成勇敢地说了自己的想法。

3. 建立自信。

在一段时间中,成成虽然极少和同伴交流,但我通过父母了解到成成的普通话水平提高之后,在家里能试着和父母用普通话交流。于是,我尝试为成成创设各种机会建立自信。我说:"成成,你的玩具真有趣,能给小朋友介绍一下自己的玩具吗?大家肯定都喜欢。"晨间,我在伙伴面前鼓励成成主动介绍玩具,果然,成成介绍的玩具赢来了伙伴的羡慕。我对成成说:"大家都很喜欢你的玩具,看来你介绍得很好。"成成低头笑了笑:"这是妈妈给我买的。"我说:"你肯定很会玩这个玩具,待会小朋友想玩了,你要像刚才一样介绍怎么玩法好吗?"成成爽快地回答:"好。"不一会儿,大家围着成成问长问短,成成当起了伙伴们的讲解员。

在日常生活中,我通过各种方式培养成成的自信心,让他慢慢在同伴中学习交流的技巧,鼓励成成勇敢地和同伴、老师及周围人进行交流。

## C 辅导反思

辅导中,我积极为成成创设机会,通过不同的场合,帮助成成建立自信,学会和他人沟通,并在一次次尝试、成功沟通后积累自信,以慢慢克服他胆小退缩的行为。对于成成的胆小,我采用的方式隐含在日常的语言、肢体动作中,让成成自然而然地慢慢学会交往技巧。

在辅导中,我发现改变孩子胆小退缩的行为,需要家庭的支持,因此在对成成进行指导的同时,我对家长进行了一系列的指导工作,通过家园共育,使得成成的胆小退缩症得到了缓解,并最终获得成功。

作者单位:宁波慈溪市实验幼儿园教育集团

## 32 我怕……

陈美英

### A 辅导缘起

7岁的女孩子欣欣读大班了,梳着两条香蕉辫,眼睛大大的,看上去很文静,口语表达能力较强,平时就是胆小,怕饲养角里的小兔,也怕小狗,特别是很怕黑,午睡室拉上窗帘后她就害怕了,翻来覆去睡不好,一定要老师坐在她旁边她才敢入睡。家里也一样,自己一个人睡觉感到很害怕,在床上要很长时间才能睡着,心里总想些可怕的事情。"有时我想对面楼上有没有小偷爬过来?厕所里会不会有鬼?越想越害怕,总是用被子把头蒙住。""只要我妈妈睡着了,我就爬起来开灯,天天晚上开着灯睡觉。被妈妈发现就会挨一顿骂,说我胆子比小老鼠还要小。""其实我也不想开灯睡觉,很难受的,但是不开灯,我害怕极了,我们班很多小朋友都是一个人睡了,就是我不会一个人睡觉。""我怕……""我怕……"语言表达能力很强的欣欣这样跟老师述说着。

孩子的胆小、退缩与教育者的抚养方式和态度有密切关系。其实许多小孩都有过欣欣的这种情况,晚上害怕,不敢一个人睡觉,躲在被窝里看着黑咕隆咚的房间,看什么都像是会动的东东。胆怯是因为孩子小,力量小,没有在大人陪伴时就会有一种不安全的心理。

为了让孩子不怕黑,能克服自己的胆小心理和退缩行为,我做了以下的辅导。

### B 辅导节点

**1. 你不怕!**

为了欣欣,我利用绘本《不怕黑》开展了一个团辅。

活动引导孩子正确认识"黑",并学习用各种方法克服怕黑的心理障碍。我以游戏的口吻和形式导入活动:走啊走,小兔来到一个山洞里,里面黑得什么也看不见,小兔害怕极了,太阳落山了,夜深了,小兔找不着妈妈多伤心呀,它大声地哭起来:"妈妈,妈妈……"然后进入角色表演,我鼓励幼儿克服怕黑心理去营救小动物。我让孩子们勇敢地钻进山洞,告诉他们先站在洞口往里看一看,等自己的眼睛渐渐习惯了黑暗再慢慢走进去,一边走一边摸,就不会摔跤,也不会害怕。进去的时候想想高兴的事,一边走,一边唱唱歌,里面虽然黑,但没有什么可怕的东西,慢慢走,就不会有危险。我亲亲每一个救出的小动物,夸奖孩子们都是勇敢的。

在整个活动中我始终关注着欣欣的每一个眼神,鼓励她的每一个行为:"欣欣,快过来,老师拉着你的手进洞去,好吗?"欣欣勉强地点了点头。

我说:"你真勇敢!"

欣欣:"嗯,妈妈有时也会这么说。"

我:"小兔怕黑,我们小朋友都不怕黑,欣欣也很棒,不怕黑,是吧?"

欣欣:"是的,老师在,我就不怕了。"

我:"等下给你评个小红星。"

欣欣:"谢谢老师!"

我经常通过这样的活动,鼓励欣欣平时积极动脑,不胆怯,不退缩,勇于克服各种困难。

2. 你能行!

平时,我鼓励欣欣参加班级及幼儿园的各种活动,培养其独立大胆的性格,如在班级里多让欣欣做值日生,给植物角里的花花草草浇水,请她做老师的小帮手。如,"欣欣,隔壁办公室老师的桌上有一本书,去帮老师拿来,好吗?""好的。你的办公桌吗?"我微笑着点了点头。不一会儿,她就拿来了:"老师,给你。""真乖,谢谢!"

在户外活动时,我有意让她传话给某个同伴,大胆和同伴沟通……除此之外,还给她种种机会培养她的独立自主能力,如为同伴分碗、分筷子、分调羹、放杯子、挂毛巾、分发玩具和油画棒、和保育老师一起整理同伴的柜子……欣欣也像模像样地做起了老师的小帮手。

3. 你真棒!

上课时多让欣欣大胆地回答问题,回答后我会及时地表扬她,让同伴都说:棒棒棒,你真棒!把大拇指奖励帖送给她等等。如:

我:"万里长城在哪里,你们知道吗?哦,请欣欣来回答。"

欣欣站起来小声地说:"在北京。"

我:"你去过北京了吗?"

欣欣:"是的,过年的时候,和妈妈、外婆一起去的。"

我:"哦,欣欣真棒!我们把大拇指送给她。"

在平时我会及时用其他孩子的优点,给欣欣提供学习的榜样。

比如,我在晨间谈话中问:"哪些小朋友在家是独自睡在一个房间的?为什么敢于一个人睡?"表扬敢于独睡的幼儿,给每天独睡的幼儿奖励一朵小红花。这样让欣欣有一个向同伴学习的机会。一次,我建议她妈妈买个床脚灯,使房间不黑又不太刺眼,也不影响睡觉,以此养成欣欣独立入睡的好习惯。

## C 辅导反思

辅导中我时刻关注着欣欣的情绪变化,抓住时机鼓励孩子,尽量为孩子创造各种条件,让她充分体验到在幼儿园只要和老师、同伴在一起就什么都不用怕,老师和同伴起到了榜样的作用,让她很有安全感。

另一方面,也需要家长的密切配合,告知她妈妈或外婆,最好不要当着孩子的面向客人解释孩子的退缩行为,如"不好意思,我的孩子胆小,不愿见生人",诸如此类的言语即使是带着善意的,也会导致孩子的反感和抵触情绪,甚至会强化孩子的胆小退缩行为,从而影响儿童的自我认识。

作者单位:宁波市鄞州区艺韵幼儿园

# 33 我相信我可以

张李雅

### A 辅导缘起

雨雨是我们班的插班生,性格内向胆怯,常常独自发呆,不愿和他人交往,见到有人靠近就怯怯地回避。由于在班里年龄小,生活自理能力较弱,所以每次解完小便都要等着老师走到他面前,帮他把裤子提上,再帮他把衣服整理好,否则就一直站在原地发呆,如果没有及时发现或过去晚了,他就在那里默默流泪。

几次聊天中得知,雨雨的爸爸是老来得子,家里人更是捧在手心都怕化了,常对他说的话就是:"雨雨还小,这样不可以。""雨雨不会的,奶奶来做。"根据儿童自我评价发展的特点,小班幼儿的自我评价有很大的依从性,他们对自己的评价是建立在他人对自己评价基础上的,还没有独立评价自己的能力。其实,平时生活中,雨雨对自己的评价就是一直在复述成人对他的评价。大人对他的过分溺爱,一点一点毁掉了他的自信心,使他变得胆小退缩,对周遭的一切不自信,认为自己什么都不会。因此我觉得培养雨雨积极健康的自我评价,对他的成长发展相当重要。

### B 辅导节点

1.我相信!

这天中午,孩子们像往常一样做好睡前准备冲进午睡室,开始脱鞋脱裤,有几个会自己脱衣服的孩子,一下子就钻进了被窝。我来回帮助一些衣服特别难脱的孩子,等孩子们都快睡下了,发现雨雨还坐在床边等着我帮忙,因为心急他快哭了。虽然脱裤子并不难,但他却表现了一种"我什么都不会"的态度。我蹲下身轻轻地对他说:"雨雨不会自己脱鞋脱裤子吗?"他回答:"我不会,爸爸说我还小,还没长大。"边说边使劲摇头,期待我能帮他把鞋脱了。"谁说呢,老师觉得你已经长大了,都上幼儿园了,是个小大人了!"我的反驳让他脸上露出一种很惊讶的神情,他其实很高兴听到我说他已经是个小大人了。于是他开始试着脱鞋,鞋子是再简单不过的搭扣,一掰一脱,他就成功了,雨雨抬起他的小脑袋望着我,似乎寻求鼓励,我没说话只是用赞赏的眼神暗示他。雨雨点了点头,立马把另一只鞋子也脱下来了,在他欣喜的表情中,我知道我的心理暗示已经起了作用,他已经相信自己是个长大的小大人。

2. 我可以!

又一次午睡起床,孩子们都迫不及待地起来穿衣穿裤,争先恐后地跑出午睡室,看到雨雨坐在床上低着头,我立马走过去,还没等我开口,就看到他夺眶而出的眼泪,两只裤腿已经穿了进去,手里却紧紧拽着裤子,我知道他一定是不会拉裤子,又怕被保育老师催。他小声对我说:"奶奶说牛仔裤很紧,我力气小提不上的。"听完这话,我蹲下身用赞扬的眼神告诉他:"雨雨会自己穿裤子可真棒!"说完我拉着他的小手,和他一起用力把裤子提了上来,显然他很高兴,可是低头看到牛仔裤的口袋翻在外面皱巴巴的,就又眼泪汪汪的了。我马上鼓励他,"雨雨的力气真大,小手一定也很能干,塞进去伸伸手,肯定可以把口袋翻好的!"他很迅速地伸手来回塞裤袋,其实他做得真的很好。

做类似辅导快接近一个月了,雨雨遇到困难不再只会默默流泪,他愿意去试一试,他开始相信自己是可以的。

3. 我快乐!

雨雨不再那么自卑退缩了,但他还是害怕与人交往。又到了每周五的玩具分享日,大家都在操场上相互交换着玩具玩,雨雨抱着他的玩具在一旁默不作声,其实他很想跟大家分享他的新玩具,可是他胆小,不敢和大家说话,更别说邀请小朋友一起玩了。

于是,我靠近他,让他向我介绍:"老师,这是我爸爸送我的新玩具,很好玩的!"我借此机会拿起他的玩具,对着全班孩子们大声地说:"哇!真是好玩的大吊车!这是雨雨的新玩具呢!"话音刚落,几个男孩子跑来围在我和雨雨身边,睁着大眼睛说:"哇!真好玩!""我好想玩!""雨雨可以借我玩玩吗?"我接话:"这是新玩具,雨雨也还没玩过,你们可以一起玩。"余光中,我看到雨雨向我投来认同的目光。我在一旁看着他们你一言我一语地玩起来,雨雨不怎么说话,但不时地和同伴笑笑,我知道那时的他是快乐的。

一段时间的辅导后,雨雨不再是个胆小退缩、不自信的小不点了。遇到困难他会主动告诉我,或自己想办法解决,每次游戏,只要我说"去找个好朋友一起玩吧",他就会高兴地跑去,渐渐的,我经常可以看到雨雨嬉戏的身影。

### C 辅导反思

看着雨雨开始一点点变化,我深刻地意识到,培养幼儿积极健康的自我评价对孩子的性格养成和能力发展,有着多么重要的影响。我想我应该学习更多的理论知识,让孩子的心态沿着积极健康的方向发展,使幼儿的外部行为转化为内在的习惯,使自我评价活动在幼儿健康成长过程中发挥出强大的作用。

我在教育实践中,还有诸多值得思考的东西,如,我是否尽力让幼儿形成积极的自我评价,是否会根据他们自身的能力鼓励他们学习独立完成任务……我想,我应该更好地更新我的教育理念和教育思想。

作者单位:宁波市江北区倡棋幼儿园

## 34 缩在壳里的小蜗牛

徐红奕

### A 辅导缘起

小蜗是一个5岁的小女孩,她性格内向,不会主动与同伴交往,遇到问题时说的最多的一句话就是"老师,我不会"。早晨,每每当年迈的奶奶送她来园时,我们看到的永远是她嘟着小嘴躲在奶奶后面,而当我们抱过小蜗,让她与同伴一起进行晨间活动时,小蜗也总是摇头拒绝,呆呆地站在一旁。游戏活动中,当其他小朋友欢快地玩着各类玩具时,小蜗就抱着玩具在一旁静静地看着。上课时,遇到感兴趣的内容,小蜗的脸上会露出微微的笑容,可当老师一关注她或邀请她时,马上就显露出紧张的神情。

经了解得知,小蜗家里有两个孩子,父母由于忙于工作又要照顾嗷嗷待哺的弟弟,作为姐姐的小蜗,生活基本上都是由年迈的奶奶照顾。从小亲子依恋关系的缺乏,直接造成了小蜗胆小内向的性格,这样的孩子往往缺乏安全感,遇到困难时就会退缩到自己的空间里。为了帮助孩子树立自信,逐步建立乐观向上的积极态度,我做了以下的辅导。

### B 辅导节点

1. *亲情唤醒*。

周日,在约定的时间我与配班老师一起来到了小蜗家,为了避免谈话对孩子的心理造成影响,小蜗也已在我们的建议下由奶奶陪伴着到楼下去玩了。

接待我们的是小蜗妈妈,坐下后,我们就直接切入了谈话的内容:"小蜗妈妈,老师和家长的出发点都是希望孩子能够得到好的发展,而我们今天来家访就是想与家长商量一下,共同来确定一套好的教育方案,并希望在家园的共同配合下,改变小蜗胆小退缩的行为。"小蜗妈妈:"徐老师,我们也知道小蜗比较内向,我们以为这是一个人性格的原因,而我和她爸爸工作也比较忙,就没怎么去关注了。"我针对孩子的现状提出了自己的建议:"小蜗妈妈,环境对孩子性格的形成起着潜移默化的作用,孩子除了得到基本的生理需要外,他们需要得到成人精神上的关爱,特别是父母对孩子的影响更是其他人所无法替代的,一个拥抱、亲吻,与孩子的聊天、游戏或者父母经常性的接送孩子,都能使孩子产生心理上的满足,并从中获得安全感,所以我们建议小蜗妈妈尽量多抽点时间陪陪孩子。而我们在幼儿园也会多给小蜗一些引导,让她从退缩的这一行为中走出来。"

小蜗妈妈听到我们这么说,她的眼睛渐渐红了,她意识到自己对女儿在教育上的忽视,并表示会尽量多抽一点时间来陪伴小蜗。

2.友情感召。

晨间活动时,小蜗静静地站在一旁看着小伙伴在木桩上行走,我走过去轻轻地摸了摸小蜗的脑袋说:"小蜗,老师和你一起玩好吗?"小蜗抬起头怯怯地看着我说:"老师,我不会。""没关系,就让老师牵着你的手吧!"由于有了依靠,小蜗大胆地迈出了第一步,一个、两个、三个……小蜗渐渐走过了一排小木桩。在多次练习后,我会偷偷地松开她的小手,并拍着手为她喊着:"小蜗,加油!"旁边的小朋友也大声地喊起来:"小蜗,加油!"在同伴们热情洋溢的鼓励下,小蜗的脸上展现出灿烂的笑容。

值日生的工作对于每个小朋友来说都是向往的,"小蜗,你把小手洗干净,帮老师分调羹好吗?""小蜗,你把这本书放回图书架吧。"园生活中,我会让她做一些力所能及的事情,每每完成任务后,我都会及时地表扬他:"小蜗,你真棒!""小蜗你即将升入中班,更像一位小姐姐了。"在老师的鼓励下,小蜗渐渐地自信起来,遇到问题时不再说"老师,我不会",而是会尝试着去操作、去探索。

3.同伴引领。

榜样会对幼儿起着潜移默化的作用,而同伴的引领也会对小蜗的性格起到一定的影响。娃娃家里,婷婷和芩芩正在小厨房里忙着烧菜,小蜗就在一旁静静地看着,想玩却又不敢主动地参与活动中。于是,我就走过去以游戏化的口吻说:"娃娃家里有人吗?小客人都在门口站了好长时间了也没人来迎接呀?"听我这么说,婷婷马上放下手上的餐具,请小蜗到娃娃家里玩,并把一些好吃的拿了过来,还一边说:"小蜗,请你吃!"芩芩也把娃娃抱来,说:"小蜗,娃娃给你玩。"在与同伴共同的游戏中,小蜗的脸上也露出了开心的笑容。

在《小小蛋儿把门开》的音乐活动中,我邀请了芩芩、婷婷、小蜗、圆圆等小朋友一起进行表演,有了同伴的相伴,小蜗的胆子明显大了许多,跟着同伴一起做着动作,虽然声音依旧不够响亮,但是她却迈出了在人前表现自己的第一步。表演后,我与孩子们都为小蜗拍起了手,并表扬了她。

### 辅导反思

　　3-6岁是幼儿情感最敏感的时期,他们在获得基本生理上满足的同时,更需要成人的关怀。父母每天抽出一点时间陪孩子玩耍;一个拥抱、交流等都能使幼儿获得情感上的满足,也会对幼儿身心健康发展起到举足轻重的作用。在辅导中,我首先是针对幼儿亲子情感上的缺乏,与家长进行沟通,并在获得家长支持的情况下,请家长每天抽出时间自己接送孩子,陪伴孩子玩耍等,使幼儿获得情感上的依恋。在园活动中,当小蜗出现退缩行为时,我以更多的耐心,支持、鼓励小蜗,帮助小蜗逐步树立自信。而同伴的带领也在小蜗性格转变中起着不可忽视的作用。

　　但在辅导中,我也发现小蜗是一个非常敏感的孩子,当获得成功时,她表现得是那么开心。但当遇到挫折或无法完成任务时,小蜗依旧会退缩起来。可见,针对小蜗退缩行为的干预也是一个持之以恒的过程,需要我们付出更多的耐心、爱心,来帮助孩子树立自信,让小蜗不再做"缩在壳里的小蜗牛"。

作者单位:宁波市北仑区厚生幼儿园

# 心理辅导 之 盲目多动

## 35 与静有约

毛寅娜

### A 辅导缘起

鑫鑫上课时总是喜欢东张西望,注意力很不集中。在教室里的大部分时间,他总是喜欢跑来跑去,时不时钻到桌子下面与小朋友玩起"捉迷藏"游戏。户外活动时,常常爬墙登高,不知道危险和安全,需要老师的不断提醒。

他经常一个人活动,做些小动作:咬手指甲、抠鼻子、捡地上的小垃圾藏在口袋里等等,对于老师交代的任务总是有始无终,很少有一件事情能够全部做完。

鑫鑫的父母由于工作忙没时间照顾孩子,从小就把他放在乡下交给外公外婆抚养。老人想法很简单,男孩子天生就比较好动,随便他在乡下跑来跑去,放任孩子不管,对他的行为习惯不会多加提醒。父母陪伴的缺失、早期行为习惯培养的缺乏,造成了鑫鑫自由散漫、不受约束的个性。

为了培养鑫鑫有良好的行为习惯,树立正确的规则意识,让他在日常生活中能够静下心来做事、学习,根据他的表现,我做了以下辅导。

### B 辅导节点

**1. 委以任务,体验成就。**

分享阅读时间,小朋友都认真地听着我上课,鑫鑫的眼神总是处于游离状态,在思考着自己的问题,两只小手这里摸摸、那里摸摸,小屁股则是不停地折腾自己的小椅子,一会儿侧坐,一会儿又把自己的小脚放在椅背上,一会儿低头去地上寻找些什么……当你用眼睛看着他的时候,他对你笑笑,然后马上装出端坐的样子,但是好景不长,不到两三分钟他又开始沉浸在自己的"游戏"世界中,或者开始小声呼唤旁边的可可,让他与自己一起聊天。

我邀请鑫鑫坐到我身边的位置,说:"愿意当我的'小小监督员'吗?老师常常会有不正确的坐姿,你帮助我改正,好吗?"鑫鑫点点头。"可是,你这个监督员有时候也没有做到哦,我们一起改正,好吗?"还没等老师说完,鑫鑫已经端正了坐姿看着我,而且坚持到了教学活动结束。

比起严厉的批评,孩子更需要的正确的引导,给孩子一个正确的榜样,让他知道老师也会犯错误,也需要提醒,使鑫鑫认识到自己的不良行为的同时,用适当的方法与鑫鑫共同建立循序渐进的教育目标。

2. 释放精力，学会安静。

区域活动时间，鑫鑫选择的是科学区，他先是摆弄各种磁铁，没一会儿就被他扔在一边，然后又拿起放大镜，把整个柜子照了一遍，等我转过身发现他一个人趴在地上，手里拿着放大镜，身体不时地转来转去。

我走过去问："鑫鑫，你发现了什么好玩的，可以和我一起分享吗？"鑫鑫："我在找蚂蚁，蚂蚁黑黑的，它走得很快。"我说："那你可以模仿一下蚂蚁的爬行动作吗？你可以去表演区里戴上蚂蚁头饰进行表演！"我邀请鑫鑫去表演区表演小蚂蚁，让其他同伴模仿他的动作，几遍之后，鑫鑫的兴趣没有之前的浓厚了，于是，我又提出了新的邀请。

我："你知道蚂蚁有几只脚？几只眼睛？触角有什么用吗？"

鑫鑫："我只知道蚂蚁的触角可以打招呼，有两只眼睛。"

我："其实蚂蚁身上还有许多秘密，有一本关于蚂蚁的绘本在阅读区里，你要看吗？里面讲了蚂蚁的很多本领哦！"

鑫鑫点点头，马上就走到阅读区，静静地坐下来看书，一页接着一页，不一会儿捷捷和尼莫也加入了队伍，三个人一直研究到区域活动结束。

孩子的好动常常是因为缺乏兴趣，要善于发现孩子的兴趣点，激发孩子的好奇心和探究欲望，绘本《花园里的秘密·蚂蚁》不仅让鑫鑫学会了专注，也增加了他与其他同伴交流的机会。

3. 适时鼓励，巩固行为。

午睡时间到了，所有的小朋友都根据老师的要求进入午睡室，只有鑫鑫一个人还坐在自己的储物盒面前，玩着早上外婆给他带来的玩具，我走过去提醒他，并拉着他一起进入午睡室，但是鑫鑫站在自己床上不肯躺下来，慢悠悠地脱着自己的衣服，躺下以后手时不时地摸摸地板、碰碰旁边的小朋友，还趁我不注意用脚不停地拨弄窗帘。我走到他的小床边，说："咦，怎么那么奇怪？今天鑫鑫能管住自己的小嘴巴安安静静，好棒啊！比昨天有很大的进步！老师相信过几分钟肯定能睡着了，对吗？"只见鑫鑫看看我，然后肯定地说："嗯！"然后把两只手放在两边，一动不动地闭着眼睛，很快就睡着了。

下午集体活动前，我给鑫鑫颁发了一个午睡乖宝宝奖，鑫鑫小心翼翼地把奖状放在自己的书包里，下午离园是外婆来接，鑫鑫马上拿出了奖状给外婆，一脸自豪。

## 辅导反思

孩子多动有很多原因，家庭和学校的教育方法，都会影响孩子的表现。有时，孩子仅仅是想引起老师和同伴的注意，有时还没有产生对学习内容的兴趣而未进入角色等，我们应该对孩子多观察、多了解孩子的内心世界，多发现孩子的闪光点，让他觉得自己是被肯定的。相反，如果一味地去批评孩子的不足，会让孩子产生逆反心理，同时在同伴心中也容易出现与其交往的抵触情绪。

在辅导过程中，我一直注意对孩子的正面引导，鼓励孩子去发现，现在鑫鑫已经能安静地坐着看自己喜欢的绘本，能自觉安静入睡，能根据教师的指令有目的地去观察，也能根据自己的兴趣完成相应任务。

当然在辅导过程中也反映出一些问题，我总是在行为发生了以后才去处理孩子的问题，而应该在孩子发生多动行为之前，多创设一些情境，让孩子练习穿珠、整理和分发学习用品、碗筷以及扣纽扣等，培养孩子的专注力和耐心。当然，要让孩子真正地学会静下心来，还需要很长一段时间，而我应该做的就是和孩子一起学会与静有约，静心等待……

作者单位：宁波市华光幼儿园

##  孩子，请别再抽动

水波波

### A 辅导缘起

6岁的天天是个内向腼腆的男孩，一次结膜炎造成天天不停地眨眼，一开始家长没太在意，觉得结膜炎点点眼药水就好了，可是时间长了，天天的眨眼动作不但没改善，还出现了其他抽动动作，特别是在妈妈陪他练琴时，症状尤为明显。后来他的抽动行为越来越频繁，经常会不自主地皱眉、咧嘴、摇头、耸肩等，并常伴有异常发音。这样的情况持续一段时间后，妈妈带他去医院检查，最后得出诊断，天天患了抽动症。

抽动症，又称抽动—秽语综合征，是以面部、四肢、躯干部肌肉不自主抽动伴随喉部异常发音及猥秽语言或行为障碍为特征的综合症。如果治疗不及时，会对孩子的个性发展、人际交往和学习成绩造成严重影响。

天天之所以会出现抽动，跟妈妈的教养态度有关，由于妈妈平时对他学习要求过高，责备过多，管教过严，致使他长期处于精神高度紧张、压抑状态，而这种胆怯、焦虑情绪无处发泄，继而产生了抽动行为。为了缓解孩子的不良情绪和行为，使其能轻松快乐的生活，我做了以下辅导。

## B 辅导节点

### 1. 小步递进，正向强化。

折纸活动时，孩子们都在认真地折青蛙，这时我看见天天眼睛不停地眨动，嘴角也在不自主地抽动，我知道天天是为折不好青蛙犯难了，赶紧过去轻轻地抚摸他的头，说："天天，你这个三角形折得真好，边和角都对得很齐，其他小朋友都没你折的好呢？"这时，我看他脸上露出了一丝笑意，但马上又黯淡下来，我猜测他可能在为接下来折的双三角形犯愁，刚好我又看到旁边的佳佳已经完成了双三角形的折法，于是我又说："佳佳的双三角形折得真棒，我们请她来讲讲她是怎么折的好吗？"当佳佳上来示范的时候，我发现天天听得特别专心，刚才的窘迫和紧张也消失了一大半。佳佳讲解完后，我说："我们把掌声送给佳佳，谢谢她的介绍，同时我们也把掌声送给那些还没折好的小朋友，鼓励他们能折出更多的青蛙。"孩子们的掌声响起，天天的小眼睛也放出一丝希望的光彩。不一会儿，天天也折出了一只漂亮的小青蛙，我赶紧请他上来向同伴展示他的作品，并奖励他一张小卡片，天天终于开心地笑了。

### 2. 同伴互助，增强自信。

午睡起床，当其他孩子都忙碌着自己穿衣穿鞋时，欢欢却坐在一边拿着鞋子，不停地擦眼泪，我正想过去，问他怎么了？这时天天已经早我一步注意到欢欢的情绪，他问："欢欢，你怎么了？"欢欢抽泣着说："我不会系蝴蝶结。"天天说："这个简单，我妈妈教过我怎么系，我来帮你吧！"只见天天没一会儿工夫就帮欢欢系好了鞋带，欢欢欣喜地对天天说："天天你真棒，谢谢你帮我系好了鞋带，我们做朋友吧！"天天脸上露出了自豪的表情。这时旁边的小朋友也叫开了："天天，你也来帮我系一下鞋子上面的蝴蝶结好吗？""天天还有我……"天天可忙了。穿衣结束后，我想趁这机会好好表扬天天一番，帮他建立自信，于是我把刚才的事情跟小朋友们进行了讨论："刚才，老师看到一个小朋友在起床时帮大家做好事，大家知道他是谁吗？"孩子们都把目光投向了天天，并异口同声地说："是天天在帮我们系鞋带。"我说："是的，天天真是个热心肠的好孩子，不但乐于帮助别人，而且他的小手还很巧，还会打蝴蝶结系鞋带呢，我们为他今天的表现拍拍手好吗？"这时，天天的脸上露出自豪的表情，从天天的眼睛可以看出，天天的自信回来了。

### 3. 家园同步，提高信心。

天天的抽动症状已经有了明显好转，一天，天天的妈妈跟我说："老师，我跟他说好了，只要今天上课他能好好听，一天都不抖动，晚上我就奖励他最喜欢的小飞机。"我说："好，我会帮你看着他的。"上课时，我总是用目光去跟他交流，暗示他要坐好，不要乱动，课后还不停地鼓励他："加油，今天你上课听得很认真，小屁股坐得牢牢的，妈妈晚上就会奖励你飞机了，多开心呀！"在我的关注下，天天一天都很专注，没有出现抽动现象。下午离园，我把天天的表现跟来接他的妈妈做了介绍，妈妈听后非常高兴，当即从包里拿出飞机奖励他，还说，回去要跟他爸爸说，让他爸爸陪他玩飞机。我也趁热打铁地说："天天今天很棒，老师也要奖励你一张小卡片，希望你以后都能像今天一样，认真上课，大胆举手，好吗？"天天听了，爽快地答应了。第二天早上，天天一看到我就迫不及待地把昨晚的事情跟我分享："老师，我告诉你哦，昨天我爸爸陪我玩了，他教我飞机怎么起飞，怎么降落，可好玩了，爸爸还说，只要我以后每天都表现好，他还要带我去动物园的海洋世界玩呢？"看着天天脸上洋溢着幸福的笑容，我也为孩子的进步感到高兴。

### C 辅导反思

对此案例的研究，我进行了将近半年，在此期间，我不断摸索，不断反思，使天天的行为有了可喜的变化。现在的他特别喜欢上幼儿园，喜欢和小朋友一起玩，不再去攻击他人，也变得有爱心了。另外上课也能专心听讲，大胆举手发言，独立完成作业，抽动行为很少发生。同时，他也开始有意识地控制自己的情绪和行为，努力使自己成为一个受欢迎的孩子。

在看到辅导效果的同时我也发现了一些问题：由于抽动症是一个漫长的康复过程，幼儿的改变需要一个很长的周期，光靠短短几个月的时间是不够的，特别是在未成年之前很可能会因为一点小问题而前功尽弃，所以需要我们细心观察，防止复发。另外，抽动症的治疗离不开家长的积极配合，家长在教育过程中不能操之过急，要给孩子创设一个轻松、和谐的家庭氛围。所以为不断巩固治疗，要针对情况适时调整教育目标，并和家长共同制订实施计划和方案，我坚信只要家园继续配合，相信天天总有一天会成为一个健康快乐的孩子！

作者单位：宁波市江东区实验幼儿园

# 让多动成为甜蜜的负担

虞美君

### A 辅导缘起

熙熙是新来的中班插班生，别看他长得人高马大，行为表现总是与众不同：上课时，注意力根本无法集中，常一个人在教室里不停地来回走动，时不时还发出一声声尖叫；早操时，面对老师的示范，他却怎么也找不到方向，无心学做动作；午睡中,他的嘴里总叨叨不停,有时会哼唱歌曲,甚至坐起来打扰上铺的小朋友。无聊时,他还会跟老师玩失踪的游戏,一个人离开集体跑到户外操场上玩。

从父母处得知,家长平时工作忙,日常教育引导很少,孩子入读中班前还未曾上过幼儿园,加之祖辈的过分宠爱,让他有了看似异常的表现。为此,他也曾去医院检查过,检查的结果是身体缺锌所致。多动的行为使他在学习上不能专心,不能主动去学;在行为上不能自控,不服管束,听不进劝告,并时常伴有攻击性行为,长期下去不利于身心的健康发展。

为此,我为熙熙"量身定制"了个别化的辅导方案,希望能逐渐改善他的多动行为。

### B 辅导节点

**1."聚光灯式"的亲切关怀**

起床了,熙熙看到小伙伴们一个个都穿戴好了,也顾不上找外裤,赶紧拖上凉鞋,急急忙忙去洗手吃点心了。见到此景,我牵着他回到了小床旁,手把手教他穿外裤。从拿住裤腰到提上裤子,整整花了10分钟时间,虽然裤子还是歪歪扭扭,裤腰还卷在一起,但这却是他第一次独立完成穿裤子的自理行为。我连忙鼓励:"熙熙长大了,自己的事情自己做,像个中班的小哥哥,很棒!"

午餐中,遇到不爱吃的菜他总是扔到地上,要不就是离开位置满餐厅走动。我又充当起了他的管家,告诉他菜的营养,坚持陪着他吃完饭菜。

面对他的无理取闹和薄弱的生活自理能力,我总能耐心进行引导,加以帮助,用爱的包容逐渐赢得了他的信任和安全感,换来了他甜甜的一声:"虞老师好!"渐渐地,面对老师的常规要求,他也能逐渐听从并努力去做。

**2."闪光灯式"的热情鼓励**

每天来园时,他总是笑眯眯地走进教室,声音响亮地与老师打招呼。为此,晨谈中,我就在班级赞扬了他的文明礼貌,并鼓励其他小朋友向他学习。奖励的小红花让他倍感珍惜,小红花也成了他努力接受表扬的动力源泉。

在区域活动的时间里,熙熙选择去语言区看书,没想到他一边看,一边嘴里还振振有词地念着,走近一听,原来他居然认识字,能把常用的汉字一个个地读出来。我连忙夸他是个爱学习的好孩子,看书、认字都那么认真,并奖励他当了一回值日生,为大家服务。

做早操了,小家伙嘴里唱着"小苹果"的早操音乐,手也终于开始动了起来,虽然还是那么的不标准,但鉴于他的进步,我让他当了小小领操员,这一次的经历让他激动万分,在下午离园时兴奋地跑到妈妈面前,说自己当了一回小老师领操,心情非常激动和高兴。

熙熙的个子很大,力气也很大。我在搬桌子的时候中,他会突然跑过来搭把手,于是他又成了我的小帮手。我经常请这个大力士一起来帮着搬桌子、理书本,他的兴致越来越高,还时不时问一声:"我还可以帮什么呀?"

我一次次地去挖掘他身上的闪光点,并进行表扬和鼓励,让他在集体面前逐渐有了自信,避免了被同伴孤立、排斥,跟老师的交流也逐渐多了起来,时不时会分享自己的感受,分享自己的趣事。

3."霓虹灯式"的游戏激励。

再好动的孩子也会喜欢游戏,这是孩子的天性。为了增强他的自制力和自我约束能力,游戏的作用必不可少。

在"我们都是木头人"游戏中,验证了他一次次的成长与进步。从最初的只能坚持几秒钟,到后来接近1分钟一动不动,深怕被大灰狼抓走,他对自己的约束管理能力在逐渐增强。

"抢椅子"游戏也是他热衷的游戏。从一开始的无动于衷,到看到同伴赢了后的兴奋,最后自己也参与其中,听到音乐一停立刻抢坐最近的椅子,还取得了游戏最后胜利。这也让他懂得了遵守规则带来的快乐和有趣。

在丰富多彩的活动中,他逐渐懂得了只有遵守规则,才能更快乐地游戏。在老师和同伴的提醒下,他不但能尽量遵守游戏规则,而且努力完成个体甚至是团队的合作,让我为他一次次的成功而欣慰。

### C 辅导反思

从本案例中,我在面对熙熙的多动行为时,首先摆正了自己的心态,不是一味地指责、嫌弃,而是选择了用爱去包容,用心去发现,用情去融化,用游戏去督促,逐渐消除了孩子对陌生环境的恐惧感和焦虑,换来了孩子的安全感和对老师的信任感,促使孩子的多动行为逐渐好转。

但我也发现,孩子的多动行为时常会反复,也具有多变性,所以班内的老师要统一思想一起努力。同时,对孩子的教育光靠幼儿园还不够,还需要搞好家园合作,及时与家长沟通,争取家长的支持和配合,通过家园合作一起促进孩子的成长,让多动逐渐变成甜蜜的负担!

作者单位:宁波市江东区托幼实验园

# 一通神奇的电话

周 霞

## A 辅导缘起

记得刚毕业那年,我带的是中班,有一个调皮捣蛋的小男孩叫涛涛,所谓"调皮捣蛋"便是他经常会搞恶作剧、上课不遵守纪律做小动作、下课总是喜欢欺负其他孩子,还时不时地去乱涂乱画、破坏环境,但有时又会亲热地围在我身边"拍马屁",真让我觉得对他又爱又恨。

有一次,跟他妈妈交谈后了解,爸爸和妈妈分别开厂,都忙于工作,根本管不了孩子,平时都是外婆带着的,所以在他语言发展最迅速的时期,缺少沟通,甚至忽略了涛涛的各种表现。孩子在平日里,一哭一闹,想要什么就会给他什么,妈妈觉得亏欠了他很多,只好用金钱来满足他的需求。一日复一日,父母的忽视,外婆的溺爱,导致涛涛心理起了变化,总是以不寻常的方式表现自己,以引起别人的注意。如上课时,他突然躺倒在地,手指着天,说着一些跟上课无关的话,让旁人不知所措,大家渐渐拒绝跟他玩,他变得更加孤立。该用什么方法让他扬长避短呢?这是让我常思考到头疼的事情!

而一通"神奇"的电话,却使我和他之间有了微妙的连通关系……开启了心理热线辅导之路。

## B 辅导节点

1. 忘记的剪刀,受伤的心。

一天早晨,涛涛妈妈送他入园的时候告诉我,说他昨天回家哭了,不想上幼儿园,因为老师不喜欢他了,连上手工课的时候都没有发剪刀给他,问我为什么不发给他?听到这些话,我心里非常内疚。回忆当天,涛涛因为拿着剪刀一会儿剪人家的头发,一会儿又把小朋友的手工纸剪破了,我多次提醒无效后,把他的剪刀收了起来。上手工课时,我们班剪刀正好少了一把,于是便没有发给他。放学时,小朋友们都带着完成的作品回家,而他由于没有剪刀就没有做。他觉得老师不喜欢他了,心里感到很委屈。

我到家以后,反思了自己的做法,可能因为孩子的性格问题,我无意中忽视了他,给他造成了很大的伤害,我该怎么做呢?当面跟他交流,对他来说可能会紧张,而打电话或许更温暖人心。

### 2. 神奇的"电话",温暖的心。

我:"涛涛,你好。很意外老师会给你打电话吧?我想跟你说声抱歉,因为你的调皮捣蛋老师没收了你的剪刀,后来,是老师工作的疏忽,忘记还给你剪刀,让你没有完成作品,真是对不起。

涛涛,其实老师很想跟你谈谈心里话。你是一个有自己想法的孩子,上课的时候,虽然你古灵精怪,奇思妙想,但对于老师提出的问题,你都有独特的想法,老师也非常喜欢你。"

涛涛:"可是,你昨天不喜欢我,没有发给我剪刀呢。"

我:"昨天是因为我们班的剪刀少了一把,而你又拿着剪刀在做危险的动作,老师因为关心你的安全,就收起了你的剪刀。你觉得自己那样做对吗?"

涛涛:"嗯,那是我不对!我不应该拿着剪刀做出危险的动作,但我是想跟他们玩呀!"

我:"跟小朋友玩的方法有很多,你可以跟他们聊聊天、做做游戏,平时的话,多帮助别人,少做一些伤害别人的事情,就像这次,换了你被别人剪了头发,你还愿意和别人做朋友吗?"

涛涛:"不愿意,老师我知道错了,下次我会改正的,再也不拿着剪刀乱玩了。"

我:"没有及时跟你解释,是老师的不对,本来让你去别的班级借一把来就没事了。后来小朋友都让老师帮忙粘作品,老师忘记跟你说了,你能原谅老师吗?"

涛涛:"嗯,那好吧。"

我:"以后老师要是再犯错误,你可要提醒老师哦。不过,你平时在班里老是欺负小朋友,这样可不好,如果你能和大家好好相处,一定会有很多小朋友喜欢你,这样你会更棒的!今天,老师也犯错误了,我们一起改正,互相监督好吗?这是我们之间的秘密。"

涛涛:"好。老师,那我以后也改正,不欺负小朋友了。"

我:"那一言为定,再见。"

### 3. 奇迹的转变,纯真的心。

几天后,涛涛妈妈碰到我,说孩子很高兴,逢人就说老师打电话给他了,而且跟妈妈说他和老师之间有个秘密,以后会和老师一起改正错误,自己也不会欺负小朋友了。

之后,我经常用打电话的方式和他进行沟通。通过一段时间的观察,我发现涛涛真的变了,小朋友告状也少了,以前不喜欢他的小朋友偶尔也会和他一起玩了。上课的时候,我发现他抬头挺胸,信心十足的样子,比以前也认真多了。如今他看我的眼神都是很开心的,觉得自己在老师的眼里是最棒的小朋友。

### C 辅导反思

原来一通电话也能有如此神奇的力量！我感叹涛涛的变化，不禁反思自己的教育行为……

平时，我常用老师的权威震慑孩子，很少给孩子说话的机会，这次，一件不经意的小事，却给孩子带来了严重的心理伤害。这样的教育对孩子而言，多了一些压力，少了一些理解；多了一些距离，少了一些沟通；多了一些权威，少了一些尊重，从而使我的教育多了一些遗憾。

而通过跟涛涛打电话，让我们之间原本隔阂的心，发生了微妙的变化，在这通电话里，让他感受到了老师传递给他的爱和信任，让他发现自己是被关注和肯定的，通过一次次平等深入的沟通，电话让我们的心灵靠近……

所以我把打电话的窍门概括为"三心二意"，"三心"：正视孩子的问题，用"苦心"去教育孩子；理解和尊重孩子，用"窝心"去感化孩子；善于挖掘闪光点，用"多心"去赏识孩子；"二意"：用诚心串起"如意"，让教育更透明；用恒心唤起"爱意"，让教育更纯粹。

作者单位：宁波余姚市实验幼儿园

# 回归平静

王 燕

### A 辅导缘起

同同是我班的一个调皮捣蛋、自控力差，且语言表达能力弱，常有攻击性行为的男孩儿，比如说看到喜欢的东西就想马上拿到手，如果别人不想给他，他就打人。中午睡觉时别的孩子都能很快入睡，他却在床上乱动，还要拿着棉花等毛绒物放在嘴边舔。集体活动时没有纪律性，常常离开位置或带着椅子随意移动。不管老师说什么他都置之不理，不管发生什么事他都事不关己，跟其他调皮的孩子相比，同同的动显得有点盲目。

心理学上所谓的盲目多动(ADHD)又称注意力缺陷多动症，或脑功能轻微失调综合症，是一种常见的儿童行为异常疾病。这类患儿的智力正常或基本正常，但学习、行为及情绪方面有缺陷，在家庭及学校均难与人相处，日常生活中常常使家长和教师感到束手无策。许多研究表明，幼儿的盲目多动行为不仅会影响亲社会行为的发展,阻碍幼儿良好道德的形成。如果任其不断升级,就容易产生不良的人格,在其以后的发展就有可能出现人格障碍或心理疾患。

基于上述原因,为了能让同同逐渐进步,改善各种不当的行为,我做了以下有针对性的辅导。

### B 辅导节点

#### 1. 游戏情景化解尴尬。

在欣赏三拍子舞曲时,我设计了模仿小鱼的环节,让幼儿感受乐曲的强弱拍。大多数孩子在音乐中自由地游动着,只有同同先是别扭地走了两步,接着便站着一动不动地看着周围的同伴,最后索性躺倒在地上。

"怎么了?这条鱼怎么游不动了?"

"我——是条——死鱼。"同同躺在地上一本正经地说。

我当即一愣!聪明而调皮的同同把自己比作一条死鱼,既回避了不愿做小鱼动作这个事实,又表明了自己还是在参与老师组织的游戏,真是独特!

可是,如果都如同同这般,紧接着真的会有许多条"死鱼"躺在地上,那可怎么办?因为模仿是孩子的天性啊!这条意外的"死鱼"让平静的教学现场泛起了涟漪。怎么平息呢?

我灵机一动,依然用游戏语言故作吃惊地说:"哦!对呀,池塘里是会有死鱼的,我得赶紧把死鱼舀出来!"

于是,同同被我"舀"到一边。看着自己即将失去游戏的机会,同同显然有点不高兴了……

于是,他嬉皮笑脸地对我说:"我刚才是假死,不是真的。我在睡觉呢!"

还没等我回答,同同已经飞快地"游"回池塘去了。就这样,"死鱼"复活了。

经过情景游戏式的教学,也让同同明白了盲目的行为所要付出的代价,知道如何控制自己的不良行为。

#### 2. 抓住契机家园合作。

在一次区域活动中,孩子们都在自己喜欢的区域内游戏。同同在建构区搭建高楼大厦,同同好像在寻找着什么,说时迟那时快,同同的手伸向旁边的宁宁,把他手中的积木夺了过来。宁宁双手拼命地抓着自己的积木。同同一看,双手用力一推,硬生生地把宁宁推倒在地板上。"哇"的一声,宁宁忍不住号啕大哭起来。我看见后安慰了宁宁,并和同同交谈一番,终于同同低头道歉了,这场风波平息下来。

事后,我和同同妈妈进行了沟通,由于孩子在家都是"小皇帝",一不合他心意就会发脾气,常常把所有的不高兴转嫁给奶奶。经过老师和家长的配合教育,同同类似的行为也得到了一定的控制。

**3.倾听"画言"了解童心。**

有一次举行语言生成活动"有趣的种子",当故事讲到一半时,我提出问题:"胖胖猪把西瓜籽儿吃到肚子后,到底会发生什么事呢?"孩子们都在热议着,而同同却还沉浸在故事中。接着,我请孩子们用画笔告诉我问题的答案。

其他孩子都很开心地画了起来,只有同同拿着笔的手似乎在犹豫,他在纸上比画了好一会儿后,终于画了起来。不一会儿,同同画好了,我看得出他对自己的作品很没有信心,不敢将他的作品拿给我看。

从同同作品中画面的位置、不断改变的笔触,不难看出同同在整个绘画过程中没有自信。但令我高兴的是,沉浸在童话世界里的同同这次画的作品富有想象力,他认为吃下西瓜籽儿的胖胖猪的头上会长出一棵西瓜树来。于是,我在小朋友面前把同同夸奖了一番。

作为教师,理解儿童的绘画作品是了解幼儿的一种良好途径,特别是那些在语言表达能力方面有所欠缺的儿童,学会倾听他们用绘画这种无声的"语言"表达的内心世界,了解他们的想法,用积极的方式去引导他们,从而帮助幼儿解决在情感与人际关系等方面的困扰和问题。

## C 辅导反思

经过情景游戏式的教学、家园协作、倾听童心等辅导,现在的同同已经不再是以前的同同了,课堂的盲目多动、游戏中的攻击性行为等逐渐减少了……现在的他,正在逐渐"回归平静"。在平时,他会把家中的玩具、零食带来与大家一起分享,也慢慢地会用正确的方法与小朋友交往了;上课时那把会"移动"的小椅子没了,小朋友也愿意和他一起游戏,愿意把自己的玩具和他一起分享。

当幼儿的认知水平提高了,我们要促使幼儿在行为和认知上保持统一,让幼儿懂得辨别是非、对错,为幼儿的成长奠定基础。当幼儿的亲社会行为增加了,我们要引导他们学会用正确的方法来解决事情,以积极的行为代替消极的行为,促使幼儿健康地发展。作为幼儿园教师要把儿童作为真正的单独的个体去认识,而不是盲目地乱贴"标签"了事,只有这样,我们才能真正地做到尊重儿童,关怀童心!

作者单位:宁波市江北区实验幼儿园

## 40 寻找一条通往安静的路

董珂璐

### A 辅导缘起

阳阳是我们小四班里新来的孩子,刚来的几天里一直爬桌子,一会儿上,一会儿下,看起来特别兴奋。在上课的时候他也总是喜欢自娱自乐,一会儿大声地笑,一会儿大声地啊啊叫,而老师向他提问时他又不回应。户外游戏活动时,他总是喜欢在操场上疯跑,不愿意和大家一起游戏。睡觉的时候也总是玩被子、枕头,还大声地自言自语影响大家睡觉。

经了解得知,阳阳的父母工作比较忙,平时由外公外婆抚养,父母只是偶尔去看看孩子。在与外公的交谈中,我们发现外公文化程度不高,阳阳不听话时,他总采用粗暴的手段,从来不和他讲道理。久而久之,阳阳也模仿外公的行为来表现自己。这类盲目多动的孩子,基本上都是孩子缺失了父母的管教,父母没有培养孩子良好的生活习惯与规则意识,采取放任态度造成的。经过几天观察,我们发现阳阳对巧虎动画片中的规则标记特别感兴趣,而各种标记能形象地告诉他应该遵守的规则等。看到这些,我决定制作一些标记张贴在班级,帮阳阳寻找一条通往成功的路。

### B 辅导节点

要帮阳阳寻找到一条成功的路,从收集资料、探索发现和维护保养这条路上先进行辅导。

**1. 设计标记,吸引注意。**

针对小班这个年龄段孩子从喜欢、熟悉的东西入手,如花、小动物等,我从网上和书上收集了一些标记,自己也设计了一些,这些标记设计简单、色彩鲜艳,又非常形象。如洗手台张贴的花朵形状的洗手步骤图、茶柜上张贴的喝水适量图、图书架里张贴的安静标记与放书本大小标记等。为了让阳阳认识这些标记,我特地组织幼儿进行了一次"会说话的标记"活动,阳阳对这些标记非常感兴趣,集中注意力很长时间,我在课上鼓励阳阳和我一起说标记的作用。一节课下来,阳阳没有再大声喧哗,而是安静地听课。经过一周的辅导,慢慢地,我发现阳阳似乎安静了一些。

**2. 投入标记,激发探索。**

因为阳阳对标记感兴趣,所以我决定让阳阳来贴这些标记,在贴的时候顺便和他交流标记的作用。阳阳对这个任务非常喜欢,他在教室墙面上贴安静的标记、在午睡室贴安静闭眼睡觉的标记、在卫生间贴慢走的标记、在洗手台上贴六步洗手法标记、在教室地板上贴上课区域的标记等,每贴一个标记,阳阳就加深了对该标记的认识。

在接下来的一日活动中,我用会说话的标记来约束阳阳的多动的行为,如阳阳在吃饭的时候喜欢用手抓,我指着墙面上吃饭标记,告诉阳阳吃饭要用勺子舀着吃,他看看标记马上拿起了勺子吃饭……渐渐地,他养成了良好的习惯。

小小的标记帮助并改变了阳阳的一些行为习惯,他和这些小标记已经成了好朋友,可是贴在教室里的标记总是会随着时间的推移慢慢地损坏、丢失。一次,在喝水区的地上,原先贴好的排队喝水的小脚丫标记不见了,原来是小朋友们在喝水排队时不小心蹭破了,阳阳指着那个地方又生气又伤心。我看到后心里非常困惑:"难道有形的标记要一直伴随着阳阳吗?怎样把有形的标记化成无形的?让阳阳不看标记也能自觉地规范自己的行为?"

我一边想着一边安慰阳阳,告诉他小标记已经完成了自己的使命(阳阳已经会排队喝水了),它要飞去别的需要帮助的小朋友那里了,他听着似乎明白了。在后续的辅导上,我观察阳阳的表现,并有意识地慢慢撤去一些小标记,如吃饭安静的标记、洗手台六步洗手法的标记等。阳阳看到后开心地对我说:"老师,又有两个小标记飞去帮助其他的小朋友了。"我摸着阳阳的头说:"是啊,说明你已经学会了安静地吃饭、正确地洗手了。"

辅导持续了三周,阳阳现在基本上能够管住自己,能和大家一起上课、一起玩游戏、安静地睡觉了。

*3.维护保养,巩固效果。*

进入辅导的最后阶段,阳阳渐渐地习惯了班级的一日活动,有了一定的规则意识。为了加强效果,我帮忙给阳阳找了几个好朋友,在好朋友的带领下,阳阳慢慢地融入了集体,不再大叫、乱跑了,能和大家说说笑笑、一起游戏了。

父母是孩子的第一任老师,父母的正确引导和教育对孩子至关重要。为了巩固效果,我专门找阳阳的妈妈谈话,让阳阳的爸爸妈妈多抽出时间来陪孩子,多养成好习惯,并让阳阳的外公也改变教育方式,多和阳阳讲道理,少用武力解决问题。阳阳的妈妈和我谈话之后,非常重视阳阳的教育,现在每天早上能做到亲自送阳阳来园,休息在家时也多陪他看看书,培养他安静的能力,还在一面墙上做了星星榜,用来记录阳阳在家的表现。经过一个月的辅导,我发现阳阳变得开朗了,能和大家一起游戏、一起学习,基本上能遵守班级的各项规则。看到阳阳有了这么大的变化,我和他的家人都非常高兴。

**C 辅导反思**

经过一个月的辅导,我欣喜地在阳阳身上看到了进步,在小标记的指引下,阳阳各个方面的行为收敛了很多。如现在的他上课注意力集中多了,对于我在课上提出的问题,也能积极地举手回答,虽然语言表达不是很完整,回答问题时速度很慢,但是我都耐心地等他说完,然后给他一个积极的回应,使阳阳更加有信心了。教师要对孩子多些耐心,以宽容的心态,给后进的孩子足够的时间,帮助他们寻找一条能达到预期目标的成功之路。

在接下来的时间里,阳阳已经能自觉地规范自己的行为,不用再依靠看标记来约束自己,已经能把有形的标记化为内心无形的标记,养成了良好的行为习惯。我想只要教师能坚持做个有心人,尊重幼儿,一切从幼儿的角度出发,相信阳阳在这条路上就能早日取得成功!

作者单位:宁波市镇海区庄市街道中心幼儿园

##  我是小公主

孙霞杰

### A 辅导缘起

"星星真的让人头疼,从来不午睡还要故意蹬床吵得别的孩子也不能入睡。""永远只有欺负别人的份,别人碰她一下就不得了。""她的妈妈从来只相信自己女儿说的话,非常偏袒她。"在正式接手星星所在的班级时,大家对她的评价是——自我、霸道、不懂事。

第一天见到她,大大的眼睛,雪白的皮肤,眼睛里透着一股灵气,是个小美女,很难想象这样的孩子会让人这么头疼。但问题很快来了,排队突然打人,教学活动时爱讲空话,喜欢发出怪声扰乱集体秩序……

经过了解,发现星星有个让人心疼的背景:她是被现在的父母领养的,由于病魔夺走了养父母的孩子,因此他们对星星出奇地疼爱,要什么给什么,千依百顺,甚至对老师的劝诫也不以为然。正是养父母的溺爱,才导致星星成了一个自我、傲慢、无礼的孩子。若是现在不改掉她身上的坏习惯,势必会影响她的将来。

### B 辅导节点

1. 我是小公主。

区域活动时,星星在认真作画,一会儿构图,一会儿上色,三两下看似两棵高高的树跃然纸上。我问她画的是什么,她很认真地告诉我:"这是一面魔镜,只要念一念咒语就可以去童话世界,但是它被前面这棵大树挡住了……进入这面镜子,你会

看到很多宝石,非常漂亮。"我微微一笑,摸了摸她的头,她也回应我一个可爱的笑容。在活动结束后,我特意让她在孩子面前讲一讲这面"魔镜",她很大方地讲了起来,这一次她增加了一个情节,说自己是公主,穿过这里可以去城堡。她的异想天开引来了孩子们阵阵笑声。我表扬了她,赞美她就是个美丽的公主:"当然,美丽的公主不仅仅只有美丽的容貌,而且她还有礼貌、懂谦让,更懂得爱护别人,你想做真正的公主吗?"她坚定地点点头。"那我们约定,有事情学着和别人商量,安静午睡不打扰别人,好不好?"这一次她没有回答我,但是从她的眼神中我知道她意识到了自己的小毛病。事后我和星星聊天,我再次赞美了她的画,夸奖她是个很有想法、很聪明的孩子,当我问及老师夸奖她,她是什么感觉的时候,星星轻轻地说了句:"我觉得很开心,很温暖,就像太阳照在身上很舒服。"我开始喜欢和星星聊天,因为我也很温暖。

2. 聊聊小心事。

一次集体活动课上,对于我的问题,孩子们都积极举手要发言,我请了兰兰发言,等兰兰说完,我表扬了兰兰的大胆和观察力,星星立马不屑地接上:"我就知道是这个答案。""那你也非常棒,但是有什么方法可以让老师知道你也知道这个答案呢?""举手。"星星立马接上。"对了,我们要学会高举我们的小手,然后发表自己的意见,你说对吗,星星?"星星一言不发,随后我就发现她不是摆弄自己衣服就是去打扰别的小朋友。活动结束后,我找星星聊了聊:"刚才的问题你也回答得很好,如果以后学着举手发言就更好了。星星,当老师表扬其他小朋友的时候,你心里是什么感受?"她沉默了几秒钟后却说:"这个我也会的。"看到一脸不服气的星星,我微微一笑,孩子的可爱就在这里。"好的,那以后老师每天都表扬你一次,但是只在你做得好的时候。"星星两眼发光,咧着嘴笑了。

3. 做个小蜜蜂。

在建构室孩子们都玩着积木,我任由孩子们把积木洒落得满地都是,看到好几种积木混合在一起,我也没有去制止。结束后,我要求孩子们收拾自己的积木,并进行分类。孩子们一个个动起手来,片刻之后,建构室里的孩子渐渐少了,很多已经穿好鞋子站在门外等老师。只剩几个孩子还在收拾,我看到了星星的身影,我抓住机会说:"你们看,星星收拾得真不错,老师真喜欢星星。"在她的影响下,好几个已经穿好鞋子的孩子又返回建构室和她一起收拾。星星看到地上的泡沫垫脱离后,也跑去一块块地拼好。我说:"星星,你已经收拾得很好了。我们现在要去吃午餐了。剩下的请大妈妈(本地方言,即保育员)来整理吧。"她看看收拾好的建构室,对我说:"老师,我觉得这样已经很干净了,你跟大妈妈说不用来收拾了。"我顿时觉得好暖心,摸了摸她出汗的额头,竖起了大拇指,当着全班孩子的面大大夸奖了她,她露出更开心的笑容。

**辅导反思**

每个孩子都有自己的闪光点，面对这样一个让全园老师头疼的孩子，我却发现了别人不曾看到的一面——自主、勇敢、有想法。我很庆幸自己没有戴着有色眼镜去看她。她会推人，是因为不喜欢嘈杂的环境，只是不懂正确的方式；她爱捣乱，无非是想引起别人的注意。

星星是个非常需要别人去关注的孩子，从小就受到养父母百分百的关注，到幼儿园这种百分百关注失去了，她有点不适应。我愿意关注她，给她机会展现自己，星星渐渐学会了用自己的表现去赢得老师和同伴的夸奖，她身上的优点一点点地显现出来：极好的观察力、与众不同的想法、完整的语言表达。

在辅导过程中，最大的困惑自然来自家长，面对视孩子为一切、一切以孩子意愿为主的养父母，怎样让他们和老师配合是个关键。我曾多次与家长交流，家长也承认比较溺爱孩子，原因就是亲生孩子的失去对他们打击太大，现在所有希望都寄托在星星身上。我对此表示同情和理解，但同时也告知家长，过分溺爱、偏袒反而会害了星星。我们能做的就是家园合作，共同配合，挖掘孩子身上更多的天赋和优点。在多次交流后，家长终于渐渐认可了我的做法，虽然改变不是一朝一夕的事，但是只要有目标有行动，就会离成功近一步。

作者单位：宁波慈溪市坎墩街道实验幼儿园

# 42 约定

陈海俏

## A 辅导缘起

4岁的男孩坤坤，个子不高，白净的脸上一双并不算大的眼睛总是快速扫视周围。坤坤动作灵活，喜欢爬高爬低，他不喜欢别人触碰他的身体，甚至不喜欢和老师、小伙伴牵手，自己却经常挤压别的小朋友，把小朋友惹哭后，就迅速跑开。坤坤对于自己的行为每次都能承认错误，但一眨眼的工夫又恢复老样子。

坤坤的注意力不能集中、过多小动作、易冲动，坤坤盲目多动。

盲目多动是一种不良的心理状态，往往带来恶意破坏、攻击和对立的后果，对孩子正常的交往能力有不良的影响。为了让孩子对自己的行为有一个正确的认识，尝试自我控制、克服自己的盲目多动及冲动行为，我做了以下辅导。

## 心理辅导之盲目多动

### 辅导节点

**1. 爱的信任**

晨间区域活动时,坤坤在奶奶的陪同下走进教室,喊了声:"老师早!"就匆匆地奔向游戏区。他先在美工区心不在焉地翻画纸,遮住了旁边小美的作品,小美着急地说:"你干吗?"坤坤眼睛一瞟,毫不理会。接着,坤坤在各个区域间不停地转悠。最后,快速地绕开老师,来到建构区,麻利地脱下鞋子趴在地毯上,只搭了三块,就爬到一边把整箩筐的积木都倒出来。我走过去把坤坤抱在腿上,问:"坤坤,你这是干什么?"

坤坤:"我玩积木啊!"

我:"玩积木要拿一块玩一块。"

坤坤:"知道了!"

坤坤一边回答,一边用双手不停地掰着我的手,想要挣脱出去。

我:"你不喜欢老师抱你吗?"

坤坤:"喜欢的!"

我:"老师是因为喜欢你才抱你的,你一定会做好的,对吗?"

坤坤:"对的。"

终于,我放开手让坤坤回到了建构区。坤坤看到一大堆的积木马上用双手用力拨弄,撞倒了贝贝搭的房子。贝贝喊起来:"你弄坏我的房子了!"坤坤不但没有停止,反而越拨越用力,把贝贝剩下的房子也弄坏了。贝贝急得大叫:"老师!"我再次把坤坤抱在腿上。

我:"你刚才干什么了?"

坤坤:"我在玩积木啊!"

我:"如果贝贝或者别的小朋友把你搭的积木推翻了,你会怎么样?"

坤坤:"我会生气的!"

我:"对啊,所以坤坤玩积木的时候不能影响别人,能做到吗?"

坤坤:"能做到!"

我:"如果你做到了老师会奖励你小贴纸,做不到就不能玩积木了。行吗?"

坤坤:"行的。"

有时候,那些再平常不过的小贴纸,恰恰是"调皮"孩子眼中的宝贝,只需一个机会,一点信任,就一定会有作用。

坤坤再一次回到建构区,当坤坤把第一块积木放回箩筐时,我就大声地表扬:"坤坤真棒!谢谢你把积木送回箩筐。"坤坤抬起头,有些诧异地对我望了一眼,继续低头捡积木,动作非常快速,甚至把欢欢手中在搭的积木也抢过来往箩筐里放,欢欢把脸涨得通红,拽住不放。我马上说:"坤坤,不能影响别人搭积木!"坤坤望着我,不肯放手,我拿出小贴纸,说:"如果坤坤说到做到,老师就奖励你小亮贴!"看着我手中的小亮贴,坤坤马上把手从积木上松开直接伸向我手中的贴纸,我把贴纸举高说:"坤坤坚持好好玩,游戏结束了就奖励给你!"恰好,收玩具的小铃响了,我说:"现在该做什么呢?"坤坤:"整理玩具!"老师:"对,坤坤真棒!小贴纸等着你哦!"坤坤快速地收好积木并将箩筐送回了玩具柜。我再次表扬了坤坤,并将小亮贴贴在他的额头上。

我的关爱与信任,让坤坤的抵触情绪有了明显好转,爱的信任终于让坤坤觉得自己也有受到表扬的时候,萌发了自我控制的意愿,为调整盲目多动心理奠定了良好的基础。

2. 情的沟通。

午餐后是自由活动,坤坤一会儿跑到走廊上,一会儿跑进午睡室,趁老师、保育员不注意,还爬到了午睡室窗户上,我发现后,把坤坤抱下来拉在身边和他聊天。

我:"坤坤,你想当管理员吗?"

坤坤:"想!"

老师:"今天请你来帮老师管理小朋友,好吗?"

坤坤:"好啊!"

我:"如果小朋友离开位置,你提醒他坐下来,但要有礼貌不能动手,好吗?"

坤坤:好的!

坤坤开始了他的"管理工作",我则时刻关注着,发现坤坤用手推、拽小朋友时就及时制止,并告知正确的方法。就这样,坤坤中午的活动时间变得格外充实,没有在走廊或午睡室"疯跑"。

老师真情的沟通,给坤坤增添了交往的信心,对他不正确行为的及时制止,给他讲解正确的交往方法,让坤坤的行为不再盲目,而是变得有目的、有意义起来。

3. 行的坚守。

生活环节中,坤坤在盥洗室里玩水,我走过去说:"坤坤,别忘记小小管理员要做好榜样哦!"坤坤望着我关上了水龙头。

户外活动了,坤坤从教室冲出来,正准备往楼梯跑,我喊住他:"坤坤,请你帮老师管理小朋友排队,提醒后面的小朋友快点跟上队伍,好吗?"坤坤停下了脚步,回到班级门口并喊着落在后面小朋友的名字。

午睡时间到了,坤坤成了午睡管理员,我和他约定走路要轻轻的,提醒要轻轻的。最后,我说:"坤坤自己要睡觉了,应该怎么做?"坤坤:"眼睛闭好,不能说话,不能乱动!""坤坤要说到做到哦!"坤坤假装睡觉了10多分钟,又开始边挖手指、边自言自语,我说:"坤坤,不要影响其他小朋友睡觉,好吗?"坤坤继续假装睡觉,直到后来坤坤真的睡着了。

在每一次活动之前,我都事先和坤坤约定,说好等会儿应该怎么做,并随后关注他的行为,只要坤坤表现好就马上表扬肯定,一有不良行为就及时提醒制止。在我的耐心指引与坚持下,坤坤虽然有时候会冲动、会忘记,但我的提醒显得越来越有约束力了,这说明坤坤正在改变,正在努力尝试着回归集体。

### C 辅导反思

在辅导中,我时刻关注坤坤的情绪变化及行为苗头,当他出现盲目多动预兆时,予以爱的信任、情的沟通,并引导他正确认知生活常规,约束自己的行为。当坤坤产生盲目好动心理时,我在表示理解的同时,没有去强行制止,而是巧妙地应用换位思考,让孩子对自己的行为有所感悟,避免了孩子养成冲动、盲目、不屑他人感受的思维习惯。

在辅导中,我们也发现孩子的盲目好动心理会出现"多次反复"或"时而复发"的现象,而且一个孩子的盲目好动行为会带动几个甚至一群孩子的跟随模仿,给正常的生活学习活动带来诸多不良影响。因此,教师和家长应持续关注孩子的心理变化,针对不同儿童的个案情况,针对性地进行心理分析与辅导,用我们的爱心、耐心和孩子建立爱心约定,用我们的鼓励和坚守,为盲目多动儿童的成长保驾护航!

作者单位:宁波市宁海县实验幼儿园

# 我和你在一起

徐 萍

### A 辅导缘起

自进入中班以后,吉吉似乎变得更加随心所欲了,在每次的游戏、学习中总会此起彼伏地听到:"老师,吉吉把我的纸剪破了""老师,吉吉总是要来揪我的辫子""老师,吉吉把我的椅子拿掉了"……除了关于吉吉的告状声络绎不绝,有增无减之外,发现很多时候吉吉喜欢插嘴、在教室里大声尖叫、很难专注于某一件事情上,即使坐在椅子上也会出现扭动、晃椅子等现象。

与吉吉外婆交流得知,由于妈妈工作很忙,且父母的关系不是很融洽,吉吉从出生至今一直由外婆抚养,而外公又热衷于酗酒,吉吉的生活照顾、教育都落到了外婆一个人的身上。在外婆眼中吉吉是个可怜的孩子,因此在日常生活中她总会为吉吉包办很多事情,除此之外只要是吉吉想做的,外婆一般都不会干预,久而久之,家庭中其他成员的漠视、亲情滋养的缺失、外婆过度的溺爱让吉吉的心理起了变化,让他总不能很好控制自己的言行,一直处于"亢奋"之中,似乎只有这样才能体现出他的存在。吉吉的这种行为如果长此以往,任其自然发展,可能会转化为"单纯的活动过多和注意障碍",这势必会对孩子今后个性的形成、心智的发育、能力的形成、社交技能的学习等带来非常大的影响。

为了让吉吉能健康地成长,我决定与孩子一起手拉手、心连心开启"我和你在一起"爱的心理辅导。

### B 辅导节点

**1. 爱的包容。**

又到了个别化学习的时间,这也是孩子们最享受的时刻,似乎吉吉也很喜欢这个活动,一开始就立马选择进入了科学奥秘探索区,但没过多久就听到在创意工坊玩的乐乐大哭起来:"老师,吉吉把颜料弄到我身上了。"见我询问事由,吉吉显得局促不安。

我:"吉吉,你怎么把颜料弄到乐乐的身上去了?"

吉吉:"我也想玩。"

我:"那你有没有跟乐乐说,我们一起玩?"

吉吉:"没有,反正说了他也不会给我的。"

我:"为什么呢?"

吉吉:"他们都不喜欢我。"

我:"你没试过怎么知道呢?况且吉吉也有许多值得我们小朋友学习的地方,比如从来不挑食对吗?"

吉吉:"嗯……"

我:"老师觉得,如果吉吉提出来一起玩,小朋友也是非常乐意的。"

吉吉:"嗯……"

我:"下次,玩的时候你可以试一试。现在我们一起来把乐乐的衣服变干净好吗?"

我以爱为基点,从包容的角度看待吉吉所犯的错误,并与他一起从侧面分析了事情之所以变成这样的原因,并适时提出了解决方案。通过两周包容策略的实施,使吉吉的心理有了从反抗、对峙到融合的过渡。

**2. 心的共鸣。**

在年级组的亲子运动会上,看到别的爸爸妈妈都带着自己的宝贝参与到各种游戏中去,而吉吉的爸爸妈妈都彼此推托工作忙要出差,只有外婆来到了现场。我事先预计到了这样的情况,就说服自己的先生来幼儿园帮我一个忙。

活动开始了,只见吉吉一会儿尖叫,一会儿把小朋友绊倒,一刻也没闲着。看到这种状况,我跟在场边观看的先生商量后,立马走过去:"吉吉,爸爸妈妈没来吗?""嗯……"原本活跃的吉吉突然蔫了。"那今天徐老师和我丈夫当你的妈妈、爸爸,我们一起游戏,你觉得怎么样?""真的?那我们肯定能得第一了。"吉吉又蹦又跳高兴得手舞足蹈。

在游戏现场,他都紧紧地粘着我俩,且超级听我们的指令,让我们看到了一个不一样的吉吉,也不禁让我触动,这孩子对亲情有多么的渴望呀。

通过这次活动,吉吉似乎特别喜欢我,也爱听我的话,在我组织的活动中,虽然也有好动调皮的时刻,但只要我发出一些肢体暗示,他就能马上收敛。

3. 情的渲染。

每个孩子最喜欢过生日,可据外婆说,有好几次吉吉过生日的时候,爸爸妈妈说着说着就吵起来了,后来吉吉就不要过生日了。可我却想用这个孩子曾经伤痛的生日会,重新打开孩子的心扉,让他感觉大家在一起的幸福感。于是在吉吉生日的前几天我特意在茶室约见了他的爸爸妈妈,在反馈孩子现状的同时,我从孩子的角度,希望爸爸妈妈在情感上给予孩子支持,并恳请他们抽空一定来参加班级为吉吉准备的生日会。在生日会现场,看到拿着礼物手牵着手温馨出场的爸爸妈妈,吉吉的小眼一亮,小嘴一咧,"爸爸!妈妈!"高兴地扑了过去,眼泪也顺势流了下来。看着老师买的大大的、美美的蛋糕,听着小朋友"吉吉祝你越来越帅""吉吉,下次我生日请你到我家来玩""吉吉生日快乐,其实大家还是挺喜欢你的"……吉吉的眼圈又开始红了。

一次老师、爸爸妈妈与孩子共同的温情之旅,让吉吉感受到了大家的爱,感受到了大家在一起的幸福,也愿意慢慢打开紧闭的心扉。虽然他还不能较好地控制自己的言行,但我看到了他已在努力地克制。

## C 辅导反思

一百个孩子就有一百种语言,而吉吉因为家庭爱的缺失,让他有了用另一种语言来引起别人关注的念头。在整个辅导过程中,我用爱包容孩子所犯的错误,融化他对他人的对立情感;用心关注、捕捉他的需求点,并及时地给予回应、关怀;用集体的温情,融化他对大家的隔阂、猜忌,让他学着慢慢地把握自己,融进我们的大家庭。

但在辅导过程中也发现了一些问题,首先,吉吉的行为具有较强的局限性,即在我面前能有意识地收敛,控制自己的言行,而在我的视野范围之外,则只有小步改善,唤起其他老师对其的同理心将是下步需要完成的任务。其次,吉吉的转变需要同伴群体的积极支持,而其他孩子的情感也处于需要老师的调动中,因此如何协调同伴与吉吉的双向互动,将成为班级的重点工作之一。再者,吉吉属于持续性多动,在家也有此状况,针对吉吉家庭的具体情况,如何吸引、指导家长参与到我的辅导中来,从而做到家园步调一致也是个值得思考的问题。

作者单位:宁波市红旗幼儿园

# 心理辅导 之
## 同伴嫉妒

# 和嫉妒说再见

罗建丽

## A 辅导缘起

5岁的女孩聪聪长得眉清目秀,她活泼开朗,能歌善舞又能言善辩。在幼儿园的各项活动中都表现出挑,赞扬声也总是围绕着她。大班下学期,老师发现聪聪开始频频出现一些现象:当老师青睐别的小朋友时,她会用语言诋毁同伴;当比赛输给小伙伴时她会不服气,故意跟别人找茬;当自己不被重视时,她会口出恶语。这些都在悄悄地告诉老师,聪聪出现了嫉妒心理。

嫉妒是一种比较复杂的混合心理,其中含有焦虑、猜疑、敌意、怨恨、羞耻等成分。它是一种不健康的心理状态,带来的后果往往是恶意竞争、攻击和对立,嫉妒心理对孩子之间发展正常的交往具有不良的影响。

聪聪之所以会出现嫉妒心理,跟她长期的优越性有关,她总是处在优秀的光环下,凡事想争第一,凡事都想先满足自己,她总希望自己是人群中的焦点。

为了让孩子对自己对他人有一个正确的认识,可以悦纳别人、克服自己的嫉妒心理,我们做了以下的辅导。

## B 辅导节点

1. 及时共情。

午餐时间快到了,保育老师请豪豪分调羹,聪聪一看没选择让她分,马上大声地说:"豪豪很笨的,不会分的,我来好了。"豪豪听到后低下了头。保育老师说:"请豪豪试试吧。"聪聪很生气,对旁边的小朋友说:"你看他笨手笨脚的样子,肯定分不好!"在豪豪分的过程中她的眼睛一直盯着他,翘着嘴一副不屑的样子。

老师把聪聪拉到一边:"你看到老师没有请你分调羹,心里有点难受是吗?"

聪聪:"是的,豪豪没我分得好!"

老师:"你觉得你比豪豪分得好,老师却没有叫你分,你觉得失望了是吗?"

聪聪:"是的!"脸上流露出委屈的神情。

老师:"那我们一起去看看豪豪分得怎么样,好吗?"

老师和聪聪一起观察豪豪分调羹……

老师:"你觉得豪豪调羹摆的整齐吗?"

聪聪:"有一点点整齐的。"

老师:"老师觉得豪豪动作轻轻的也不错呢。"

聪聪:"他用手拿着调羹的柄,没有把调羹弄脏。"

老师:"聪聪真能干,发现了豪豪的优点!"

聪聪很认真地说:"他还小心地把调羹放进汤碗里呢!"

老师向聪聪竖起了大拇指……

老师及时的共情让聪聪嫉恨的情绪得到了宣泄,巧妙地引导让聪聪对豪豪的"分不好"有了新的认识。

2. *直面嫉妒*。

皮球比赛激烈进行着。轮到聪聪了,小女孩铆足了劲,一举获得一分钟130下的好成绩,和煜煜等三个小朋友并列第一。可老师却宣布由煜煜他们三个小朋友代表班级去参加幼儿园的比赛。聪聪听了小脸涨得通红,抬起一脚把皮球踢飞了,双手交叉放在胸前,眼睛瞪着煜煜他们,头往后甩,嘴里还发出"哼!哼!"的声音。

老师:"聪聪你怎么了?"

聪聪大叫:"第一名是我的,我才是第一名!"

老师:"你也得了第一名,老师却没让你参加比赛,你觉得这不公平,你嫉妒其他小朋友了,是吗?"聪聪终于忍不住大哭起来。

老师抱着聪聪,待她稍稍平静时,老师告诉聪聪老师曾也有过同样的心情:当老师通过很多努力却没有被选上去参加上课比赛的时候,老师也会嫉妒同伴,但是老师不会因此而乱发脾气或者感到难过……

老师的自我开放让聪聪明白原来老师也嫉妒。随后老师告诉她,任何一个孩子都不可能一直得到和别人完全相同的待遇,因此必须学会接受。

3. *正确导向*。

豆豆要过生日了,豆妈打算请几个小朋友到家里跟豆豆分享生日快乐。聪聪满以为豆豆一定会邀请自己参加生日会,结果,却没有在被邀请之列。被邀请的小朋友们开心地为豆豆准备着礼物,聪聪满脸的不高兴,这几天也不理睬豆豆,还在小朋友面前说:"豆豆和豆豆妈妈都是小气鬼,我们大家都不要理她!"

老师:"聪聪能告诉老师,为什么不高兴吗?"

聪聪:"豆豆生日都不请我去参加,她是小气鬼……"

老师:"老师看到你因为没有被豆豆邀请参加她的生日会有点委屈。"

聪聪倔犟地说:"我才不稀罕呢!"

老师:"能跟老师说说,你上次生日的时候都请了谁呀?"

聪聪:"莹莹、皓皓……"

老师:"哦,聪聪过生日的时候也不是把小朋友们都请来了是吗?"

聪聪:"是呀!"

老师:"是聪聪不喜欢没有被邀请的那些小朋友吗?"

聪聪:"不是的。"

老师:"那一定是聪聪你太小气了!"

聪聪:"不是的,不是的!是人太多家里坐不下了呢!"

老师:"哦,老师明白了,聪聪是因为家里坐不下那么多的人才没有请太多小朋友去过生日的呀!"

聪明的聪聪若有所思地低下了头……

老师与聪聪巧妙的对话让聪聪明白了不是因为自己不受欢迎而未受邀请,也不会因此而嫉恨那个过生日的小朋友了。

### 辅导反思

辅导中,老师时刻关注着聪聪的情绪变化,当她出现嫉妒心理时,予以及时共情,引导宣泄;并引导她正确认知伙伴、悦纳伙伴。老师让聪聪知道大人也会嫉妒,要正确面对嫉妒。当聪聪产生嫉妒心理时,老师在表示同情的同时,没有去强调孩子的立场,而是巧妙地应用对话的技巧,让孩子对自己的想法有所感悟。避免了孩子养成动辄归咎于他人的坏习惯。

在辅导中,我们也发现孩子的嫉妒之心总有着"野火烧不尽,春风吹又生"的趋势,有的孩子一段时间后有可能又会重燃"嫉妒之苗",因此教师和家长应持续关注孩子的心理变化。用我们的爱心和耐心,让孩子和嫉妒说再见!

作者单位:宁波市江东区常青藤幼儿园

# 小怡变了

朱丹喜

### 辅导缘起

小怡是中班能力较强的孩子,聪明漂亮。在小班时,由于她是复读生,所以在活动中,她的表现很突出,渐渐地成为同伴们心目中的榜样,许多孩子都爱和她交朋友。升入中班后,面临各种新的挑战,孩子的优势似乎不那么明显了,一度出现情绪波动,不愿上幼儿园,一个月后才渐渐适应了中班生活,又重新活泼快乐起来。

她常常对穿得比自己漂亮的同伴恶意评价、对获得老师表扬的幼儿当众揭发缺点,这些都体现出一种消极的心理现象——嫉妒。嫉妒所产生的过激恼怒情绪可能导致中枢神经系统和内分泌系统功能失调,也易引起多种身心疾病,所以说嫉妒心理是不可取的,它对个人、集体和社会起着耗损作用,是一种于团结、友爱非常不利的情感。

我了解到,小怡的妈妈平时对孩子的教育是比较严格的。据她奶奶说,妈妈在与小怡的相处中经常批评,很少表扬,也从不溺爱孩子,所以孩子在妈妈面前特别乖巧。同时,她也很在乎妈妈对她的评价,只要妈妈说别的孩子好,她心里就会不舒服,甚至会偷偷地去作弄那个孩子。

我对小怡做了心理辅导,希望小怡会有所改变。

### B 辅导节点

**1. 温馨的家。**

互相尊重、团结友爱、谦逊客让的环境气氛,是预防和消除孩子嫉妒心理的重要基础。于是我建议小怡妈妈改变一些教养态度,和孩子建立良好的亲子关系,让孩子感觉自己被疼爱、被肯定;建议妈妈利用合适的绘本书籍,每天晚上孩子入睡前,和孩子一同在床上翻阅,初步建立起平等的对话空间;建议周末妈妈陪小怡一起玩过家家,在玩耍中了解自己孩子的喜怒哀乐,对她的进步大声叫好。

经过妈妈两周的坚持,在小怡的眼里,妈妈的变化很大,一座大山仿佛瞬间变成了小树,小鸟也不再担心会寻找不到自己的家。小怡原本紧绷的心弦,似乎慢慢地松开了,在家里也不像以前那么有压力,在幼儿园也不像以前那样"斤斤计较"了,这就有效预防了妒忌心理的产生。

**2. 竞争的度。**

在幼儿期适当的竞争是为了找出差距,更快地进步和取长补短,不能用不正当、不光彩的手段去获取竞争的胜利。

户外活动时,孩子们排好队进行跑步比赛,小怡在运动方面不是特别突出,所以每次这样的活动,她都会有情绪问题,或失落或数落别人。这一回,我安排了幼儿进行团队比赛,让她做拉拉队,呐喊释放自己,要她学会为同伴取得的进步和胜利而喝彩。

美术教育活动,主要是关于涂色,我给每一组准备了一张大大的图纸,要求以组为单位进行合作,每个人都有任务要完成。小怡在美术方面能力比较强,在涂色过程中,我要求她担任起"小组长"的职责,负责组内绘画的进程,有个别孩子能力弱的,请她来帮助。有了老师的暗示,落实任务和责任,小怡显然比之前有担当了。

之后我又通过各种途径对她进行教育,如讲故事、做游戏,告诉她每个人都有优点和缺点,不可能各方面都胜过别人,要学习用自己的长处去弥补自己的不足,并及时开展"得奖以后"、"输了以后"的分享讨论。

小怡似乎找到了一个自由倾吐心中不快的平台,显得有自信了,她的身边出现了自己的小团队,她也拥有了许多好朋友。

3.正确的评。

辅导持续了一个多月,一天,看到小怡正和孩子们一起制作手工,我走过去轻轻地在她的身边坐下,观察每一个孩子的操作,适当地开始对孩子们的表现进行针对性的评价。当我表扬小怡身边的孩子时,她似乎已经迫不及待了,轮到她了,我先指出了手工作品的优点、特色、美观等让其他小朋友学习,然后又说了不足之处,让她向萱萱学习,取长补短。评价之后她显得很开心。

其实,在孩子眼里没有所谓的评价标准,他们大多数是以成人的标准来看待的,所以教师对孩子的评价要起到示范作用,平时的一个眼神、一个态度都会影响到幼儿对自己、对他人的评价。

### C 辅导反思

经过两个多月的家园共同关注和辅导,小怡变了。现在不会经常有孩子来告诉老师,小怡如何"欺负"别人,偶尔还能看到小怡帮助别人一起来完成某一项活动。

面对有嫉妒心理、争强好胜的孩子,我们要引导和教育孩子用自己的努力和实际能力去同别人相比,竞争是为了找出差距,更快地进步和取长补短,把孩子的好胜心引向积极的方向。同时,老师、父母要正确评价孩子,不要对孩子的品德、能力的评价随意贬低或拔高,以免孩子对自己产生不正确的评价。

作者单位:宁波市象山县春晖幼儿园

# 46 把"醋意"化为"甜蜜"

任 波

### A 辅导缘起

文文是个活泼、热情的男孩,他思维活跃、语言表达和交往能力强,在各类活动中都有他的身影。因此,他也成了中班年级段的小明星,赞美声总是围绕着他。但自从"三八节"选节目主持人开始,他变得有点"爱吃醋"了,只要老师表扬其他同学,他就会不开心,就觉得老师不喜欢他了,经常会说被老师表扬的同学的"坏话"。当拍球比赛时,他的拍球数没同伴多时,就表现得很生气,双手叉腰,然后在大家不注意时,偷偷地将球踢走;当选图书管理员时,他的好朋友鹏鹏被选上,他把头抬得很高,不屑一顾地说:"哼,当个图书管理员有什么了不起的。"他出现了嫉妒的心理。

嫉妒是一种原始的情感,是人类心理中动物本能的表现,无论在女孩还是男孩,嫉妒均十分常见,嫉妒的对象往往是关系较亲近的同桌、好友甚至年龄相差不多的兄弟姐妹。嫉妒是一种破坏性的心理因素,它对孩子各方面的健康成长都会产生消极的影响。

为了让文文对自己的行为有正确的认识,克服嫉妒心理,我进行了以下的辅导。

### B 辅导节点

**1. 眼观六路,耳听八方。**

一早,班上的洋洋带来了孩子们最热衷的"熊出没"玩具,孩子们立即围了上去,争着想玩洋洋的新玩具。一旁的文文也很想过去,但由于孩子太多,没有玩到,他和身边的悦悦说:"这玩具有什么稀罕的,我家里多的是,他这套玩具已经是过时了,人家都出新款了。"

我见了及时进行干预:"你眼睛这么尖,从哪些方面可以看出是老款呢,能告诉我吗?"

文文:"好像包装的颜色与新款不一样。"

我:"这都能看出来呀,你家里有新款吗?"

文文:"没有。"

我:"那为什么说洋洋的玩具呢?"

文文:"……"他低下了头。

我:"你很想玩这个玩具是吗?"

文文:"是的,他们都不让我玩。"

我摸摸他的头:"如果以后碰到这样的事情可不能随便说,要和洋洋商量,我们可以轮流玩,你这样说,小朋友会觉得你是一个爱说谎的孩子,你觉得对吗?"文文:"嗯,不对。"他开心地跑到人群中。

我观察到文文的变化,并及时进行谈话,让文文知道不要为了玩不到玩具而说谎,或贬低别人。

**2. 动之以情,晓之以理。**

"三八节"前夕,中班年级组要举行一次"爱妈妈诗歌朗诵比赛",在每个班级选一名主持人,选拔那天,年级组长考虑到主持人男女比例,在我们班要选一名女孩子,于是让陈熙参加。没有被选中的文文,表现得非常沮丧,他一个人坐在一旁,表现出一副生气的样子。当陈熙在老师办公室练习主持稿时,文文走了进来,听到陈熙有个词念错了,老师在纠正,他不服气地说:"陈熙老是念错词,比赛那天肯定要出丑的,还不如让我主持呢。"

我说:"因为她刚刚才学的,我觉得已经念得很好了,你去年做主持的时候,一开始也是这样的,不是吗?"文文点点头嗯了一声:"但是,我觉得她没有主持过,会出洋相的。"我:"文文很会考虑问题,但我们要相信陈熙,你第一次和老师主持的时候不是也出过错吗？但后来主持得很好。我们觉得陈熙的声音很甜美，所以给她一次机会，轮流主持，说不定以后还会让更多的小朋友主持，大家都会进步，这样我们班都成幼儿园的主持人班了。"我和文文都笑了。

我设身处地与文文进行沟通，并列举以前文文当主持人练习时的例子，让文文知道，每个人都有出错的时候，每个人都有参加活动的权利。

3. 恻隐之心，人皆有之。

晨间谈话时，让孩子们说说身边进步比较大的小朋友。叶晨表扬了兜兜，他认为，兜兜上课举手发言比以前积极了，皮球也拍得很棒，我立即表扬了兜兜。在表扬的名单里面没文文的名字，他期待的目光马上就消失了。他双手叉腰，气嘟嘟地说："谁说的，叶晨骗人，兜兜上课都不会发言的，昨天还推我呢。"他又开始"吃醋"了。在自由活动时间，我走到文文身边，亲切地问："文文，你觉得兜兜皮球拍得怎么样？"

文文："挺好的。"

我："最近发现他上课也认真了，还经常举手是吗？"

文文想了一下："是的，但有时候不举手。"

我："嗯，我们都发现了兜兜的进步，说明文文很会观察小朋友，同样，小朋友也在观察你，如果你有进步，小朋友也会表扬你。"

文文："但今天小朋友没有说到我呀。"

我："是的，因为你经常被表扬，小朋友觉得你已经很棒了，所以你要表现得更好，小朋友们才会更加喜欢你。"

我让文文感受到要对有进步的孩子有恻隐之心，不要一味地抓住别人的缺点不放。

### C 辅导反思

在辅导中，我随时关注着文文日常活动中情绪的变化，当其出现嫉妒心理时，用心倾听他的想法，并用教育语言"动之以情，晓之以理"，让文文的恻隐之心释放出来。通过谈心，我走进了文文的心里，帮助文文正确认识与同伴的关系，接纳同伴的优点。

在幼儿活动中，我发现孩子们的嫉妒现象层出不穷。嫉妒是孩子成长过程中一个不容回避的问题，它并不可怕，关键在于如何去理解它、接纳它、正视它、化解它。让老师和家长一齐联合起来，用理智和耐心，把孩子心中的那份"醋意"化为"甜蜜"！

作者单位：宁波市江北区宁静幼儿园

## 47 源源的情绪解码

周志远

### A 辅导缘起

"嫉妒者总是用望远镜观察一切。在望远镜中，小物体变大，矮子变成巨人，疑点变为事实。"可谁曾猜想，小小的孩子心中也存有大大的嫉妒心，这颗嫉妒心被烦恼浇灌，被忧虑包围，被憎恶普照，它汲取了不良的养分，就像一颗疯长的毒草在孩子的心中蔓延，盘根错节，不及时拔除将会造成不良的后果。

源源是个很要强的女孩子，凡事争强好胜，她习惯了被同伴们拥戴的满足感。但是，自从班里新来了一位叫朵朵的女孩子后，一切都变了。平日里，原本每天和源源一起玩的女孩子都跑去找朵朵玩了，源源有种被孤立的感觉，日子一长，她便越发讨厌朵朵了，告状、耍心眼、斤斤计较……频繁地发生在她身上。显然，朵朵的出现让她觉得很没有安全感。

嫉妒是一种优越感被破坏后产生的一种焦躁不安的心理，是一种消极的心理反应。在孩子的世界里，这样的行为源于孩子内心缺乏安全感、不自信，它强烈地影响到幼儿情绪的稳定和快乐，影响良好人际关系的建立。为了建立孩子的自信，消除孩子的嫉妒心理，我对源源做了以下有针对性的辅导。

### B 辅导节点

**1. 敞开心扉，释放嫉妒**

午餐过后，源源与小朋友们一起玩，朵朵则与小朋友一起看《恐龙世界》的图书。朵朵的图书吸引了很多小朋友，坐在源源身边的几个女孩子也都跑了过去。源源看见了十分生气，嘴巴里不停地嘟囔着："讨厌，讨厌，讨厌！"

午睡时间到了，小朋友们都有序地进入了午睡室，而源源手里却攥着一支蜡笔，往朵朵的《恐龙世界》乱画一气。

我走过去制止她："源源，你在干什么？"

源源神色紧张地说："我没，没干什么。"

我："老师都看见了，你为什么要用蜡笔去画朵朵的书呢？"

源源："小朋友们都找她玩，我讨厌她。"

我："你觉得她比你能干，是吗？"

源源点点头，一脸委屈的样子。

我："在老师心中，你和朵朵都是能干的好孩子。小朋友们为什么喜欢找朵朵玩呢？说明她有很多的优点，和你一样棒！你觉得呢？"

源源点点头，表示认同。

我："弄脏别人的书本是不对的，你应该和朵朵说声对不起。"

源源点点头，眼眸中有些悔意。

在整个交流的过程中，我始终以朋友的身份与源源交谈，温和的语言中充满了对源源的关爱与尊重，使源源感受到被理解的温暖，愿意向我倾诉内心的真实感受。源源的情绪得到了疏导，意识到弄脏朵朵的书本是不文明的行为，在我的引导下，她向朵朵道歉了。

2. 撬动心扉，转化嫉妒。

新设的评比栏是孩子们最为关注的焦点。午饭后，我给吃饭棒的孩子奖励五角星，朵朵的进餐习惯好，饭菜全都吃完了，自然就得到了一颗五角星。

源源迫不及待，直接索要："老师，我的饭菜全吃完了，奖励我一颗五角星吧！"

我："可是，你吃饭的时候和小朋友聊天，老师提醒过你很多次了。"我阐明理由，拒绝索要。

源源："老师只喜欢朵朵，她的五角星最多！"源源情绪激动，抒发着她的不满。

我："朵朵从吃饭到现在一直都是安安静静的。你看，她还帮助老师收拾碗筷呢！"

源源把目光转移到了朵朵身上。

我："她虽然帮老师做事情，可没有向我要五角星哦！"我趁机换位表述，降低源源的猜忌。

我及时给予肯定，并转化引导："现在你的五角星比朵朵少三颗，如果你在其他方面表现好一点，就一定能追上朵朵的！"

源源转怒为喜，主动请愿："知道了，我也帮老师去整理碗筷。"

恰如其分的评价使源源对自己有了正确的认识，同时也明白了自己的不足。我的话使源源看到了希望，并满心欢喜地为下一颗星而努力。

3. 暖化心扉，消除嫉妒。

经过一段时间的努力，源源渐渐地接纳了朵朵，不再像以前那样排斥她了，两个人开始有了第一次的合作。

自由活动时，朵朵用雪花片搭建花篮，可是怎么都搭不好。源源看见了，走了过去说："不是这样的，我来帮你！"说完，源源便麻利地帮她一起搭建花篮。花篮做好了，朵朵显得特别地开心。源源觉得任务完成了，便转身要走，朵朵拉住她说："源源你真棒，你能再帮我搭一座小房子吗？"源源开心地说："这个简单哩，我会。"说完，源源又帮朵朵搭建起了"房子"。两个人开始变得有话说了，搭好了"房子"又商量着搭建"花园"。

一次愉快的合作使两人产生了友谊的火花,源源的自我价值感也在慢慢地得到体现。源源不再嫉妒朵朵了,她和朵朵成为了朋友。

### C 辅导反思

在辅导的过程中,一开始源源为了一点小事而心生嫉妒,用蜡笔去弄脏朵朵的书本宣泄心中的不满。我没有进行直面的批评,而是用巧妙的语言技巧一步一步引导源源发现问题,解决问题,在学会悦纳自己的同时,也学习着去欣赏他人的优点,当心灵得到释放后,嫉妒的感觉就没有那么强烈了。我又通过评比栏等各种方法给予了源源精神上的鼓励和积极正面的评价,帮助她树立了正确的竞争意识,在不知不觉中,源源与朵朵建立起了友好的关系,相互合作,成为朋友。

在做幼儿心理辅导过程中,教师不仅要学会观察幼儿的言行举止,更要学会分析行为背后的原因,通过一系列的辅导措施来帮助幼儿"拨开云雾见月明"。

对于幼儿来说,真正"直面嫉妒",是一种勇气;对于教师来说,帮助幼儿坚定不移地走出"嫉妒的阴霾",是一种挑战。所以,幼儿心理辅导工作不仅需要耐心的工作态度,更需要专业的职业技能!

作者单位:宁波市象山县滨海幼儿园

## 48 学会观景

陈凌靓

### A 辅导缘起

男孩统统在班级是个能干的小家伙,各方面都比其他孩子优秀。小班入园起就是老师的"小帮手",如安慰哭泣的小伙伴,午餐主动分调羹,成为班里学习的榜样。到了大班,我发现他的情绪和行为有了变化,我请其他小朋友做帮手,他会皱起眉头,斜视小朋友表示抗议;做游戏未得第一会狠狠甩玩具,与小朋友强词夺理……这些变化让我意识到统统的妒忌心正在滋长。

嫉妒是一个人在欲望得不到满足而对造成这种现象的对象所产生的不服气、不愉快、怨恨的情绪体验,长期处在这种不良的情绪体验之中,会造成对立、攻击、破坏他人等后果,影响与他人的正常交往。

统统产生嫉妒心理的原因是长期处在优秀的光环中,从小父母就教育他做事都要比别人快,比别人好,任何事都做NO.1,永远要求自己成为人群中最闪耀的星星。为了让统统及时调整心态,消除嫉妒,学会欣赏、接纳他人,正确地与他人交往,我的辅导开始了。

## 🅱 辅导节点

*1.外地有美景——欣赏他人。*

户外活动羊角球时间,老师带着孩子进行羊角球追逐游戏,半程过后统统遥遥领先,接近终点时欣欣赶了上来,并在接近终点处无意间触碰到统统,导致他摔了一跤,得了第二。这时,他立马大哭并喊道:"欣欣是故意让我摔跤,本来我是第一……"

我:"没有拿到第一,心里很难受是吗?"

统统:"她干嘛要跑得快,我一直是第一的。"

我:"你觉得追逐羊角球你是班里最快的吗?"

统统:"肯定是,其他的比赛我也是最好的。"

我:"那我们试试其他,你说玩什么?"

统统:"我拍皮球拍得好、吃饭快。"

(1)拍球。拍球时我对拍球情况进行拍摄,统统和涵涵数量一样。统统觉得自己比涵涵拍得快,于是我将两段视频播放,要求边看边数两人分别弄丢几次球。

我:"统统,你拍球速度真快,但丢了几次?"

统统:"3次,涵涵没有丢球,看起来比我好些。"

我:"是啊,她拍球比你稳,你拍球速度快。"

(2)吃饭。吃饭时间,统统拿到饭菜立马就吃完,不久班里的卡卡也吃完了,两个盘子放在了统统的面前。统统发现卡卡的盘子吃得干净,比他自己好。于是我说:"这是卡卡的优点。每个人都有优点,也有不足,需要你去发现,别人的优点也值得你学习!"

我用对比的方式让统统学会慢慢地去欣赏他人优点,懂得在"别处"也有许多美丽的"风景"。

*2.本地景更美——提高自我。*

拍球后,统统表示想超越涵涵成为又快又稳的高手。

我:"涵涵拍球很稳,你知道她是如何做到的吗?"

统统再次看涵涵拍球的视频。

统统:"她拍得比我高,我的腿没分开,她的腿分开了。"

我:"要不试试涵涵拍球的方法?"

统统开始模仿涵涵拍球的方法,第一次拍了4个球跑了,第二次拍了6个。

我:"不错哦,用涵涵的方法比第一次拍球多2个。我想你多练习,一定能比涵涵好,加油!"

每天户外活动,我会提醒统统练习拍球,两个星期下来,统统的拍球技术进步了,拍球个数也超过了涵涵。

我:"好厉害,你是怎么成为拍球高手?"

统统:"我用涵涵拍球的方法,然后每天都练习。"

我:"原来你学习了别人的优点,又努力练习,就使自己更优秀了。"

借着统统争强的心理,我启发他学习别人长处以及通过自己不断地努力,使统统球技不断提高,让"本地风景"更迷人。

3.世界很美好——合作双赢。

建构游戏中要求合作用纸牌搭城堡。统统相信自己能取胜,准备一人完成,结果有4组合作顺利完成,而他未完成。他一把将搭了一半的城堡推倒,放声大哭。

我:"不高兴吗?"

统统:"他们是好几个人,我就一人,不公平,我要第一。"

我:"你可以选好朋友与你一起。"

统统:"我找堃堃。"

堃堃:"我不要和统统一起,搭得不好他会发脾气,还会打人。"

这时,统统似乎意识到平时的行为影响了与好朋友的感情。

我:"堃堃,再给他一次机会吧。你们两个人合作,能够成功。"

统统:"我速度快,你的手工比我好一点,你负责折纸牌,我负责搭。"

分工后,统统、堃堃提前完成任务。这让统统高兴极了,立马抱住堃堃:"我们赢啦,你真厉害!和你一起合作,太快乐了,下次再一起玩哦!"

我创造了一个合作机会,让统统意识到长处互补,是快乐的,也树立了双赢、共生、团体的意识,将他人的成功与自己的成功关联起来,这不仅免除了妒忌痛苦,还容易得到他人帮助,使大家共同成长、进步。

### C 辅导反思

辅导中,我并非直接向统统传授"答案"或直接制止他的行为,我通过对比、激励、倾听等多种方式,启发他感知、领悟,实现自我教育的目的。我让统统知道每个人都有自己的优缺点,需要正视自己的缺点,欣赏他人的优点,并引导学习他人的长处,通过不断努力使自己更加能干。

在我们班,出现嫉妒心理并非统统一人,也并非通过几次简单的辅导就能一蹴而就。妒忌心理的产生往往与家庭环境、教育有着密切的联系,因此下一步要注重家园合作,关注每一个孩子的细微变化,让嫉妒之心不再成为孩子成长路上的绊脚石。

作者单位:宁波奉化市第一实验幼儿园

#  在阳光下微笑

王 毅

### A 辅导缘起

笑笑出生在富裕的家庭,父母从商,在经济上、物质上对她是百依百顺。同时家长对孩子期望值很高,给笑笑报了许多的兴趣班,望女成凤的心情非常急切。家长努力为孩子创设优越、舒适的物质环境,但是工作比较忙,孩子和祖辈在一起的时间比较多。笑笑各方面都比较出色,但是父母对孩子物质上的满足和祖辈的宠爱让笑笑养成了唯我独尊的优越感。平时看见同伴有比她好的就会发脾气,有时会把同伴带来的玩具毁坏,表现了笑笑的一种不良心理——嫉妒。

孩子的嫉妒具有明显的外露性、攻击性和破坏性,孩子直接而坦率地表露情感,根本不考虑后果。嫉妒是一种消极的社会现象,它是对别人在品德、能力等方面胜过自己而产生的一种不满和怨恨,是一种扭曲了的情感,对孩子的身心健康非常不利。

为此,我进行了如下心理辅导。

### B 辅导节点

1. 换位思考,移情促情。

自主游戏中星星哭叫起来:"老师,笑笑扯我头上的发夹。"此时笑笑边狠狠地说着"难看死了",边无情地扯断了星星发夹上的蝴蝶花。星星见状伤心地哭了,小朋友都生气地批评笑笑,笑笑一屁股坐在地上大哭大叫。

我走过来,把她抱在怀里,笑笑渐渐停止了哭泣。

我:"笑笑,刚才发生了什么事情?"

笑笑生气地说:"她们不理我,不和我玩。"

我问:"为什么?明明是你把星星的发夹弄破了呀!"

笑笑不语了,低下了头,看得出她也觉得自己做错了。

我开始引导:"如果星星把你的发夹弄破了,你心里会感到怎样?"

笑笑小声地说:"我会很生气的,不愿意和她玩了。"

我继续引导:"其实小朋友还是喜欢你的。但是你今天的表现真的会让小朋友不开心,特别是星星。"

笑笑看着我问:"那明天把我的蝴蝶结发夹送给星星吧。"

我:"好朋友应该友好相处,而不是看到别人有了好东西就生气,搞破坏。你说

是不是？"

在我的引导下，笑笑向星星道了歉，并且第二天把自己的发夹送给了星星。两人又和好了。

我巧妙地利用换位思考，移情促情的方法，让笑笑懂得了看到别人的好东西不是生气去破坏，可以一起分享同伴的快乐。

2. 接受别人，赏识同伴。

一次手工活动时，涛涛和同桌的笑笑争吵起来。笑笑来告状："涛涛把我的小白兔剪破了。"涛涛也哭着说："是你先把我的小白兔剪破的。"旁边的小朋友都说是笑笑先剪涛涛手工作品的，笑笑见状哇哇大哭。

我问："笑笑，为什么要把涛涛的小白兔剪破呀？"

笑笑委屈地说："刚才你表扬涛涛剪得好，可是我的小白兔比他做得好，你却没有表扬我。"

我："涛涛手工比以前做得好了，我们也应该鼓励他，就像以前老师表扬你一样。你做得好也可以帮助涛涛，让他像你一样能干，你愿意吗？"

笑笑："嗯，我愿意帮助涛涛呀！"

我："昨天老师表扬你舞跳得好，小朋友都为你的进步高兴呢，那比你跳得好的小朋友有没有不理你呀？"

笑笑难为情地说："老师，我错了。我去给涛涛道歉。"

我还告诉笑笑，每个人都有自己的优点，我们也要看到别人的优点，分享小朋友的进步。

3. 接纳失败，正视自己。

一次拍皮球活动中，笑笑和悦悦在一起自发开展比赛。过了一会儿，笑笑就不要和悦悦一起拍了，还说悦悦赖皮，悦悦生气地不理笑笑，笑笑一个人孤独地坐在那里生闷气。

我："笑笑，怎么啦？"

笑笑："我不喜欢和悦悦一起比赛。"

我："是不是悦悦拍得比你好，你不开心呀？"

笑笑点点头："是的，上次我比她拍得多，她一定是赖皮的。我不喜欢悦悦了。"

我："那上次你比她拍得好，你是不是赖皮了？"

她摇摇头。

我："这是因为悦悦平时在家里练习才赶上你了，瞧，她把你当作学习的榜样呢！我们也可以继续超过她呀？"

笑笑："那我也要把她当作榜样是吗？我知道了。"

我继续引导笑笑，失败没关系，要看到自己的不足，同时也要看到别人的努力，生气是没有用的。

在我的鼓励下,笑笑主动找悦悦一起练拍球。

### C 辅导反思

在辅导中,我对孩子因嫉妒带来的破坏,没有马上进行指责,而是充当孩子的"知心姐姐",让孩子把自己的烦躁不安说出来,理解她、谅解她。很多时候,成人微笑的眼神、轻松的语调能化解幼儿的不良情绪,有效控制嫉妒心理。在交流中我注重孩子的换位思考,让孩子站在别人的立场上思考问题,让孩子知道自己的生气和破坏给别人带来了伤害,而自己的行为也会让自己失去朋友。看到别人的好东西不是生气去破坏,而是一起分享同伴的快乐。

我还从笑笑自身出发,让孩子认识到每个人都有自己的优点和长处,光看到自己的优点是不会进步的,让孩子明白即使别人没有称赞自己,自己的优点仍然存在,如果继续保持自己的长处,又虚心学习别人的长处,就会长久地得到大多数人的喜爱。

孩子自控力还不强,经过一段时间后,因嫉妒某些表现还会反复出现。因此,矫正嫉妒的过程是漫长的,需要根据其针对性、特殊性、反复性和长期性的特点,使幼儿在正面的引导中正确认识自己、完善自己,培养他们对自我心态进行调节的能力,从而远离妒忌,在阳光下展开灿烂的微笑!

作者单位:宁波余姚市工业幼儿园教育集团

#  快乐原来这么简单

褚诗岚

### A 辅导缘起

冰冰今年6岁,家境富裕,平时穿着打扮俨然一位小公主。可是,伙伴们却不愿意跟她玩。伙伴说说笑笑,冰冰站在一边露出气呼呼的样子;伙伴有新玩具,冰冰酸溜溜地说:"哼,我的玩具好多了。"伙伴得到表扬,冰冰说:"老师,上课时她故意踢我。"大家觉得冰冰骄傲,对伙伴不友好。而冰冰受到冷落,心里又急又气,经常是一副不高兴的样子。冰冰的种种表现让我意识到这些反常行为是因为嫉妒在作怪。

通过家访,我得知冰冰从小由祖辈抚养,爷爷奶奶舍不得说一句重话。冰冰发脾气,爷爷奶奶会顺着她。这样的环境,养成了冰冰事事唯我独尊的心态。

直面童心的点拨——幼儿园心理辅导个案101例

冰冰马上要进入小学,小学的学习生活要求比幼儿园高。嫉妒的孩子在发现自己处于劣势时,会产生自卑和破坏性行为。被嫉妒蒙蔽双眼的冰冰,看不到别人的优点,总不自觉地贬低别人,来显示自己的优势。长期下去,对冰冰的身心健康成长极为不利。为改善冰冰的情绪和与同伴的关系,我从小事入手,对冰冰的嫉妒心理进行调适,并且同她父母进行沟通,期望通过家园合力,达成对冰冰的辅导目标。

### B 辅导节点

**1. 助人自助。**

冰冰心眼小,喜欢事事表现自己。有次我请孩子带盒子进行制作活动,冰冰看到航航没带,就来告状了。

我知道冰冰这次带了许多,就说:"老师请你帮个忙,问问航航为什么没带?"

冰冰很乐意,一会儿就跑回来了:"老师,航航说早上走得急,盒子落在爸爸车里了!"

我:"哦。老师记得有一次冰冰忘带舞蹈鞋了……"

冰冰急忙接上来:"是的是的,我落在外婆家了。"

我:"原来我们都有忘记的时候啊。冰冰没有舞蹈鞋心里怎么样啊?"

冰冰想了想:"我有点难过,后来婷婷借给我了。"

我:"是啊,你拿到鞋子肯定很高兴吧!"

冰冰:"是啊,我穿上舒服极了。"

我:"航航很不高兴,为什么呀?"

冰冰不说话,眼神落在航航身上。

我:"冰冰很聪明,肯定能想出办法让航航高兴起来。"

冰冰一拍脑门:"我可以把多余的盒子送给他!"

下午,我把事情告诉了冰冰的妈妈,说:"大家都为冰冰拍手了呢!"第二天,冰冰对我说:"褚老师,昨天妈妈表扬我了!"我抱了抱冰冰说:"你是个乐于助人的孩子呀!"

**2. 友情感染。**

冰冰好胜,看不到同伴身上的闪光点,也不愿意别人表现得比她优秀。6月份,我们开展了打水仗活动,小朋友高兴坏了,叽叽喳喳地议论没完。

乐乐:"我在喷泉那边玩过,水凉凉的,可舒服了。"

航航:"我也玩过,我还想玩!"

冰冰酸酸地:"我妈妈说打水仗浪费水,还会感冒。"

乐乐:"冰冰,马上换衣服没有关系的。"

冰冰还是不愿意,说:"我今天穿的衣服是妈妈刚买的,我不想换。"

乐乐:"冰冰,我多带了一件衣服,我给你吧!"

冰冰的眼光投向了我。我转向乐乐，说道："乐乐，让老师看看你的衣服吧！"乐乐拿出两件衣服，交到我的手上。

我看到衣服一新一旧，问道："乐乐，哪一件给冰冰呢？"

乐乐指着新的那件："这件给冰冰。"

我："乐乐，为什么新的给冰冰啊？"

乐乐："女孩子爱美，冰冰穿新的吧。"

冰冰对乐乐说声谢谢，接过了衣服。

在游戏中，我看到伙伴们的热情和快乐很快感染了冰冰，冰冰跟同伴们尽情投入到游戏中。事后，我和冰冰进行了沟通。

我："冰冰，玩得开心吗？"

冰冰："我和乐乐、航航一起玩，可有趣啦。"

我："是啊，游戏很好玩，可乐乐妈妈要洗两件脏衣服了！"

乐乐在一旁说："没关系的。"

冰冰小脸红红的，对乐乐说："乐乐，谢谢你！"

说完，两个小伙伴抱在一起，就像姐妹俩一样。

**3. 自我成长**

班级开展"我画秋天"的美术活动。冰冰喜欢对伙伴的画指指点点，显示自己的长处。冰冰画了棵五彩大树，看依依就画了小小的一棵，就大声说："丑死了！"依依没有理她，继续低头画。冰冰夺过依依的画纸说："你画的树像竹竿一样细，我来帮你……"我走了过去，抚摸了下冰冰头说："每个人想法都不一样哦。"

冰冰一时接不上话。我说："冰冰给树穿上了五彩衣。我来看看依依的画，嗯……"我打住了话头，微笑地望着冰冰。冰冰说："褚老师，依依的树太细了，我是想帮她画得粗一点。"依依说："我看到树干是有粗有细的。"我看了看冰冰，这时的依依低着头，轻轻地说："等下我也要画一棵小点的树。"我说："在伙伴的画纸上我们肯定有新的发现哦！"

活动结束，冰冰和依依拿着画你一句我一句地讨论着，最后抱在一起，高兴地跳起来。

**C 辅导反思**

大班第二学期，冰冰身上发生了细微的变化。同伴受伤，冰冰会来到同伴身边，关心地问："疼吗？没关系的，会好的。"同伴得到表扬，冰冰不再出伙伴的丑；同伴被请到做小助手，冰冰没有了一副气不过的样子。小伙伴不再嫌弃冰冰，冰冰的朋友渐渐地多起来，笑声笑脸重新回到冰冰身上。

冰冰的事例，我看到了孩子的嫉妒心理不是一时形成的，嫉妒会在攀比、失望及怨气中萌芽，最终成为一团无法消散的火。如果不及时地进行干预，采取有效的措施,这团火会越烧越烈。由此,我们要时刻关注孩子,正确导向,倾注耐心,使其取得进步,让孩子懂得只要走出一小步,快乐原来就这么简单!

作者单位:宁波市外经贸幼儿园

## 51 少点嫉妒,多点欣赏

毛红珠

### A 辅导缘起

小小班的欣欣才三周岁,有一双大大的眼睛,挺活泼机灵,喜欢唱歌跳舞,在平时活动中她总是乐呵呵,有表现的机会不管会不会总是挺身而出。经过一个学期的集体生活,她越来越大胆、自信,喜欢在老师面前表现,得到老师的表扬。

小小班第二学期开学,我们班上来了几名新生,老师发现欣欣开始出现一些情况,当老师说喜欢瑶瑶小朋友时,她会不高兴,还常用眼睛瞪瑶瑶;玩游戏时老师没有请到她,请了其他小朋友时,她会去推同伴;与同伴发生争吵,老师没有帮她说话,她会生气地大哭。这些小情况都让我意识到,欣欣出现了嫉妒心理。

嫉妒是一种消极的情感,更是一种不健康的心理状态,它往往发生在孩子受冷落、被不公平对待的情况下,对孩子的交往发展会有消极的影响。

欣欣表现出的嫉妒心理,跟老师长期对她的鼓励、关注比较多有关,她总是认为老师应该是最喜欢她的,任何事情老师也肯定要满足她,觉得老师只能喜欢她一个人,只对她好。为了让欣欣对自己的行为有正确的认识,能大方地与他人分享老师的爱,与同伴友好相处,我对她的嫉妒心理进行了疏导。

### B 辅导节点

1."听"之以心。

区域活动开始了,孩子们纷纷拿着名卡去选择自己喜欢的活动区,角色区是小小班孩子们最喜欢选择的区域之一。意料之中,几个孩子们因为参与娃娃家的人太多开始了争论,大家互不相让,一番争论后,平时在集体中较活跃的孩子被一致同意可以在娃娃家玩了。就在这时,欣欣、牙牙两个孩子互相大眼瞪小眼,就是不肯让,于是就出现了开始游戏的孩子很开心,而欣欣和牙牙却在娃娃家外吵了起来。由于牙牙是年龄最小的新生,对班上的同伴都还不是很熟悉,表达能力又相对较弱,就哭了!我清楚地看到了事情发生的经过,于是便走过去建议:"欣欣,这次让牙牙先玩娃娃家吧！"欣欣一听我这么说，马上就生气地跑开了。

我："怎么了？"

欣欣："是她在跟我抢娃娃家玩。"

我："牙牙是不是我们的新朋友呀？"

欣欣："嗯，是的。"

我："你已经玩过好多次了，而牙牙第一次玩娃娃家，你可以把这次机会给她吗？或者你也可以试试当小客人？"

在征得欣欣同意后，牙牙参与了娃娃家游戏，在我的建议下，欣欣也愉快地开始了游戏，在这次活动中我通过用心倾听、巧妙的角色互换让欣欣学会谦让。

2."动"之以情。

晨间接待，我组织孩子们先在教室里进行桌面游戏，欣欣早早来了，一进门就扑向我来个大大的拥抱。

我："欣欣，早上好！今天穿的裙子真是漂亮，是新买的吗？"

欣欣："是的，妈妈买的。"

这时门外跑来了晗晗、妮妮，我便过去拉着她们的小手进了教室，一边走我一边对朱老师说："你看，今天晗晗的辫子梳得真是漂亮，跟她的裙子很配哦！"刚说完就听到欣欣不服气的声音："老师，我的辫子梳得也很好看，我有带蝴蝶结夹子，晗晗没有，不漂亮。"

我："你觉得今天你的蝴蝶结夹子比晗晗漂亮，老师没有发现，你不高兴了是吗？"

欣欣："嗯，她没有漂亮夹子。"

我："那你看晗晗的裙子漂亮吗？"

欣欣："裙子上的点点漂亮，黄黄的、红红的……"

我："你的眼睛真亮，老师都没有发现晗晗裙子上还有这么多漂亮的颜色。"

我以自然的对话和及时共情，让欣欣的情绪得到了改善，任何一个人或物品都有不同的亮点，让她学会用欣赏的眼光看待他人。

3."晓"之以理。

户外游戏摇摇马，这个是小小班孩子最喜欢的玩具之一，孩子们可以一人一个或两人一个甚至三人一个玩，他们总是玩得忘了时间。当时妮妮选择了一个可以有三人座的摇摇马，欣欣便走到妮妮旁边想坐上去，意外的是妮妮已经叫了旁边的洋洋和乐乐，他们也正要坐上去，最终欣欣没有坐到摇摇马，一脸的不高兴。

我："妮妮没有请你坐她的摇摇马，你不高兴了？"

欣欣："是的，好朋友要一起玩的，她不给我坐，我们就不是好朋友了。"

我："欣欣是不是有很多好朋友呀？把这么多好朋友都叫来坐在一个摇摇马上

可以吗？"

欣欣："不行的,坐不下,要摔倒的。"

我："哦,人太多坐不下,还会摔倒的呀,那妮妮有没有做错呢？"

欣欣想了想笑了,转身找别的好朋友一起开心玩摇摇马了。

我通过与欣欣真诚的交流,使其明白不是因为妮妮不要她做朋友才不请她,让她消除对其他小朋友的嫉妒。

### C 辅导反思

活动中,我通过观察及时发现欣欣的情绪变化,在其出现嫉妒心理现象时,对欣欣动之以情,使其感受到老师喜欢每个孩子;我用心倾听她的想法,以谈心的方式,让她正确认知同伴关系,悦纳伙伴;在欣欣觉得老师偏向新小朋友而产生嫉妒心理时,我在倾听她想法的同时说出自己的想法,从而与欣欣在情感上产生共鸣,让欣欣能接受我的建议,做出谦让。

活动中,我也发现嫉妒心不仅仅是欣欣一个孩子有,其实很多孩子都有,仅仅区别于表现出来的程度不一样。我想,在孩子成长的路上,每个孩子都有可能遇到各种各样的问题,我们应该在活动中关注每个孩子,抓住幼儿的心理特点,结合幼儿现有的生活经验,用心倾听,共情表达,无痕地进行心理疏导。

作者单位:宁波市江北区宁静幼儿园

# 心理辅导 之
## 拒绝分享

# 52 洋洋愿与你分享

陈亦军

### A 辅导缘起

五岁的洋洋大大的眼睛,长得胖乎乎的,虎头虎脑,非常可爱。但是班级里的小朋友却明显的不喜欢他。经过我仔细观察,发现洋洋有了好的玩具会悄悄躲在一个角落自己玩;自己带来的故事书总是不肯和其他小伙伴一起看;明明是大家一起完成的任务,却认为是自己做的,从这些行为表现中可以看出,洋洋是个不会分享,拒绝分享的孩子。

拒绝分享是目前独生子女最容易产生的一种心理。他们乐于接受别人的东西,却不愿意把自己的东西与别人分享,它是一种不利于身心发展的心理。具有这种心理的孩子,很难与别人建立良好的人际关系,容易造成脱离群体、失去友谊、与同伴产生敌意等。

而洋洋出现这样的心理和他所处的家庭环境有关系,在家里事事以他为中心,使他养成了总是只考虑自己而忽略别人的习气,更不会想到和别人分享。

为了让洋洋更好地融入集体,学会和其他小朋友相处,学会分享,我做了以下的心理辅导。

### B 辅导节点

1. 初试分享。

今天的点心是美味的饼干。这次准备的饼干有多种口味,每人只能得到一种口味,而且允许孩子们交换着吃。这对孩子们来说是一件非常新鲜、有趣的活动,所以大家都表现得很兴奋。接下来,孩子们都在相互交换饼干吃,只有洋洋在一边独自吃着,时不时看看其他孩子。

此时,我鼓励红红分给洋洋一块巧克力饼干,洋洋开心地接了过去。

我:"洋洋,你是不是也应该分给红红一块饼干呢?"

洋洋:"为什么呀,这是我最喜欢的味道了。"

我:"因为红红分给你了呀。"

洋洋:"可是我真的很喜欢这个,一定要给她吗?"洋洋面露难色,但是还是不情愿地递给了红红一块。

我:"你还想要什么味道的吗?"

洋洋:"紫薯的、香葱的,可是我没有。"

我:"你让其他小朋友去分享自己的饼干,别人自然会把他们的给你。"

洋洋终于尝试着去和其他小朋友相互分享饼干。在活动过程中,我以赞许的目光、抚摸来肯定洋洋的行为,使他受到了极大的鼓舞,脸上露出快乐、满足的笑容。

2. *挑战分享*。

在一次手工课上,两位小朋友组成一组,小组成员要将盘内的作品全部剪好折好,才能够一起领取小礼物,速度快的一组可以最先自选礼物。洋洋动手能力比较强,所以很快就完成了自己的任务,在一边催促同组的小宁。

我:"洋洋,你可以帮一下小宁呀,这样你们就会快很多。"

洋洋:"可我的任务完成了,这是他的。"

我:"你们是朋友,只有一起完成任务,才能分享成果。"

洋洋:"哦。"洋洋似懂非懂地点点头,开始帮助小宁。

小宁:"谢谢你。"

他们很快完成了任务,并且得到了最好的奖品。

我:"成功是你们两个人的,分担困难也是一种收获,对吧,洋洋。"洋洋使劲点头。这次经历让洋洋学会困难是可以分担的,分担后的困难就不会那么可怕。

3. *提升分享*。

我在教室的一角创建了一个"分享角",每周固定的一天,孩子们可以将自己家里的玩具、图书带来分享,并且会任命不同的孩子来做这个"分享角"的小小管理员。

今天,轮到洋洋来做管理员了,职责是为其他小朋友分发玩具和图书。洋洋早早地吃好午饭,来到"分享角",整理好玩具和图书后,便摆弄起自己从家里带来的"蜘蛛侠"。

皓皓吃好饭过来,告诉洋洋最想玩"蜘蛛侠",洋洋皱了皱眉头,连忙把玩具往怀里一搂,刚要对皓皓说什么,又忽然想到了什么,小心地把玩具递给皓皓,边说:"这是我妈妈给我买的,你轻轻地玩,不要玩坏了……"然后眼睛就一直看着皓皓。看见皓皓认真小心地玩着,他便放心地去履行管理员的职责。这时其他几个小男孩也喜欢"蜘蛛侠",对洋洋说要求和皓皓一起玩,洋洋停顿了一下,对皓皓说,"让他们和你一起来玩蜘蛛侠大战吧"。

这时,我恰到好处地对洋洋进行表扬和激励,并让小朋友们以他为榜样,明白与人分享是一件愉快的事情,会获得大家的称赞,进而改掉事事以自己为中心的想法和行为。

**辅导反思**

通过一系列的辅导,我让洋洋全方位地感受分享的得与失,帮助他形成了正确的认识,我感受到了孩子身上的变化:愿意与别人分享好吃、好玩的东西;当别人遇到困难时会对别人说些关心体贴的话语,并想办法给予帮助;当与别人发生纠纷时愿意作出宽容和谦让等。洋洋也在一次次的分享中体验到了快乐和满足,体验到了人与人之间的温暖和爱,懂得了分享不是失去,而是一种交流,自己与别人分享,别人可能也会回报给自己同样的关心与帮助,这样彼此关心、爱护,大家都会觉得温暖和快乐,因此分享更是一种互利。

分享品质不是一朝一夕就能形成,学会分享是一个长期的辅导活动。幼儿园生活只是幼儿生活的一部分,教会他们分享还需要家长的配合,要让他们在家庭生活中也能够和父母等家庭成员分享。辅导需要持续的时间会比较长,所以家长和教师要时刻关注孩子的心理变化,及时做好彼此间的沟通,让孩子们都感受到分享的快乐,学会分享,乐意分享,在快乐中健康成长。

作者单位:宁波市市级机关第一幼儿园

## 53 走进雷雷的内心世界

黄燕娜

### A 辅导缘起

雷雷在我眼里是个天真、懂事的小男孩。每当他带来心爱的玩具、好看的书籍时,总能乐呵呵地与大家分享。雷雷还有一张能说会道的小嘴,因此他是大家公认的开心果。可是自从妈妈生了小弟弟后,雷雷发生了许多的变化,变得有点沉默,变得不愿意分享自己的物品,表情也显得极其不自然。

分享是指将自己喜欢的物品、美好的情感体验以及劳动成果与他人分享,它是幼儿个体亲近群体,克服自我为中心的一种较高层次的行为。

在对雷雷的观察中我发现,他在家中是唯一的宝贝,爸妈疼爱着,祖辈宠爱着,一切的一切都是以雷雷为中心。可是当妈妈生了小弟弟后,他发现妈妈的爱变得不完整了。这前后的落差让孩子感到不可思议,这些疑惑和不解会让孩子变得冷漠,失去美好的分享品质。

为了让雷雷懂得关爱他人,懂得分享除了物品外,还有最珍贵的爱,我做了以下的辅导。

### B 辅导节点

1. 言语交流,深入内心。

午睡起床时,佳佳的粉色长裤不见了,老师和小朋友们一起帮忙找裤子。只见雷雷抓住自己的裤子飞快地跑出教室。

我:"雷雷,你去哪儿?"

雷雷:"我去上小提琴课。"

一向热心的他,今天的举止让我感到诧异,心想这孩子心里肯定有事,有必要和他好好聊聊。

我:"雷雷,你有什么不开心的事吗?和老师说说。"

雷雷低着头不说话。

我:"对了,你弟弟最近怎么样?"

雷雷:"他挺好的,在家有人陪着。"

我:"平常爸爸妈妈和你玩的时间多吗?"

雷雷:"以前很多,现在不多了,他们都围着弟弟,只要弟弟一哭,爸爸妈妈就会去抱他。"雷雷的语气比较失落。

我:"你现在晚上和谁一起睡?"

雷雷:"我自己一个人睡,我的小床都已经从房间里移到阳台边上去了。"

我:"那弟弟和谁睡?"

雷雷:"他睡在爸爸妈妈的中间,其实,我也很想和他们一起睡。"

我:"你的玩具和弟弟一起玩吗?"

雷雷:"我小时候的玩具,很多都让弟弟拿了去,还有我的小衣服,弟弟也穿着。"

我:"对了,你最喜欢的颜色是什么?"

雷雷:"粉色。"

我:"你为什么最喜欢粉色?"

雷雷:"因为粉色很漂亮,很温暖。"

我:"今天这条粉色的裤子到底是谁的?老师知道你是个诚实的好孩子,你慢慢说,我会认真听你讲。"

雷雷:"老师,我不是故意的,我是不小心穿错的,请你相信我!"

我:"好,老师相信你!"

雷雷继续和我聊着家中的变化,猛然间停住了:"老师我有个问题,我不知道妈妈还爱不爱我。"说完就大声地哭起来,这是我第一次见他哭得那么伤心。我伸开双臂拥抱他,然后轻轻地说:"你的妈妈当然是爱你的,包括你家中的所有人都是很爱你的,这个爱是永远都不会变的。"孩子抽泣着说:"这是真的吗?可是有了弟弟后,爸爸妈妈都不和我玩了。老师你陪陪我,我觉得很孤单,我不想一个人,这样一点都不好。"

在孩子渴望得到爱、渴望得到大人关注的同时,我不禁开始深思,为什么很多孩子只懂得接受别人给予的爱,而不懂得和自己的亲人分享这份爱呢?是孩子的自私吗?如何让孩子真正理解爱与被爱的关系呢?如何让他成为一名真正的哥哥呢?

2. 家园沟通,解开心结。

当我发现这一情况后,第一时间与其父母联系,将孩子近段时间的表现给予反馈。这一沟通方式还能更好地了解幼儿在家的表现情况,同时让家长也能意识到自己的言行举止是否得当。我还建议家长在家开个简短的家庭会议,让家里的人都知道这一问题的存在,尽量让孩子感受到家人对他的爱没有变,现在一样,今后依然。

雷雷妈妈付出了行动,每天会给雷雷一个大大的拥抱,会陪同雷雷一起玩耍,还在弟弟面前夸奖雷雷,让雷雷做弟弟的好榜样!一段时间后,雷雷的笑容逐渐多起来了。

3. 精美书籍,打开心扉。

做哥哥很自豪,但也有无尽的烦恼。这样一种矛盾的情感很难和孩子解释清楚,如何帮助孩子积极、乐观地面对这一成长呢?我借助精美的绘本,帮助雷雷理解做哥哥的真正含义,《我做哥哥了》这一题材恰好诠释了雷雷所遇到的麻烦。故事从一个长大了的猫哥哥野田的视角,讲述他拥有弟妹后,所遭遇的麻烦事。野田拒绝做哥哥,然而每个关键时刻都是挺身而出,表现出一个做哥哥的责任与使命感。雷雷听了这个故事后,笑着说:"原来当哥哥除了有烦恼,也有很多快乐!""我要学习当一个好哥哥!"相信这些精美的书籍能打开孩子的心扉,让雷雷变回原来那个开心、快乐、愿意分享的孩子。

## C 辅导反思

辅导中,我极其关注雷雷的情绪变化。自从有了小弟弟后,孩子的心里堆积了许多疑惑和不解,最后雷雷用自己的方式,寻求安全感。此时我不能用指责的语气和他说话,更应保护好他的自尊心,于是我让他将物品还给佳佳并单独和佳佳道歉,雷雷也表示同意。同时我的拥抱、肯定的话语给了雷雷正能量。了解雷雷内心真实想法后,家园同步形成一股合力,在家中让孩子感受到家人温暖的爱。在幼儿园里通过绘本的魅力,让雷雷懂得当哥哥不仅可以得到爱,更应和弟弟分享爱,学会保护弟弟!

我想,今后我们还可以开展一些以大带小的活动,如大班的哥哥姐姐多去关心帮助小班的弟弟妹妹;以班级结对的形式,让孩子们学会分享自己的物品和心中的爱,让他们更加亲近人与社会。

作者单位:宁波市宝韵音乐幼儿园

# 快乐源于分享

王 珂

## A 辅导缘起

胖嘟嘟的豆豆是个很招人喜欢的男孩儿，活泼调皮的他总会说出一些让人忍俊不禁的童言稚语，所以老师们特别喜欢和他交流。可是，让人头痛的是他的可爱却不能得到小伙伴的欢迎，在集体中的他总会显得有些孤独和落单。

究其原因，与他凡事"拒绝分享"、喜欢"占为己有"不无关系。在班中总能目睹这样的情景：玩玩具时，他把喜欢的小汽车紧紧抱在胸口，宁愿自己拿着不玩也不愿让其他小朋友玩；看图书时，他发现自己带来的书落在了其他孩子手上，就会毫不客气走上前去一把抢过来，嘴里还嘟嘟着："这是我的书，我不给你们看"……一幕幕的表现让孩子们越来越不喜欢和他交往了，他的朋友自然也越来越难寻觅了。

分享是社会交往的一种重要方式，分享是资源的共同享用，分享在孩子的成长中具有举足轻重的意义，它可以帮助孩子获取玩伴的信任，奠定交往的基础，学习相处的方法和提升表达的能力。

## B 辅导节点

1. 游戏中引入。

建构区是豆豆特别喜欢的区域，今天他又一头扎进了建构的海洋。没过多久，星星跑来告诉我："老师，豆豆拿了很多环形积木，他不给我们搭，我们不够了。"不出所料，只见豆豆抱着一堆环形积木独自玩着。见我走过去，他有些防备，双手中的积木抱得更紧了："我要用的，我先拿的。"我知道，此时老师的介入如果只是简单的"鼓励分享"或是"命令分享"，结果也许立竿见影，但效果却是在情理之外。于是，我调整了策略，友善地询问道："豆豆，你准备搭什么呢？""我要搭好多楼，这个积木要做顶的。"他强调着独占积木的理由。"是吗，你是想搭一个小区吧？""嗯！"对于我的猜测，他似乎正中心意，使劲地点头。"哦，那你就来做小区规划师吧，请更多的建筑师来帮你完成这个小区。来，我也应聘，我们一同来搭好这个小区。"边说，我边做了一个摊开双手向他领取材料的动作，星星和周围的孩子似乎也同意这个方案，都聚过来。豆豆有片刻的犹豫，不过还是将双手慢慢地松开了。我乘胜追击道："豆豆规划师，你来指挥一下吧。"听了这话，他立马将积木放在我们面前，煞有介事地翘着食指说起来……没过多久，小区完成了，高楼耸立，规划合理，大家都特别高兴，"豆豆，你看大家在一起玩、一起搭，又快又好，真棒！"我拍拍豆豆的头鼓励着他些许的改变。

**2. 集体中强化。**

集体生活的优势就是他的"相互性",所谓相互性也可以说是可逆性,即甲对乙的行为,乙可以以同样的方式或内容方式反馈给甲。这种相互性可以直接让个体体验到平等、互惠的人际关系。

班中每周都有一次"分享会",孩子们都会带自己喜爱的玩具与同伴交换着玩,豆豆也不例外,可是他总是拿来玩具却少有分享,所以他也就不能玩其他孩子的玩具了。亮亮拿着飞机和他交换,他把自己的汽车悄悄放进了柜子里,打算玩亮亮的飞机,亮亮当然不乐意。看到这一幕,我建议:"豆豆,你的小汽车呢?和飞机比一比,看看功能有哪些不一样啊?我们边玩边研究一下怎么样?"他似乎明白了些什么,把汽车取了出来,亮亮看到形势有些转变,也主动将飞机拿了过来。起初,豆豆玩得有些小心翼翼,总把自己的汽车放在自己边上,没过多久,我发现他已被亮亮的飞机吸引了,放手将汽车给了亮亮,专注地玩起了飞机……离园时,我将豆豆叫到身边问道:"豆豆,飞机好玩吗?""好玩!""其实,还有很多好玩的呢,下周你再跟更多的朋友一起交换,一定能玩到更多的玩具!"他若有所思地点点头。

在孩子遇到难题时,我想老师只需要提供工具策略,问题还是需要孩子自己去解决,这次交换分享,让豆豆体会到了分享的收获,我想在以后的分享中,无疑给了他一个重要的经验和分享的勇气。

**3. 家庭中巩固。**

孩子的独享往往与家庭教育息息相关,在对豆豆进行辅导干预的同时,我了解到他在家就享有"唯我独尊"的地位。只要是豆豆想要的东西,长辈们就无条件地给予和服从,他们还理所当然地认为"孩子还小,就由着他,长大后自然就会懂事的。"殊不知,家长一味的纵容和"谦让",只会让孩子更加自私和自我。家长必须分清什么时候该给予,什么时候该制止。结合孩子的情况,我与家长进行了多次沟通,他们开始慢慢地接纳和认同我的观念,表示在平时的生活小事中积极配合引导。与此同时,我还给家长提供了一些有效的分享策略,诸如轮流享用策略、承诺分享策略、赞美肯定策略等。

一段时间后,我与家长交流中,豆豆妈欣喜地告诉我,孩子在家中有了明显的改变。原来家中的电视遥控器总像"权杖"一样握在豆豆手中,谁都不能随意换自己喜欢的节目。可是,用了"轮流享用策略"和及时表扬后,他能交出遥控器让爷爷看新闻联播,也乐意让我们共用遥控器来换台了。在他点滴的改变中,家长见证了效果,体验了收获,相信教育的成效会在他们的坚持中与日俱增。

### 🅒 辅导反思

豆豆的改变正朝着我所期望的方向发展,很多时候,他开始放开紧握玩具的手;开始尝试与别人交换心爱的书籍和物品;开始和伙伴们分享自己的美食……但是,孩子的教育永远有它阶段性和反复性的规律,豆豆偶尔还是会出现独占、拒绝分享的行为,我总是会在第一时间倾听他心中的想法,与他一起探讨处理的方法,给予他缓冲、思考的时间,尊重他的意愿,让他在积极的情绪下主动与同伴分享。

当孩子认为分享就是割爱, 分享就是要放弃, 分享就是一件痛苦的事情的时候,他即使在做着分享的行为,也无法体验到分享的快乐。分享是件美好的事情,我们希望孩子学会分享,但是前提是尊重孩子的自主性和决定权,特别是在他私人物品的分享时,孩子只有体验到自己的所有权,将来才会尊重别人的所有权。理解、接纳、耐心地带孩子体验分享的快乐吧,只有源于快乐的分享,才是真正的分享。

宁波市江北区绿梅幼儿园

# 小新有了新习惯

舒丹丹

## A 辅导缘起

小新爱笑,长得甜美可爱,平时也很喜欢与他人交往。无论在什么时候小新总能以外向的性格获得大家的喜爱。不经意间,我们也总能听到小新愉悦的歌声,看到小新快乐的身影。难以想象的是,拥有开朗性格的小新却不愿意和大家分享自己的物品,无论旁人如何劝说都无动于衷。次数多了,小新就会把自己的物品藏起来。我发现,小新的朋友越来越少,小新似乎被悄悄地孤立起来,我担心这样的状况如果持续下去,对她的自信心和交往能力的发展会有影响。所以,解决小新的拒绝分享行为已是迫在眉睫。

我尝试和孩子的家人一起分析原因,寻找解决的方法。一直以来,家人都会用物品奖励的方式鼓励小新的进步,在她的房间里放着许多玩具和绘画工具,还有各种各样的小贴纸等等。家人们经常教育她:"得来的奖品要好好保存,不能丢失。"所以,小新非常珍爱自己的奖品,从舍不得给别人触摸。小新就逐渐养成了不轻易和他人分享的个性。找到了小新拒绝分享的原因后我尝试从形成意识、同伴交往、巩固行为三个方面入手,让分享成为涓涓细流,浸润她的生活习惯。

## B 辅导节点

1.形成分享意识。

我有意识地选择了许多包含着分享的经典故事和同伴交往的案例,在空闲的时候和小新一起欣赏,一边欣赏一边观察她的表现,每一次我发现小新的表情都会有些许的变化。欣赏完以后我会问她:"你喜欢故事中的小朋友吗?"小新用力点点头。"你为什么会喜欢这些小朋友呢?"她毫不犹豫地说:"因为她总会把自己的东西和别人一起分享。"通过描述不难看出小新的道德判断能力是比较正确的,从小新不同的反应来看,她已经开始拥有分享的意识了。我乘胜追击:"那小新也做一个故事里的小朋友好吗?"这时的小新低下头慢慢思考着,但没有拒绝我的提议。但从小新的表现看,她已经发生了转变,不再像以往一样听到分享便立刻反对,这个好现象让分享行动迈出了第一步,小新已经认识到分享在生活中也是一件有意义的事情。接下来的日子里,我要做的就是推波助澜,让分享变成一种行动。

2. 开启分享行动。

看到小新的房间里有这么多的绘画工具,可以肯定她是个非常喜欢绘画的孩子。于是,我提议和小新一起画画,我故意提出自己的难题:"小新,我忘记带油画棒和记号笔了,你愿意把油画棒借我用一下吗?"她听到了我的要求后,犹豫了好一会儿,仍然没有给我想要的回应。我继续引导说:"那要不我们一起画吧,我需要你的帮助。"小新犹豫再三后点头同意了,拿来了自己的油画棒和记号笔。在涂色时,我请小新给我提议,她一边帮助我选好油画棒的颜色,一边告诉我应该涂在哪个位置,就在这样融洽的氛围中完成了作品。我和小新来了一个无比夸张的拥抱表示我们的成功之作,小新的脸上也笑开了花。相信,小新已经开始感受到了分享是一件快乐的事情。

平时在活动中,我总是以小贴纸奖励孩子们即发性的良好表现。这一天,又是一个分享的良好时机,小新由于讲述了一个故事后获得了五颗小贴纸,在我正要提议和好朋友分享的时候,小新却先于我一步向我咨询:"老师,可以和好朋友一起分享吗?"我用力点点头并给了她一个大拇指说:"当然可以。"然后小新便开始和好朋友分享小贴纸,我看在眼里,心里着实激动。虽然,小新已经不再是第一次和大家分享,但是,主动提出分享仍然是她在分享路上坚实的一步。有了这一次的跨越,小新的身边又有了许多好朋友,小新的交往能力也增强了。

3. 升华分享行为。

在很长的一段时间里,我通过循序渐进,一步步的引导,让小新加深了对分享行为的理解,我同时鼓励她把分享的意识落实到行动中去。班级要召开"玩具分享会",请孩子们从家里带来自己最喜欢的玩具和大家一起分享。小新的家人告诉我,她在"玩具分享会"的前一晚,特别精心准备了自己最喜欢的玩具,并且兴奋地告诉家人要如何和小伙伴分享。在"玩具分享会"开始后,小新第一个主动站起来说:"我的玩具是爸爸从北京带来的,我想请大家一起玩,谁愿意和我一起玩吗?"其他的小朋友们都用力地高高举起小手,小新很大方地把玩具交到了小伙伴的手里。我微笑地看着她,这一刻,我知道小新收获的不仅仅是分享的快乐,而且还有良好的交往能力和自信心的提升。接下来,我还开展了许多分享活动,如"故事分享会"、"共同的任务"等,让小新的分享行为最终成为一种习惯性的行为。

### C 辅导反思

通过小新的分享故事让我有了新的感受。在教育工作中,我们时常会发现孩子的身上有很多需要完善的地方,就像案例中小新的分享行为一样。也许,改变这些行为需要花费许多的精力和时间,但是,如果我们有足够的耐心和细心去辅导孩子,那么他们回报给你的就是惊喜和感动,同时让自己觉得教育工作更加富有生命力。在对小新的辅导中,我用连续性的分享行动来支持小新的分享意识,从无到有,从被动到主动,家长也在小新的变化中改变了教育观点和教育模式。小新的分享行为变得如此的自然和主动,这一点也成为大家更爱小新的理由。

但是,小新的分享仍然是小范围的分享,要想让她从心里真正感受到分享的重要性,还需要一个比较长的过程,我还应该探索更多的方式,促进小新的分享行为,让分享变成她生活中的习惯和行为!

*作者单位:宁波市华光幼儿园*

# 小Q的"争夺战"

章晨晨

### A 辅导缘起

小Q的爸爸妈妈正在积极备孕二胎。新的学期,妈妈对我诉苦说小家伙在家里各种的"作",断奶很久了又闹着喝奶瓶,以前活泼可爱的她现在总为一些细小的事就乱发脾气。父母对此不知所措,随着妈妈分娩日期的来临,小Q的焦虑一天天加深了。

一次餐后散步时,小Q拉着我的手一改往日的活泼劲儿,"妈妈说肚子里有个小弟弟"、"那真不错,这样你就当姐姐了"、"妈妈为什么还要一个小弟弟啊,我才不要"。看得出小Q的爸爸妈妈没有与她商量或者讨论过这个问题,而且小Q这个年龄对于爸爸妈妈的决定还不太能够理解。

小Q产生了强烈的不安全感,如果此时成人不帮助她克服不安和焦虑的情绪,她小小的心灵就会被紧张焦灼的情绪包围起来,随之可能会出现很多行为问题。于是，我决定牵起她的小手，一起走过爱的旅程中的插曲。

###  辅导节点

**1. 接纳并陪伴她宣泄坏情绪。**

(1) 布偶娃娃来倾听。

在一次区域活动中，只见小Q把一个靠枕塞在自己的衣服里，捧着肚子气愤地喊着"他把我的肚子踢得好疼，快送我去医院把他拿出来"。离园时，我与小Q妈妈聊起这个场景，挺着大肚子的妈妈说，由于自己身体难受，最近在家里经常说起这些，看来小小的她全都看在眼里。或许这正是她不良情绪的一个触发点，当她看到最爱的妈妈妊娠反应那么难受时，不由自主地迁怒于肚子里的"敌人"。面对小Q"我不要弟弟"，"生出来也要扔掉他"的激动情绪，我鼓励妈妈制作一个可爱的布偶娃娃送给她，告诉她可以把不开心的事情说给娃娃听，过了一段时间，我惊喜地发现她不光将自己的不满向布偶娃娃倾诉，也和班级里的"二宝"有了很多沟通，仿佛同伴间才能找到知音。

(2) 爸爸一起来阅读。

利用亲子阅读时间我约来了小Q的爸爸，父女俩阅读着我推荐的一本书，这本书里，生动地描述了手足间的爱恨情结，小姐姐因为嫉妒弟弟抢走了父母的关爱，有一天突然有个想法，她跑去跟妈妈说："小弟弟已经死了，再也不会回来了。"然而，妈妈听了小姐姐的话，却是出人意料的安静，她没有立刻跑去看小弟弟，却紧紧把小姐姐抱在怀里。因为妈妈懂得小姐姐的心理，她需要确知妈妈还是爱她的，还是需要跟父母单独相处的时光。爸爸看了若有所思。

**2. 理解并助力重建安全感。**

(1) 小小信儿把心诉。

我通过和小Q的多次聊天了解到她的心情，于是以小Q的名义给爸爸妈妈写了一封信，在信中，我用小Q的口吻倾诉着家里要多一个弟弟时的感受，告诉妈妈看到她把弟弟抱在怀里时的嫉妒，告诉爸爸看到他心目中只有弟弟时的落寞，通过这样的倾诉将孩子内心的感受展现在父母面前，帮助成人更好地了解孩子的想法。

(2) 好书推荐把意达。

同时，我给爸爸妈妈推荐了一本龙应台的《孩子你慢慢来》，书中的妈妈在安安近四岁时迎来了第二个儿子飞飞，智慧的她带着安安去做产检，跟安安约定飞飞会从妈妈子宫里给他带来翻筋斗的越野车，跟贺喜的客人约定探望飞飞时别忘记给安安带礼物，在安安吃醋时说："看到你刚刚去抱弟弟那个样子，你一直亲他看着他笑……我感觉你比较爱弟弟……"妈妈给予他紧紧的拥抱。

**3. 呵护并引导她珍视手足情。**

(1) 以大带小找自信。

我在班级里特意组织了几次"大带小"的活动,在活动中鼓励孩子们去照顾和帮助小托班的弟弟妹妹们,并且在班级里请家里有兄弟姐妹的孩子介绍自己的经验,当老师夸奖小Q越来越像个大姐姐时,她的脸上充满了自豪与自信。在妈妈的回馈中我也得知,小Q回到家里不是排斥弟弟而是主动要求帮弟弟做事了。

(2)约访父母巧沟通。

我在与小Q父母的约访中探讨,不要因为新生命的降临就忽视"大宝"的感受,也不要过分关注"二宝",可以让"大宝"帮助父母照顾"二宝",把父母的爱通过"大宝"传递下去。或许随着弟弟的长大,姐姐发觉弟弟不再是个哭闹的小怪物,而是个很好的玩伴,或许她会找到做姐姐的成就感与乐趣——弟弟才是最支持姐姐的观众与崇拜者。父母对此表示认同。

### C 辅导反思

面对突然出现的兄弟姐妹,孩子很容易出现排斥、恐惧、嫉妒等心理,产生"被夺爱"的感受,这种心理很正常,应该为成人理解和接纳。

通过园内的微调查,我发现在本幼儿园12个班级340名幼儿中,二胎家庭占到21%。教师们表示面对家中的变化,有些孩子的不安会表现得比较明显,行为出现很多异常,而有些则比较温和,不容易被发觉,容易被忽略。这样,就需要教师更多地去关爱他们,走进他们的内心,消除他们的二胎焦虑现象。

作者单位:宁波市鄞州区华泰剑桥幼儿园

# 我们大家一起玩

曾亚会

### A 辅导缘起

分享就是指个体与别人共同享受欢乐、幸福、好处等,这是人的一种亲社会行为,是人在社会交往中需要获得的一种意识、一种能力、一种品质,也是每个人需要具备的一种美德、一种责任。学会分享是孩子成长发展中一个重要的里程碑。

欣欣是一个活泼可爱、独立自强的孩子,平时无论是吃饭还是和小伙伴玩耍都争着吵着要自己先来。每每拿起自己喜爱的玩具都不允许其他小朋友摸一下,从表面上看来,这是孩子的天性,但这蕴藏着的是一颗"自私"膨胀的小心脏。

经过了解得知,欣欣是家里的独生女,爸爸妈妈对她十分宠爱,对于欣欣的各种要求也是想尽一切办法满足。不仅如此,欣欣在幼儿园里经常独自一人玩耍,不允许其他人"侵占"自己的领域,更不会主动向小朋友分享自己的东西。这是孩子的"自私"心理在作祟,也是大部分孩子成长过程中所经历的,同时也折射出孩子所需的教育和引导的不足。由此,我们要用正确的方法去弥补他们心中的缺失,让"自私"从欣欣的内心抹去,让主动分享在她的心中扎根。

## B 辅导节点

### 1. 认识分享。

针对欣欣"自私"的心理,我首先让她知道什么是分享。午饭后,我陪着欣欣看了绘本《全都是我的》。看完后,我向欣欣提问:"花袜子是个什么样的人呀?"

欣欣:"他很坏,看到别人好的东西就想变成自己的。"

我:"花袜子的朋友们喜欢他吗?后来他的朋友看到花袜子都是怎么做的呀?"

欣欣:"花袜子的朋友们都不喜欢他,而且大家看到他就会把自己的玩具藏起来。"

我:"花袜子为了守住自己的宝贝,他是又怎么做的呢?"

欣欣:"好朋友叫他一起玩儿,他都不玩,就一直趴在被窝里。"

我:"花袜子一个人玩快乐吗?"

欣欣:"不快乐!他一个人很无聊。"

我:"后来花袜子是怎么做的?"

欣欣:"他把所有的东西都拿出来,和小伙伴一起玩。"

我:"如果你是花袜子,你会怎么做?"

欣欣:"我才不会像花袜子那么自私,我会把好玩的玩具带给好朋友一起玩,大家一起玩才好玩,那样我也会很开心。"

我:"欣欣小朋友真棒!懂得分享了!"

我向欣欣竖起大拇指,我的巧妙引导让欣欣对"分享"有了一个初步的认识。

### 2. 尝试分享。

欣欣了解了什么是"分享",接下来我要让她尝试"分享"。这天,欣欣带来了一个新的芭比娃娃,其他小朋友看了都非常羡慕,大家都想要玩,但欣欣就是不肯,小朋友非常失望。我想应该珍惜这次机会,对孩子们进行分享的教育。于是,我拿过欣欣手里的芭比娃娃,对欣欣说:"如果我有一个很漂亮的芭比娃娃,你很想玩,你会怎么办呢?"

她抬头看着我说:"我会向你借来玩!"

我说:"那如果我不想借给你玩,你心里感觉怎么样?"

欣欣低着头说:"我好想哭。"

我又问其他的小朋友:"如果是你们,会有什么样的感觉呢?""老师,我会觉得你不喜欢我。""老师,我心里有点难受。"

我说:"欣欣,你看大家都和你一样,他们的心里也会很不舒服的。如果我借给你玩,你会觉得开心吗?"

欣欣:"是啊,开心啊!"

我:"其实我把娃娃借给你,我也很开心,这样咱俩就是好朋友啦。"

欣欣不太情愿地把芭比娃娃给小朋友。我又接着说:"欣欣,这芭比娃娃是怎么玩的呀,你给小朋友们介绍一下吧!"欣欣一听这话,就开始给大家讲芭比娃娃怎么说话,怎么跳舞等,不一会儿,孩子们开心愉快地玩在一起。

3. 享受分享。

欣欣慢慢地开始愿意和大家一起玩玩具了,她也在和大家一起玩耍中体会到了快乐,渐渐觉得自己一个人玩没意思。当好多小朋友都来找欣欣,让欣欣教他芭比娃娃怎么玩,欣欣真是忙得不亦乐乎。她拉着我的手说:"老师,我家里有很多很多的芭比娃娃,还有小熊,我都可以拿来吗?"我回答说:"当然啦。"我问她:"你愿意把玩具与其他小朋友一起分享吗?"欣欣笑着大声说:"愿意!"我对着全部小朋友说:"那你们呢?你们愿意吗?"所有的小朋友异口同声地回答:"愿意!"

经过一个月的努力,欣欣已经能够主动和其他小朋友分享了,班级里"分享"的氛围也愈来愈浓郁。

### C 辅导反思

通过对欣欣的辅导,让我感受到了心理辅导的魅力,也让我从孩子的改变中体会到了自己的价值,同时从中体会到工作带来的快乐。但是,自己在辅导过程中,也遇到过很多困难,比如,有的家长对此并不配合,在幼儿园孩子已经做得很好了,但是回家之后,家长一娇惯,第二天又前功尽弃。所以,怎么样取得家长的理解和支持,是我以后要思考的问题。

欣欣的案例是一个个案,但也是一个普遍的现象,通过对欣欣的辅导,让我感受到每个孩子都有他们独特的发展方式和过程,对于类似于欣欣的孩子我们要有耐心,更要有爱心,并结合孩子的具体情况制订辅导计划,开设相应的活动,以帮助他们学会分享并感受到分享的快乐。

作者单位:宁波市国家高新区东方幼儿园

## 58 和分享 Say Hello

张 儿

### A 辅导缘起

森森是个聪明能干的女孩子,在游戏中她总能拿到自己喜欢的玩具,但每次看到好的玩具她会占为己有,等到玩的时候再拿出来,其他孩子想玩一下,她就会大叫大嚷。开学初,孩子们从家里带来了各种各样的汽车放在玩具区里,其中有一套托马斯的玩具吸引了孩子们的注意力,但奇怪的是有几辆火车头不翼而飞,谁也不知道它们去了哪里,最后在森森的柜子里找到了它们。观察森森的种种行为,我发现她不会分享,只想占有。

为了让森森不再自私占用别人的东西,学会与人分享的好习惯,我做了以下的辅导。

### B 辅导节点

1. 寻找分享。

现在的孩子大多数都是独生子女,在家里都是小王子、小公主,来到幼儿园后要和其他孩子一起玩玩具,这些改变一时间让孩子们难以接受。森森就是这样的孩子,习惯了玩自己喜欢的玩具、想要什么就有什么的生活,霸道又无理。在一次美工活动中,我拿着一把长颈鹿图案的小剪刀做示范,就听到森森大叫:"老师,你的剪刀好漂亮。"我讲解完随手把长颈鹿图案的剪刀放在森森一组的箩筐里,只见森森直愣愣地盯着那把剪刀,"嗖"的一下小剪刀已经握在了森森的手中。如何让森森学会分享呢?

今天的餐后活动是看书,森森是班级里比较能干的孩子,为了让森森不争抢书本,我让森森当小老师,并跟她说:"森森,今天你当小老师,每个孩子从你这里拿一本书,最后的那本留给你。"森森为了当小老师,爽快地答应了下来。在接下来的分书环节中,森森也没有出现挑选书本的现象,而是一本正经地管理着图书,提醒着孩子们一个一个地拿书。

"图书小老师"策略让森森在任务的驱使下去寻找分享,制止了森森挑选自己喜欢图书的习惯。

2. 发现分享。

森森的语言表达能力较强,喜欢看书,因此在语言活动中,我选择了一本花袜子小乌鸦成长故事系列《全都是我的》,故事中花袜子小乌鸦本来挺可爱的,就是有个坏毛病,一看到别的小伙伴有什么好东西,马上就想占为己有——无论是小刺猬的泰迪熊、猪宝宝的溜冰鞋、猫头鹰的金项链、长耳兔的丝绒枕,还是狐狸的音乐闹钟。在绘本学习过程中,我们边看绘本边讨论:当所有的朋友都躲着你,防着你,你会开心吗?

森森和小朋友都摇起头,大声地说:"不开心!"

我又接着讲:"小乌鸦每次都只能一个人玩这些玩具,而其他小动物能和大家一起玩,谁比较开心呢?"大家都表示一起玩才开心。

故事继续:"在与同伴们的相处中,花袜子终于明白自己霸占这些东西一点乐趣都得不到,他想到了一个好方法把这些东西统统还了回去,开始体验到分享的乐趣。如果请你帮花袜子出主意,你会怎么办?"森森说:"我要和小朋友一起玩玩具!"

**3.体会分享。**

在幼儿园里,我通过各种机会让森森尝试分享,同时,也与家长进行沟通交流。家园合作是幼儿教育的重要途径,因此,只有在家里孩子也能做到与人分享,才是真正的学会分享。在家里,森森也是比较霸道,常常将自己喜欢的东西牢牢抓住,不肯分享,因此,在与家长的沟通交流中我们也寻找办法,让森森学会分享。妈妈说,森森在家最喜欢学老师的样子,因此,我们就与家长商量,在分享东西时可以让森森当小老师,看看老师分东西时是怎么分的。森森有较强的模仿能力,因此,会学着老师的样子,有模有样地去分东西,还会跟爸爸妈妈说要"大家一起玩,知道了吗?"

小朋友来家里做客时,森森也会慢慢地学着把自己的玩具拿出来与小朋友一起分享。听妈妈跟我说,有一次同小区的两个小女孩去家里串门,森森一看到小朋友进门就开始把自己的玩具箱拖出来,要知道那个玩具箱可是森森的宝贝,以前从来不让别人碰的,更别说跟小伙伴分享了。但这一次森森大方地将自己的玩具跟小朋友分享。过了一会儿,两个小伙伴因争抢玩具而吵架,森森还学着老师的样子跟小朋友说:"好东西要大家一起玩,才好玩,知道了吗?"俨然成了一位小老师。

家园及时有效沟通让孩子慢慢地学会了与人分享,在家里学当小老师也让森森渐渐地体会到分享的快乐。

## C 辅导反思

在对森森的辅导中,我能及时发现森森的优点,并选择合适的方法对森森进行辅导。从刚开始在幼儿园学当小老师让森森寻找如何与人分享,到接下来从森森最爱的绘本故事出发,让森森从故事中发现分享,到最后的家园沟通,让森森真正学会分享,体验分享的快乐。

在辅导中,我发现除了森森,很多孩子也有类似的情况,一两次的辅导并不能完全让孩子学会分享,这个漫长的辅导过程,需要家庭和幼儿的配合。只要我们正确引导,孩子总有一天会与分享Say Hello,让我们耐心等待吧!

作者单位:宁波市象山县机关幼儿园

## 59 煖煖的一小步

陈燕娜

### A 辅导缘起

煖煖是我们班小月龄的女孩子。初春天气寒冷干燥,我请幼儿自带面霜轮流分享。当轮到煖煖的时候,她拿出面霜自己擦好后又放回了衣帽柜,不愿跟同伴分享。有时她会在吃完点心入座后,不让同伴坐在位于她两侧的位置,甚至跟同伴玩区域游戏时霸占喜欢的材料,既不愿意跟小朋友们一起玩,也不愿意跟他们交换玩。

"每种现象的背后都会有一定的原因",通过对煖煖的观察分析,主要有以下三种因素促使她不愿分享。

自我中心:现代家庭独生子女居多,煖煖也是其中之一。她对于自己想要的都会要求长辈们给予满足,家长也会事事谦让孩子,导致了孩子的自私心理。

家庭因素:幼儿拒绝分享的原因受父母教育的影响,在晨间来园的时候每天会听到妈妈叮嘱煖煖,要把自己的东西管好,不要让小朋友碰。因此煖煖在妈妈潜移默化的熏陶下变得不愿意与他人分享。

物质衡量:在跟同伴以物换物的过程中,幼儿会衡量对方的东西是否比自己好,或担心自己的东西会被他人弄坏,因此当别人想跟煖煖交换时经常会被拒绝。

在社会交往中,幼儿必须学会与他人共享许多物品与权利,为了让煖煖学会分享,学会交往,我创设了不同的环境对她进行辅导。

### B 辅导节点

1. 模仿效应。

晨间来园接待,看到煖煖和涛涛在一起玩雪花片。涛涛搭了一架飞机,煖煖搭了一朵漂亮的花。我走到涛涛身边说:"涛涛,你搭的飞机真好看,能送给老师吗?"涛涛毫不犹豫地塞到我手上说:"老师,送给你。"然后我将手中的小贴纸送给涛涛说:"谢谢你的分享。"一旁的煖煖被深深吸引了,从眼神中发现她也很想要小贴纸。因此我顺势来到煖煖身边说:"煖煖,你搭的小花真漂亮,可以送给我吗?"煖煖马上低下了头。知道煖煖不愿意,于是我顺手拿起了雪花片搭了一朵比煖煖搭的更漂亮的小花递到她面前说:"煖煖我跟你交换好吗?" 煖煖看了看自己的花又看了看我的,不舍地将小花递到我手里:"老师,给你。"然后我将煖煖抱在怀里高兴地说:"煖煖,你真棒!你愿意跟老师分享自己的东西了。相信以后也会跟小朋友们分享对吗?"煖煖用力地点点头。这时我也拿出小贴纸奖励给煖煖,鼓励她走出了分享一小步。

2.小组实践。

为了巩固媛媛的行为,我创设了小组的分享活动,请小组内的幼儿每天轮流带一样玩具跟同伴一起玩。话音刚落,媛媛说:"老师,我家没有玩具,妈妈不给买。"我微笑着说:"没关系,媛媛家里有什么都可以带来。"听了我的话,媛媛勉强地点点头。

第一天,梦蝶带了一只会唱歌、会讲故事的玩具熊,受到了小朋友的欢迎,媛媛和小伙伴们玩得不亦乐乎。趁机我拉起她的手说:"媛媛,明天轮到你带玩具了,你想好带什么了吗?"媛媛眨着眼睛低着头想了半天说:"我带一个会说话的洋娃娃吧。"第二天早晨,媛媛真的带来了洋娃娃,一开始她抱着娃娃还是有点舍不得,但是在我的鼓励下媛媛同意了分享。媛媛说:"你们玩的时候要轻一点,不要弄坏了。"孩子们小心翼翼地玩了起来。

午后为了强化媛媛的分享行为,擦面霜的环节特意请媛媛分享,这一次媛媛欣然答应,得到了大家的认同与感谢。

3.家庭巩固。

幼儿的生活环境主要以家庭和幼儿园两部分组成,我跟家长提出辅导建议,帮助家长树立正确的育儿理念,积极辅助幼儿开展分享活动。

媛媛的生日正值假期,我提议让媛媛在园补过一次生日。生日当天,媛媛带来一个很精美的蛋糕。到了Party时间,我把媛媛请到了身边,让小朋友们为她唱生日歌,然后请她分蛋糕,媛媛在来回递送蛋糕的过程中获得了大家的祝福与感谢。生日结束,她搂着我的脖子说:"给小朋友分蛋糕真开心,他们还会跟我说谢谢。"我用赞许的目光看着媛媛说:"媛媛会跟所有的小朋友分享美好的东西了。"

媛媛妈妈利用双休日邀请一些小伙伴到家里做客,请媛媛招待客人,在这个过程中引导媛媛给同伴分享水果和玩具。平日里,当发现别人需要帮助的时候,妈妈也会和媛媛一起去帮助别人。在妈妈的引领下,媛媛逐步拥有良好的分享品质。

### C 辅导反思

媛媛小气,不愿意分享,通过有计划的辅导,她迈开了分享的第一步。虽然她离积极主动分享还有一段差距,但她在原来的基础上有了明显进步。

父母们往往更多重视孩子的学习成绩及在园表现,缺少对幼儿个性品质及心理健康的关注,在对媛媛心理辅导的过程中我得到了家长的支持与配合,这是辅导成功的一个很重要的因素。

幼儿分享品质的培养是一个持续的过程,在孩子入园的初期就应该引导家长和孩子进行分享,营造成人、孩子集体乐于分享的氛围,这种环境更利于幼儿的行为学习。同时,分享也不是一个阶段性的话题,需要贯穿于幼儿园的小中大各个年龄段,从小到大的持续关注和培养,将更有利于把一种良好行为内化为孩子的习惯。

作者单位:宁波国家高新区第二幼儿园

# 心理辅导之
# 固执任性

心理辅导之固执任性

#  不再任意妄为

徐东颖

### A 辅导缘起

扬扬是个活泼好动的孩子，但升入大班以后，做很多事都要随着自己的意愿，不愿意服从集体活动。集体教学时，常自己跑到一边玩玩具、看书，午睡也不好好睡，和同伴游戏时也要听他的，一不顺心就开始丢玩具、攻击同伴或是损坏班级的一些物品，一系列的表现越来越差劲。

对此，我与她的妈妈进行了沟通。了解到，现在爸爸工作比以前忙，早出晚归，妈妈是全职太太，扬扬基本由妈妈一人带养，很是疼爱，对于他的很多要求，妈妈都是尽量满足。有时遇到扬扬提出的过分要求，妈妈也会阻止，但只要扬扬犟劲一上来，妈妈就拿他没辙，随口说着："不要这样！"最终还是满足他的要求。

扬扬的这种固执，如果不予以辅导，可能会愈演愈烈，不但对其自身学习和心理健康成长有较大阻碍，更会影响班级和其他孩子开展各项活动。为了让他对自己的行为有正确认识，并逐步改善、调整自己的想法和做法，我开展了一系列辅导工作。

### B 辅导节点

1. 耐心交流。

午饭后，孩子们都在自主游戏，有的看书，有的玩角色扮演，有的下棋，这时只听"哗啦啦"一声，雪花片撒了满地，小朋友都过来告状，说是扬扬打翻的。只见扬扬坐在地上嘟着嘴，一脸的不高兴，我就赶忙上前问："扬扬，怎么了？是你打翻了雪花片？"扬扬大声说："我不知道。"

我疏散了围在一边看热闹的孩子，让他们继续游戏，然后伸手去扶扬扬，他用力地甩开我的手，看他不愿起来，我也坐了下来："扬扬，什么事让你不高兴了？告诉老师，或许我能帮助你。"陪着他坐了两三分钟，他才开口。

扬扬："他们不让我搭雪花片。"

我："小朋友说得对呀，现在是玩自己玩具的时间，雪花片我们在区域活动时可以玩呀。"

扬扬："不，我就是喜欢搭雪花片。"

我："你这么喜欢雪花片，为什么要打翻呢？这样雪花片还会喜欢你吗？"

扬扬："可是我不高兴呀。"

我:"不高兴也不应该损坏你最喜欢的雪花片呀,它们都坏了,你以后可不能搭喽!"

这一听,扬扬立马站起来,开始捡雪花片,我也帮着他一起捡,整理完,扬扬说:"老师,我会好好保管他们的,不会再打翻了。"我说:"嗯,雪花片刚才打翻不舒服了,让它们休息下,你拿自己的玩具和小朋友们一起玩吧。"扬扬笑着点头,去拿玩具玩了。

这之后,似乎我和扬扬之间的关系亲近了,他逐渐地放松警惕,卸下防备,尝试改变。每次当他有过激的行为产生时,我的建议他都能欣然地接受,过激行为发生的频率也有所降低。

2. 适时激励。

周一早上是种植园的记录时间,今天第一组轮到扬扬记录,一早他就来到班级,到种植园观察了他们组种的小番茄、蚕豆,然后拿出记录本,认真地写着、画着,我走到一边,他说:"老师,等等再让你看,你先到种植园去看看我们第一组种的,他们长得很快。"

我就先去种植园看了一圈,回来后他把本子交到我手里说:"老师,我记录完了,你可以看了。"翻开本子,扬扬不但有记录图,还有文字说明,并标注了时间、记录人,写得清清楚楚,看他认真的样子,我问道:"你怎么会写时间呢?以前都是老师帮你们写的。"扬扬:"休息的时候,我让妈妈教我写的。"

随后,在种植园记录展示的时候,我把扬扬的记录拿出来让其他孩子看,并请他上来讲讲自己的观察发现和记录方法。我在全体孩子面前表扬了他,让大家学习他认真做好记录的准备。这时,他笑得特别开心。

之后我对他的关注落脚点也有所转移,从观察他不好的行为表现到注意他的点滴进步,抓住时机进行不同方式的肯定、表扬、鼓励等强化手段,大大增强了他的自信。

3. 积极暗示。

这天午睡我值班,12点10分左右孩子们基本已脱完衣服睡下,扬扬还是处在比较兴奋的状态,有些跃跃欲试睡不着,想起身和旁边的小朋友讲话,脚还时不时伸向下铺。我轻声提醒:"扬扬今天你一定会做个美梦哦,下午醒来记得把你梦里发生的事告诉我。"

扬扬一听赶紧躺好不动了,眼睛却还东看西看。于是,我走到他身边,微笑着用手轻轻摸摸他的眼睛,他就把眼睛闭上了,然后我拉着他的小手,轻轻抚摸着,让他渐渐把心静下来。不到15分钟,他就安然入睡了。

平时在扬扬比较随性的活动中,我对他经常有一些暗示性的语言,比如:集体教学、区域活动、自由游戏时,我一直告诉他,"扬扬你可以的,你一定能坚持住",

"你非常喜欢做这件事情,而且能做得很好","这个你能玩得很好,别的也很好玩,去试试吧"等,还配合一些暗示性的动作,比如:身体的触摸、微笑的表情、肯定的眼神、和他共同合作完成一项任务等等。

经过一段时间,扬扬对自己的任性行为已有所克制,如果有发生也不需要我直接上前制止或劝解,借助动作的示意或是眼神的交流等心理暗示,他就能明白应该调整自己的状态,换一种处理方式。

### C 辅导反思

辅导一段时间后,扬扬的任性行为、过激行为逐渐减少。在辅导过程中,我在耐心的交流中建立亲密关系,让扬扬放下戒备;在细心观察发现中把握契机适时激励,帮扬扬树立自信;抓住关键节点运用语言、行为等暗示,帮助扬扬稳定情绪,尝试自我控制,从而逐步减轻他的固执表现。

虽然扬扬在我的引导下逐渐好转,但每次双休回来后他的状态又会倒退。其实,这类孩子的表现与家庭教育环境有很大关系,并非一朝一夕能彻底改变,因此家园密切配合,对其任性行为进行制止、疏导,使之从源头上逐步根治就显得十分重要。

作者单位:宁波市第二幼儿园

# 硬硬的"小肉球"

陈嘉琪

### A 辅导缘起

中班时,我们班转来了一个十分漂亮可爱的小女孩——小肉球,小肉球嘴巴很甜,加上外表喜人,大家都很喜欢她。可是经过一段时间,我们发现她与周围的小朋友相处并没有理想中的友好,渐渐小肉球固执任性的"名声"在伙伴中传了出来。

于是我对小肉球进行了深入了解,她的父母多年分居两地,在她转来幼儿园前已离异,小肉球跟她妈妈和外婆生活在一起。小肉球的妈妈是一个很要强的女人,为了给孩子创造一个良好的条件,努力地工作着,但是同时对于小肉球的照顾有一些疏忽。

由于父母离异,使小肉球性格上变得固执任性,安全感缺失,还产生了很多怪癖。比如,有时小肉球只要感到一点不如意,就会发脾气,任大家怎么哄都无济于事;有时明明自己做错了事,却一直不肯承认错误。

经过对小肉球的观察,我决定对她进行爱的渗透、心的辅导,让硬硬的"小肉球"能够从固执任性中"软化"出来。

## B 辅导节点

### 1.爱的呵护。

小肉球的妈妈十分爱她,工作再忙也要每天早上亲自把她送来。小肉球每次都穿得十分漂亮干净,总能引起小朋友们的一阵羡慕。可是,小肉球总是感觉除了妈妈,就没人爱她了,对其他人不相信、不认可,这同时也造成了她对妈妈的过分依赖,而且十分的固执任性。

为了让她明白不仅妈妈爱她,身边也有很多人爱她,我总会不时地问问她:今天的衣服很漂亮,今天的头饰很美丽,都是谁买的啊?有时她会说这件衣服是爸爸买的,这个头饰是奶奶买的。这时我就会反问她:"你觉得他们为什么会买这么多东西给你呢?"小肉球陷入了沉思,想了很久说:"因为他们是我的亲人。"我说:"对啊,那是因为他们是你的亲人,他们爱你,所以才会给你买这么多的东西。"

有一次小肉球在拍皮球时不小心摔倒了,旁边的小朋友很着急,很多人问她痛不痛,一些小朋友还把她扶起来,一些小朋友去喊老师来帮忙,一些小朋友帮她吹一吹伤口,终于她的伤口在老师的帮助下处理好了。事后,我问她:"小肉球,你觉得小朋友们关心你吗?"她看了我一眼,轻轻地点了点头。

我经常对小肉球嘘寒问暖,在她生日的时候为她唱一首生日歌,在她生病时慰问她,给她买去喜欢的小礼物,让她感觉到除了妈妈,其实还有很多人爱着她。大家都是她的避风港,有什么事情可以跟同学、老师、其他亲人倾诉。

### 2.心的起航。

小肉球是一个很有想法的小朋友,但是她的想法通过行为表现出来就是固执任性,让周围亲近她的小朋友接受不了。我决定在活动中改变她的行为习惯。

中秋节到了,我们班有一个"品月饼,讲故事"的活动,让小朋友们自己带来各种月饼品尝,并讲一讲跟中秋节有关的故事。活动开始后,小朋友们开始互相分享自己带来的月饼,小肉球手里紧紧拽着妈妈精心给她准备的月饼就是不肯让小朋友碰一下。这时我悄悄地问了站在她身边的尚尚:"尚尚,你的月饼能不能主动和小肉球分享。"尚尚点了点头:"可以呀。"小肉球拿到了尚尚主动分给她的月饼时,脸上绽放出的光彩让人看了又心疼又开心。这时明明跑过来,把自己的冰激凌月饼递到小肉球的手上:"小肉球,这是妈妈给我买的冰激凌月饼,你尝尝,里面是冷的……"小肉球接过月饼很开心,终于,小肉球把拿了很久的月饼也递向了尚尚、明明。接着,旁边的小朋友也开始与小肉球相互分享月饼,他们分月饼,吃月饼,其乐融融。在接下来的讲故事环节,小肉球表现大胆,讲了一个《嫦娥奔月》的故事,赢得了大家的掌声,小肉球开心极了。

3. 倔的软化。

经过一段时间的辅导,发现小肉球渐渐地能够从相处中体会到爱,并尝试着正确地去表达自己的想法。一次,小肉球忘记带水彩笔,在座位上低着头小声地哭泣,旁边的小朋友都拿出自己的水彩笔给她。我也走了过去,摸着她的头说道:"小朋友们都很关心你呢,别哭了,下次别忘记就可以了,再哭就变成小花猫啦!"小肉球看着大家关心的目光破涕为笑,并响亮地说了声:"谢谢大家!"她慢慢地开始进步了,不再遇事就倔着来了,遇到不顺意的事情时,也能表达自己的想法了。

在看绘本《我爸爸》时,她悄悄地对我说:"其实每次我放假时,爸爸总是带我出去玩,还会给我买好多好多的玩具、衣服。下次我也一定要对爸爸说我爱他。"幼儿园美术节活动时,小肉球画了一幅跟妈妈爸爸一起畅游世界的画,表达了满满的爱。后来听小肉球说,她把这幅画拿回家后又重新画了一幅,打算在爸爸妈妈碰面的时候送给他们,还要说:"其实,我也很爱你们!"

秋游时,我惊喜地发现小肉球已经有了两个相处十分要好的伙伴,他们一起手拉手,一起分享着零食,开心地诉说着属于他们自己的小秘密。

### 辅导反思

在本案例中,由于父母失败的婚姻以及在照顾小肉球上的疏忽,导致小肉球性格变得固执任性、缺失安全感,形成很多怪癖。本次辅导,通过在幼儿园一日生活中爱的渗透,并结合各种活动,让小肉球在潜移默化中感受到老师、同伴对她的关心和重视。小朋友的关爱让小肉球渐渐地变得柔软,她不再跟伙伴、老师闹别扭,并能够正确地表达自己的想法。

在辅导过程中,让我感悟到,对孩子的有些行为我们不能强行压制,要顺势而为,循序渐进地引导。同时老师对孩子的爱并不能代替父母对孩子的爱,在孩子的成长过程中,家庭占有很重要的位置,还需要家园合作,让硬硬的"小肉球"健康快乐地成长。

*作者单位:宁波市江北区怡江幼儿园*

##  跳跳不再暴跳

张珊珊

### A 辅导缘起

刚升中班时，班上转来了一位小朋友。他像一匹"野马"，凡事以自我为中心，集体规则意识差，常有攻击行为，一下子成为全园出名的"倔小跳"。如果他的要求没有满足，他就会大发脾气，跟他讲道理根本听不进。

固执任性是一种不好的个性行为，是孩子要挟大人满足自己某种需要的手段，是独生子女常见的坏习惯。

通过与家长沟通后得知，爸妈40岁后才有了跳跳，全家上下把他当做掌上明珠，无论什么事对他百依百顺，有求必应。久而久之，跳跳变成要什么就得有什么，要不就哭闹撒野。这种不良的个性不利于他在幼儿园与其他小朋友相处，任其发展还会对其将来产生不良的影响。于是，我有意识地对他进行针对性的辅导。

### B 辅导节点

**1. 接纳无条件。**

一天午餐时间，小朋友自己端饭、拿筷、吃饭，跳跳和几个孩子落在最后，篮里只有几双筷子了，但新筷子只有一双，走在前面的孩子刚拿起新筷，跳跳迅速从同伴手中抢过来，两人便拉扯起来，我上前制止，跳跳才放了手，端着碗回座位，但心里仍不服气，大声叫道："你们欺负我，我回去告诉妈妈！"说完手一挥，将饭碗"啪"的一声扣到地上，小朋友吃惊地望着他，又看了看我。

我走过去，摸了摸他的头，蹲下轻声说道："刚才发生的事我打电话给你妈妈，请妈妈来评评谁是讲道理的人，听一听是不是老师欺负你了，好吗？"说完，拿出手机就准备拨号，跳跳一听忙说："老师别打电话了。"我见他低下头，一脸知错的表情，知道他已认识到错误了。出于保护他自尊的考虑，我不再纠缠对错，便引导他："这么好的饭菜撒地上多可惜啊，许多穷孩子哪里有这么好的饭菜吃啊，我们一起把饭菜收拾了吧！"他点点头，拾起地上的碗，我用扫帚打扫干净，又用干净的碗重添了一碗饭，并告诉他："知错就改是好孩子，大家会原谅他的。"他端着碗用旧筷子，大口大口地吃着饭。

"接纳"对纠正幼儿固执任性具有很大的作用。我知道，跳跳很担心老师责怪，因此我采用了美国当代著名心理学家斯金纳的以消退取代批评的方法，没有过多关注扔饭碗行为，而是宽容他，无条件接纳他，用行动让他体会到老师的爱。

2.*活动获感悟*。

一天,萱萱带来了一袋奶糖,一颗一颗分给大家,小朋友一声声的谢谢,让萱萱很兴奋。走到跳跳面前,萱萱停了停,想了想,又继续往前走,没有发给跳跳,跳跳直愣愣地盯着她。所有小朋友发完了,只有跳跳没有,我想萱萱可能忘记了,便提醒了一句:"萱萱,所有小朋友都有了吗?"萱萱还没说话,跳跳就着急地说:"她还没给我呢!"萱萱接着说:"我就是不给你,你昨天抢了我的玩具!"跳跳一听火了,大声叫道:"我要,我就是要!"萱萱也不示弱:"我就是不让你吃!"萱萱刚说完,跳跳疯了似的向萱萱追去,萱萱见状赶紧捂着糖逃跑,一旁的小朋友为萱萱加油,更激怒了跳跳,他气急败坏地说:"你们欺负我,太讨厌了!"

跳跳没意识到小朋友对他的不满,反认为是别人对他不好。我想把握好这一契机,让他意识到固执任性是不对的。于是,我将跳跳搂在胸前,轻柔地问:"萱萱为什么不给你糖?"跳跳气愤地说:"她小气!"我说:"她今天带的糖请了很多小朋友吃了,挺大方的啊!你是不是有什么地方惹她生气了?"跳跳想了想,不好意思地说:"昨天我抢了她的玩具。"我顺势说道:"抢别人的玩具别人会生气的,你的玩具被别人抢,你高兴吗?"跳跳大声说:"我当然会生气的"。我又接着说:"知道认错道歉,朋友会原谅你的,男子汉拿出勇气来!"说完微笑着用鼓励的目光注视着他,他犹豫再三终于向萱萱走去:"对不起,我以后不抢你的玩具了。"萱萱像个小老师似的说:"只要你以后不抢玩具,我请你吃糖,看你的表现!"跳跳爽快地答应道:"好!"放学时,萱萱果然主动请跳跳吃糖。妈妈来接他了,他兴奋地说:"这是萱萱送我的礼物!"

其实,跳跳抢玩具不是一两次了,我多次教育仍然无力,这次在小朋友的交往中他碰了一次壁,促使他控制自己的情绪、行为。可见,老师要做"好事者",不宜做"怕事者",通过"实际困难"帮助孩子改掉任性的坏习惯。

3.*友情促转变*。

期末,小鱼要转学去宁波了,跳跳在谈话活动中向小鱼真挚地说:"小鱼我舍不得你走!"下午离园时,只剩他一人了,他还在美工区忙碌着,他妈妈多次催促他走,他仍不走,继续做他的事。我仔细一瞧,原来他正用包装纸在精心包装纸盒,最后用一朵粉红色的绸带花贴在盒上。我说道:"跳跳在包装礼品哇,真漂亮!"他一听开心地说:"这是我送给小鱼的礼物!"第二天,跳跳为小鱼送上礼物和一句祝福词,让小鱼十分感动。

跳跳变了,变得有爱心、不任性了,从而也获得了朋友。如果老师给予孩子尊重和爱,孩子将收到爱,同时也会把爱洒向别人。跳跳在充满尊重和爱的氛围中,渐渐改掉了固执任性的毛病,变成了一个快乐的、又有很多伙伴的好孩子。

直面童心的点拨——幼儿园心理辅导个案101例

### C 辅导反思

今天,独生子女行为上固执任性是一个普遍现象,因此这类行为必须引起我们的重视。

通过一段时间的辅导,跳跳的固执任性行为减少了,各方面都有明显的进步。他在活动中情绪稳定了,懂得了与同伴友好地玩,懂得了遵守规则,不随意动手打人,能较好地控制自己的行为。同伴对他也很认可,还推荐他当组长,这不断促使他努力控制自己不良行为。

认识孩子、了解孩子、接纳孩子,是进行教育的基础。及早进行正面教育,让孩子对身边的事物形成正确的判断标准,是开展教育的重点。对孩子正确的言语、行为及时鼓励和表扬,对不正确的言语和行为不迁就,是抑制任性行为的关键。矫正孩子的固执任性,需要教师认认真真下一番工夫,耐心、细心地引导,相信经过长时间的努力,一定能取得效果。

作者单位:宁波市象山县机关幼儿园

 **我不倔强**

岑 冲

### A 辅导缘起

欢欢是我们班里一个漂亮的小女孩,她聪明能干但同时又比较固执和任性。每天早上,欢欢都会拉着妈妈的手高高兴兴地来上幼儿园,在妈妈的带领下向老师、小朋友们问好,表现得很有礼貌。

但是一离开妈妈,欢欢的固执任性就不断上演,一听见老师说:"好了,和妈妈再见吧!"欢欢就会直奔妈妈的身边,抱住妈妈的大腿,哭闹、死缠、发脾气,表现出一脸的难过与不舍。

在老师的不断安抚下,欢欢才开始稳定情绪、亲近老师。她会一直跟着老师,并对同伴表现出不同程度的警觉和排斥:同伴帮她拿水果,她会任性地一把夺过来,表现不快;当排队做操时,同伴和她拉手,她也会立马甩开,固执地只愿和老师拉手。

通过与欢欢父母的交流,我了解到欢欢是家里的独生女,全家生活的重心就是欢欢。在家里,欢欢总喜欢跟着妈妈,粘着妈妈,因为妈妈从不大声斥责,要什么就给什么，对于欢欢提出的各种要求一般都会满足，其中还包括一些无理的要求。这样的养育方式造成了欢欢固执而又任性的性格，不喜欢和陌生人接触，凡事都以自我为中心，从不考虑别人的想法和需要。

为了缓解欢欢因焦虑而产生的任性情绪，避免情绪对抗，我对欢欢进行了阶梯性的渗透性辅导。

### B 辅导节点

**1. 积极关注。**

开学初，当孩子刚刚离开自己的父母，来到幼儿园这个陌生的环境，我们老师便是他们唯一可以信赖的人。因此，我们要理解孩子的心理变化，鼓励孩子的环境适应，以积极关注的手法，帮助她度过开始的这几天。

我们要尽可能地去亲近幼儿、和幼儿保持良好的关系，善于关注幼儿。如欢欢一到幼儿园，我就主动过去抱抱她、逗逗她，轻轻地在她耳边说："等下老师就给你爸爸打电话，让他今天第一个来接你！"用孩子能够接受的直观语言，稳定孩子的情绪。又如当欢欢离园时，我以肯定的语气告诉她："今天你在幼儿园的表现真不错，我们俩玩"娃娃家"玩得真开心，明天我们还一起玩好吗？"我特意选用了我们俩一同经历过的有趣事件，为欢欢在幼儿园一天的生活画上圆满的句号。这样，在稳定孩子情绪的同时，为孩子新的心理活动的出现做好准备和铺垫，避免因分离而爆发负面情绪。

**2. 满足需求。**

当孩子开始信任你了，她就会主动向你寻求情绪上的支持和帮助。因此，我们要支持孩子的安全需要，同感孩子的依恋需要，以接纳关爱的情感，帮助她融入集体生活。

当欢欢在幼儿园想妈妈的时候，我就说："你想妈妈了就来抱抱我，我来当你的妈妈，快过来抱抱啊！"因为任何的不适都会刺激到孩子的情绪行为，所以对孩子的生理需求要及时地给予满足。当欢欢睡觉的时候，我会轻轻地在她的耳边说道："好了，宝贝，该睡觉了，闭上眼睛，我就在旁边陪着你！"用这种接纳、关爱、温馨的语言来转移孩子的不安情绪，让孩子有安全感。但是在幼儿园，她只愿意和老师在一起，一旦和同伴相处，她的这种任性情绪又会不断地上演，比如自主活动的时候，孩子们都会选择自己喜欢的玩具和同伴一起游戏，可是欢欢就是不愿和小朋友一起。一个嫌弃的眼神、一种讨厌的表情都能看出她的任性与固执。每当她过来找我的时候，我就会主动邀请其他玩伴一同参加，并告诉她大家一起玩才更好玩，让她知道，在幼儿园这个大集体中，老师是属于大家的。在满足孩子需求的同时，也告诉孩子在幼儿园中的集体规则。当她只愿意和老师拉手的时候，我就会说："好吧，这次老师就先和欢欢、和小凌一起拉手。"说着，我就会拉起欢欢的左手和小凌的右手,让欢欢也能和小凌一起拉手。在满足欢欢依恋需求的同时,也让她尝试接纳同伴,融入集体生活。

3. 强化行为

对幼儿发出的各种信号要及时反馈并给予支持和肯定,我们对幼儿的反应越敏感,表现越积极,幼儿的情绪就越稳定。因此,我们要观察孩子的敏感反应,保持孩子的情绪稳定,及时对孩子的行为进行正面强化,帮助她常态情绪表达,适应集体生活。

例如,在晨间刚入园的时候,欢欢的情绪最容易波动,这时就可以对她说:"今天小朋友都等了很久了,说等你来园要和你一起玩跷跷板呢,看来上次和你一起玩的小朋友一定觉得很开心哦!"在转移孩子情绪的同时,让孩子感觉到一种存在感。当欢欢午睡醒来的时候,就可以对她说:"今天你可能干了,老师才在你旁边坐了一会儿,你就睡着了,老师相信明天只要摸摸你的小脸蛋你就会睡着,对吗?"在稳定孩子情绪的同时肯定了孩子的进步,同时也对孩子提出了进一步的要求。

当看见欢欢主动和小朋友一起游戏的时候,我就会主动参与到他们的交往中:"看你们玩得这么开心,可以让我来参加吗?"积极主动的参与更加肯定了孩子的进步,同时也让欢欢感受到幼儿园就是一个快乐的大集体。

### C 辅导反思

在整个辅导过程中,我发现欢欢的进步是很明显的,从一开始排斥上幼儿园,在幼儿园不愿与同伴说话、拉手到现在喜欢老师、喜欢幼儿园,会主动和小伙伴一起游戏等,变化真的很大。我从欢欢不同阶段的需要出发,从情绪入手,及时捕捉孩子固执任性情绪发生的可能性,并设法稳定其情绪,使她能够较快地适应幼儿园的生活。

当然,幼儿固执任性情绪产生的原因除了受幼儿本身的性格特征的影响,还离不开家庭的教养方式。解读幼儿的情绪类型,除了分析孩子的情况,也不应忽视幼儿园和家庭的联系,以阶梯形式逐层推进,寻求最为适宜的辅导策略。但是这种性格孩子的情绪往往是会阶段性反复的,有的时候也会因为一些小小的事情就钻牛角尖,从而影响情绪。所以,只有我们时刻关注孩子的心理与行为,及时地与家长取得联系,共同探讨,协商解决,才能促进孩子安全心理行为的形成,才能使他们避免情绪对抗,不再倔强。

作者单位:宁波市北仑区中心幼儿园

## 期待阳光下的七色花

卜 瞿

### A 辅导缘起

九月,是幼儿园里最为生动热闹的时节,在这些新入园的小小稚嫩脸庞中,不难发现一双灵动闪亮的眼睛——她是小芽,在入园的第一天就用自己执着又响亮的哭声表述了她的固执个性。在接下来的日子,小芽为了一个玩具小熊而对其他小朋友大发脾气,为了一定要在吃饭前吃糖果而在地上打滚,为了学不会用剪刀而把剪刀和手工纸狠狠扔到地上,为了要把幼儿园的粉红色小车带回家而哭闹不停……

儿童任性从心理学的角度来看,是个性偏执、意志薄弱和缺乏自我约束能力的表现,大部分是父母对孩子过分宽容和娇纵的结果。小班幼儿因受到语言发展的制约,对自己的任性行为不能作清晰正确的原因阐述,需要教师通过持续的观察、与家长的沟通,才能得到正确的信息。任性会导致幼儿无法正确认识和判断事物,个性固执不明事理,妨碍生活能力的发展,不善与人交往,难以适应环境,经不起生活的考验和挫折,长此以往对孩子的成长百害无利。因此,对小芽进行针对性的辅导刻不容缓。

### B 辅导节点

**1. 你热我冷。**

午餐时间快到了,小芽还在娃娃家里留恋不舍。

我:"小芽,我们要吃饭了!"

小芽:"我不要吃饭,我还没有玩够!"

我:"可是娃娃家的娃娃们也饿了。"

小芽:"不行,我就是要玩!"小芽捏起小拳头,开始跳脚。

看着小芽的任性劲又上来了,我没有再说过多的话语,走到娃娃家前把"休息中"的标志牌挂上,又安排其他小朋友坐下吃午饭。小芽看小朋友们都在吃饭,娃娃家也关门了,一个人站在那里无趣,便走了过来说:"老师,我也要吃饭。"

我的"冷处理"的方法,不劝说、不解释,对小芽的无礼要求不迁就,让小芽感到自己的任性行为是无效的。

**2. 你要我不。**

户外活动时间,我组织小朋友们排好队去滑滑梯,忽然排在前面的婷婷倒在地上哭了起来,孩子们大声说:"老师,老师,小芽把婷婷推倒了!"小芽则站在旁边面无表情地看着婷婷。

我:"小芽,为什么要推倒婷婷?"

小芽:"她不可以站在第一个!"

我:"那谁可以排在第一?"

小芽:"我要排在第一,我要第一个滑滑梯!"

我:"你想第一个玩滑梯也不能推倒小朋友,这样做是不友好、不礼貌的!"

小芽:"不要,我就是要第一个玩,我就是要把她推倒!"

我:"小芽,我们遇到事情要讲道理,而且,做错事情就得自己承担后果,现在你要和婷婷说对不起,还要暂停游戏一次!"

小芽的眼神一黯,终于放声哭了出来。

我把小芽牵出队伍:"你会道歉的对不对?"小芽默默地点了一下头。"那你可以等待吗?"小芽又点点头:"我不会再推小朋友了,我会排好队。"我抱抱小芽:"遵守规则的小芽就可以得到小红花的奖励哦!"

孩子行为所导致的结果,对其行为有着相应的强化作用。我让小芽明白因自己任性行为而要承担的相应后果,实则是给她一个学习正确行为的机会。有时的"狠心",对孩子是一种无言的爱。

3.你退我进。

这天的美工活动小朋友们新学了涂色的本领,可以看出小芽分外的认真,一直专注于自己的图画纸。忽然小芽却"哇"的一声哭了,把油画棒扔在了地上。

我:"小芽你怎么了?"

小芽沮丧地说:"我不会涂,我不要涂了……"

我说:"老师看到你很认真呢,是哪里涂得不满意吗?哦,原来是小芽把一些颜色涂到轮廓外面去了。但是,小芽的颜色选得真棒,你难过是因为这里有一点涂出去了是不是?没关系,我们一起想办法把它变漂亮好吗?"

小芽点点头,擦干眼泪继续涂了下去。旁边的浩浩却一不小心用胳膊撞到了她,小芽的油画棒又歪了出去,原本还未平息的情绪又窜了出来,这次小芽的哭声彻底爆发了:"你给我画,你给我画!我不要画了!"

我抱起了小芽,先让她哭一会儿,等她稍微平静一点的时候问她:"小芽很喜欢画画是不是?"

小芽:"是的,妈妈会和我一起画画。"

我:"那今天老师和你一起画好不好?"

小芽摇摇头,又重复刚刚的话:"我不要画了。"

我握住小芽的手,一起拿好油画棒,说:"来,我们把刚刚没有完成的涂完!"

小芽起先挣扎着,后来慢慢地平静了下来,跟着我一起完成了涂色,高兴地拿着作品跳来跳去。

我及时地关注,耐心地守候,帮助小芽冷静控制自己的情绪,摆脱遇事就任性哭闹的消极做法。

### C 辅导反思

在对小芽的辅导过程中,我采取的回避和冷处理方法能为孩子的一意孤行和任性纠缠及时降温。当孩子和同伴在交往过程中发生冲突时,我在表明坚定立场的同时耐心引导,让孩子体会谦和、礼让、友好与人相处的重要性。在孩子经不起挫折而情绪失控时,我用温暖和爱带着她拨开迷雾、走出重围。

我们不难发现来自于家庭的过分宽容和娇纵是造成孩子任性固执的重要原因——轻易地得到满足,受到无限制的迁就,没有人能打败的哭闹法宝。因此家园之间的合作是非常有必要的,我将自己的经验心得和小芽的父母分享,希望他们在面对孩子的任性哭闹时教育一致、原则坚定,同时耐心去倾听孩子的心声,给孩子更多的关爱。在家园的密切合作和共同"浇灌"下,小芽一定会如我们期待的那样,迎着阳光健康成长,开出美丽的七色花!

作者单位:宁波市江北区博雅幼儿园

#  小雨转晴了

樊亚芬

### A 辅导缘起

小雨是位4岁的小女孩,平时很娇气,稍不顺心就喜欢哭鼻子,久而久之,在生活中形成了较明显的以自我为中心的行为方式。

小雨妈妈说,大家庭里就小雨一个女孩,还是最小的孩子,大家都让着、哄着她,养成了孩子娇气、自私的心理。平时,遇到不开心的事就大哭大闹,直到别人把她哄好,另外,她自己的东西不准别人碰,也不肯与别人分享。此外,我们还发现,她还喜欢大人抱,在我与妈妈交流的时间里,小雨一直紧紧搂着妈妈的脖子,依偎在妈妈的怀里。

分析小雨的行为可看出,她经常采用"哭"的方式以期达到自己的愿望和要求,还表现出任性、自私等现象,而孩子一贯养成的这种方式是一时难以改变的,对此,在日常活动中,我该怎样加以引导、影响和改变她呢?带着问题,对小雨的辅导也就开始了……

直面童心的点拨——幼儿园心理辅导个案101例

## B 辅导节点

### 1.延迟满足——"抱我一个人!"

开学第一天,小雨就紧搂妈妈的脖子不肯下来,还哇哇大哭。我把她抱过来,好不容易哄好,可她一见我去抱别的孩子时,又大哭起来。我问:"怎么了?""我要抱。"小雨边哭边说。我只好左右手各抱一个,但没想到小雨仍哭闹不止,原因是她要我抱她一个人,不愿意同伴与她共享老师的怀抱。

于是,我就故意先去抱其他的孩子,小雨在一边就更加大声地哭。我说:"小雨过来,老师再抱抱你。"可是小雨走到我身边,用力去推我怀里的那个孩子。见状,我就抱起另一个孩子走了,小雨紧跟在我后面,大声哭着。我坐下后对小雨说:"小雨,要不要老师抱?大家一起抱抱?"小雨犹豫着,我轻轻把她搂入怀中,小雨安静了下来。

当小雨发现她用哭的那套方式无效时,她的自私行为(推开别人、独享老师怀抱)得不到认同时,也逐渐转变了自己的想法。我在适当时候满足了小雨想抱的念头,并且经过与她的交流,使她初步转变了固执任性的行为。

### 2.榜样效应——"为何不抱我?"

自由活动时,小雨和晨晨边跳边玩,突然,俩人不小心相互碰倒了,小雨刚想爬起来,突然发现我正看着她,于是她马上哭了起来,等待着我的拥抱。可我故意不去看她也不去抱她,而是说:"谁最勇敢,谁不哭我就抱谁。"没想到小雨反而扭过头看着我,变本加厉哭得更响亮,我装没听见,问晨晨:"你觉得痛不痛呀?""不痛不痛!"晨晨答道。"晨晨真勇敢,老师抱抱你。"我故意不理小雨。

小雨见状,只好停止哭声,悄悄地从地上爬了起来。然后看着我慢慢地向我靠近些、又靠近些……"小雨想要老师抱,对吗?"我边说边把她抱了起来。然后悄悄问她:"刚才老师为什么不抱你呀?那样子哭好看吗?"小雨摇摇头,不好意思地笑了。

小雨原本想用哭闹的方式来获取我的抚慰(得到拥抱),而我却是让她看到同伴积极良好的行为方式,给小雨树立一个身边的榜样。这样,自然用不着我费尽口舌,就促使小雨作出积极的反应。

### 3.同伴互助——"大家一起抱!"

小雨带了一大袋玩具来幼儿园,小朋友都向她借玩具,而小雨却紧抱玩具不放,还一边哭着说"这是我的",一边要我帮忙把玩具搁到玩具柜上。自由活动的时间到了,小雨就抱着自己的玩具玩,刚巧楠楠也带了几个好看的布偶玩具和几个孩子一起玩,我故意抱起一个楠楠的熊玩具问她:"楠楠,这是你的吗?"楠楠点点头,小朋友都嚷着:"这是楠楠借给我们玩的!""那么可爱的熊宝宝,我也想玩,能借给我玩一下吗?"我问楠楠,楠楠大方地同意了,"楠楠你真好,谢谢你!"我在小雨面前还给了楠楠一个大拥抱,旁边的小朋友也照样去抱楠楠,楠楠开心地笑了。

趁机我问小雨："你想不想玩熊宝宝？这样吧，我们换着玩好吗？"小雨实在经不起物质与精神的诱惑，马上主动地拿了自己的玩具与我交换，同时她也得到了我的一个大拥抱。我继续问她："其他小朋友也很喜欢你的玩具，现在能和他们换着玩吗？"小雨想了想，同意了。她一边说"我们换着玩好吗"，一边把自己的玩具全拿出来，和小朋友们一起开心地玩了起来。

这里，我与同伴的交流、游戏无形之中影响着小雨，那种轻松而自然的氛围无疑暗示小雨，使得她在充满关爱的环境中，转变了不合理的固执任性的行为方式，逐步融入集体生活中，小雨转"晴"了。

### ◎ 辅导反思

在辅导过程中，对于孩子身上的问题，我避免了单一、呆板的言语说教，而是采用行动鼓励法，让孩子在物质（他人的玩具）和精神（老师的拥抱）的刺激下，感受到怎样的行为是正确的、能得到大家支持的，从而在无形之中促使孩子自己克服以自我为中心的固执任性心理。

此外，对于年龄幼小的孩子来说，一个适宜于教育的环境首先应是宽容和接纳的。我采用了良好的"教师、同伴效应"策略，使小雨逐步认识到自我行为的不足，不知不觉中改变了固执任性的不良行为方式，那种积极而良好的教育氛围是小雨情感和态度转变的保证。

幼儿时期孩子的身心发育比较稚嫩和脆弱，他们更需要成人以接纳和温和的行为方式去呵护他们幼小的心灵，所以对孩子心理健康方面更需要放慢、细心地关注，特别是如案例的特殊或特别敏感脆弱的幼儿，教师还应该和父母积极配合，逐步改变孩子不合理的行为方式，使之身心和谐、健康地成长。

作者单位：宁波市象山县城南幼儿园

# 一点点结出的果子

鲁晓倩

### 辅导缘起

小忆是个个头高高、干干净净的小女生，非常有礼貌，小嘴也是能说会道，每天脸上都挂着招牌式的灿烂笑容。但小忆在个性上有点固执任性，喜欢自己一个人独自游戏玩耍，逆反心理较强，只要不顺自己的意愿，谁的话也不听，不肯认错。也不愿意接受老师的劝阻,总认为自己都是对的,有时还会对老师的话不理不睬。

其实小忆的固执任性并不是与生俱来,小忆妈妈也承认是家里宠出来的。当医生的妈妈平时工作很忙,很多时候晚上还要加班。照顾小忆的担子就落在了爸爸、爷爷、奶奶身上,因此每天都是三个人围着一个人转。尤其是爷爷、奶奶,觉得家里条件还不错,只要小忆想要的,不管需不需要、贵不贵,都会义无反顾地满足小忆,对于小忆的任何要求言听计从。和别的小朋友发生矛盾,即使是小忆的错,爷爷、奶奶也不会责怪小忆,而是责怪别家的小朋友,这不免为小忆的固执任性又增加了一层保护膜。

针对小忆的种种情况,我决定循序渐进实施辅导,与之进行一次心与心的对话。

### B 辅导节点

**1. 一点点鼓励。**

大班的哥哥姐姐在做早操啦,小朋友们都知道接下来就是自己的早操时间。于是在整理完自己的杯子、椅子之后,安静快速地排好队伍。而小忆还坐在教室不紧不慢地喝着牛奶,好像什么都没有发生。"小忆,你今天要和我们一起做早操吗?" "我才不要呢,我要在这坐着看。"我走到小忆的旁边,故作神秘地说:"我想告诉你一个秘密,你想听吗?""什么秘密啊?"我知道小忆的好奇心来了,就趁机凑在她耳边说:"老师觉得小忆的早操做得最棒了,今天我们一起出去做早操,老师给你拍照片,让小朋友们看看我们小忆做早操还是很厉害的哦。"听完我的话,小忆仍固执地说:"那我站在小点点上吧,我可不想做操。"(排队时在地面画好的点点,方便小班幼儿找准位置)早操过程中,原先还是不愿动的小忆,看到我拿起相机拍,就慢慢地做起动作了。"小忆今天太棒了,做得真好看。"虽然小忆不言语,但我能感觉到她的动作明显有了力量。

两周后,小忆已经愿意做早操了,不会像以前那样固执不愿到户外活动。

**2. 一点点靠近。**

"老师,小忆抢我的书。"只见小忆死死地抓住书本,一用力,就把书本占为己有了,剩下委屈的小小。我走过去,其他的小朋友也一起告起了小忆的状。我先不慌不忙地坐到小忆的旁边,和小忆套起了近乎:"小忆,这本书是不是很好看啊?"小忆看了我一眼:"是我喜欢看的书。""我能跟你一起看吗?我可以给你讲讲里面的故事。"小忆看我并没有因为刚才的事情而责备她,默认了我的请求。等小忆情绪稳定后,我借机说:"老师讲故事有点累了,想去喝口水。"小忆说:"可是我还想听啊。"我说:"你可以请其他小朋友来讲给你听嘛。"就在这时,很多小朋友都高举着双手说:"我来讲,我会讲,小忆我讲给你听好不好啊?"这其中也包括小小。小忆有些难为情,但还是故作镇定地说:"那你们一个一个讲吧,晚上让我爸爸给我讲故事,明天讲给你们听。"就这样,小忆和小伙伴之间又变得有说有笑了,而我则巧妙地退出了小忆的"社交圈"。

在之后的各项活动中,小忆也会意识到自己的不合群,因此也能慢慢地接受老师的引导和同伴的意见。

**3.一点点坚持。**

对于小忆的情况,除了给予更多的关注和爱心,还需要老师的持之以恒。

在幼儿园一日生活中,刚开始的时候,小忆会把固执任性发挥得淋漓尽致。当情况有所好转,小忆能接受老师的劝阻之后,我便开始采用连环引导的方式,减少小忆的任性程度。如午睡时,不管我是哄还是抱,只要小忆不想午睡,都会说:"老师,今天我不想睡觉。"大多数的结果都是,小忆整个午休时间都不会把眼睛合上,直到午休结束。现在我与她常打"持久战":"小忆,不午睡是不对的,一定要午睡。""那我不想睡怎么办?""不想睡是不想睡,但还是要午睡,不管睡多久,都要午睡的。""可我睡了也睡不着怎么办呀?""你没有睡怎么知道睡不着呢?"……"那这样好了,你先不睡,把眼睛闭上怎么样?""那好吧。"在大部分小朋友都睡着之后,我会一直陪着小忆,当她睁开眼睛时,便提醒她。虽然过了很久才睡着,但也是值得开心的事情,之后的午睡是越来越顺利了。

## 辅导反思

在辅导实施的过程中,发现小忆比我想象的还要固执任性,因为小忆是我们班的小百科,懂得的知识很多,再加上语言表达能力很强,在刚开始时,我只能"临阵脱逃"。同样一件事情,别的小朋友在劝阻引导后,都会得到很好的效果,可小忆总会问为什么。"为什么我要吃饭?""为什么我要睡觉?""为什么我要说对不起?"等等。所以看到小忆的转变,自己很欣慰,虽说没有完全摆脱固执任性的影子,也算是改头换面吧。

虽然辅导有了初步的效果,但还是存在一定的困惑。首先,小忆的情况是暂时好转还是彻底改变,如何杜绝类似情况的发生。其次,怎样改变家长的育人理念,怎样整合家庭教育资源进行幼儿心理的辅导……这些,都将是我面临的挑战。

*作者单位:宁波市鄞州区荣安琴湾幼儿园*

# "洋娃娃"的歌声

陈 霞

## A 辅导缘起

雯雯,6岁,东北人,长着一张超级无敌娃娃脸,天真无邪像个"洋娃娃",每个看到她的人,都好喜欢她。刚开学时,她的种种表现,引起了我的注意……刚来幼儿园时,抱着她的依恋物——一条破"猫猫被"整日神游在自己的世界中,从不主动跟周围的人交流,一上课,就抱着被子绕着教室跑圈;我指出缺点,她并不予理会,假装听不懂,歪着头自得其乐呵呵傻笑;非常倔强,稍不顺心,就乱发脾气,大喊"不行、不要、我不喜欢",还会哇哇大哭,且持续时间长;午睡时从不要睡床,喜欢在地上乱爬,老师上前制止,她听不进任何劝说或鼓励的话语,依旧我行我素,真拿她没辙!

据了解,雯雯的爸妈都是医生,工作很忙,平时都由姥姥照顾她。姥姥更多关注的是孩子的吃饱穿暖,孩子的任何需要都会去满足。爸妈偶尔休息陪伴雯雯,自然也对雯雯百依百顺,导致雯雯什么都要由着自己的性子来。因此,雯雯在幼儿园的固执任性、行为随意,给她适应集体生活以及教师组织教学活动带来很多不便。如果这些行为经常发生,就会强化她的不良个性,经常性地情绪失控,也会对将来的身心产生较大影响。在和雯雯妈妈的谈话中,了解到雯雯很喜欢唱歌、玩音乐游戏。音乐活动中,我也发现她对音乐有着特殊的感情。如何善用不同类型的音乐,改善雯雯固执任性的个性,帮助她尽快融入集体环境,我开始尝试"洋娃娃变身"。

## B 辅导节点

### 1.歌声一:童谣音乐养常规。

雯雯第一天上幼儿园。来到教室,她用大大的眼睛环顾四周,仿佛在问:"这是什么地方?"一开始以为爸妈走了,雯雯一定会哭,没想到,她只是好奇地东张西望。可上课时,她抱着她的猫猫被,快速离开位置,开始绕着教室跑圈,嘴里还不时大喊大叫,跑累了就一头睡在地上。对她进行批评教育,她爱理不理,还时不时向我扮鬼脸……

音乐活动时,我播放孩子建立常规的童谣音乐:排好位置、拍手、起立、坐下……雯雯居然安静了,开始用动作配合着做,我乘胜追击,利用童谣音乐游戏《乖孩子》、《捕鱼》、《洗手歌》等,让雯雯学习班级的常规,她居然每一次都能按照要求完成。

### 2.歌声二:舒缓音乐催入眠。

午睡时间,只有雯雯还抱着她的猫猫被在床上打滚,嘴里还时不时发出声音。一不留神,她已经从床上爬到了地上,咯咯地笑,我强行把她抱上小床,她就哇哇大哭,哭一会儿,又开始笑,笑一会儿,又转为哭!为了不影响其他孩子睡眠,我只能把她抱到外面,揣在怀里哄着入睡。她又说:"我想睡在娃娃家的床上"。就这样,外面娃娃家里的床就成了雯雯的专属床。可是,在娃娃家的小床上,她睡着也不安稳,依然故伎重演……俗话说得好"一口吃不成胖子",而坏习惯也不是一天两天能改得掉的。对此,我在教育雯雯时没有一下子要求她改掉不午睡的坏习惯,而是采用循序渐进的方式。她开始睡不着,我就坐在她旁边,有时拍拍她,有时给她讲一个小故事,放放轻柔的《摇篮曲》帮助她睡眠。慢慢地她能睡一会儿了,过了一段时间,我发现她入睡快了,时间也长了。

3.歌声三:欢快音乐融合群。

课余时间,雯雯总是"孤芳自赏",像只离群的小天鹅。当小朋友都在和自己的好朋友玩耍时,她眼睛一动不动地看着,或是独自玩起了自然角里的乌龟……

为此,我特意找了一些优美动听的曲子,利用下课时间,在教室里播放。听着优美欢快的歌曲,雯雯时而跟着旋律做动作,时坐在位置上眯着眼睛,一副很享受的样子,再也不会拿着猫猫被在教室里乱跑。音乐无疑激发了她愉悦的情绪,让她爱上幼儿园。她还经常主动要求上来表演,夸张可爱的动作和甜美动听的歌声,常常得到同伴的赞许。回到家,还表演给爸爸妈妈看,经常在家说:"我最喜欢上幼儿园了,因为幼儿园里可以学到好听的歌。"这样的变化,让我喜出望外。

### C 辅导反思

经过一学期的努力,雯雯渐渐融入集体生活。在班级中,能随着音乐,建立起良好一日生活常规,任性固执的个性渐渐收敛,借着音乐的穿针引线,她开始走出孤独的世界,慢慢学会接纳别人,试着和同伴交往,有了音乐的帮助,她的行为举止变得柔和、温暖。

"我们雯雯自从上了幼儿园,像变了一个人一样!非常感谢老师们辛勤付出……"这是雯雯妈妈常说的一句话。如何通过有效的措施,去改变孩子任性固执的行为,我想除了幼儿园在同伴影响、集体环境、采取适合她的个别心理辅导外,家园配合也很重要。

首先,正面教育,防范在先。孩子任性时父母的态度如何,父母是否注意孩子日常行为规范的养成等,这些直接关系到孩子是否会无理取闹。

其次,冷处理。孩子由于要求没有得到满足而发脾气或打滚撒泼时,父母不要去理睬他,不要在孩子面前表露出心疼、怜悯或迁就,更不能和他讨价还价。

再次,提示在先。掌握了孩子任性的规律后,用事先约法三章的办法来预防任性的发作。

最后,适当惩罚。对于年龄小的孩子,只靠正面教育是不够的,适当惩罚也是一种极为有效的教育手段。父母教育孩子的时候,观点应保持一致,才能使教育事半功倍。

**作者单位:宁波余姚市实验幼儿园教育集团**

# 心理辅导之
## 消极依恋

# 小船的"暖心之旅"

刘露凤

## A 辅导缘起

小船是班里一个默默无闻的孩子，不愿说话，不参与集体游戏，只喜欢自己一个人待着，像个"独行侠"。而且小船易怒，有些在我们眼中很平常的小事，却极易引起他的负面情绪，突然爆发出来，并做出攻击性行为。

经了解得知，小船的父母在他出生后不久就离异了。小船由外公外婆抚养，父母只在各自有空的时候才接他去共处几天。小船和妈妈从小就没有建立起应有的情感链接，很小的时候就表现出妈妈在身边和不在身边都不能引起小船多大的反应，他习惯了与妈妈之间的淡漠，就连在幼儿园也变得"沉默"了。亲子依恋的缺失，使小船在亲子关系中表现出回避型依恋，这是消极依恋的一种。这类幼儿会对周围人和事或环境刺激表现为冷漠、不理会的态度，这样的孩子安全感严重缺失，并大多伴有攻击性行为。经过对小船的观察，我们发现小船对绘本有比较浓的兴趣，甚至对绘本有一种爱不释手的感觉。于是我们决定以绘本为载体，开启小船的"暖心之旅"。

## B 辅导节点

### 1. 旅途一：触情

《猜猜我有多爱你》这本绘本中有一个兔宝宝和一位兔爸爸，他们俩在比赛谁的爱更多一些。整个作品充溢着爱的气息和快乐的童趣，小兔子可爱的形象、新奇的故事都深深地吸引着小船。而且绘本中浓浓的亲情更感染着小船。

一拿到绘本小船就大声地说："这个书我看过。"他指着小兔子说："就是这只兔子和兔爸爸说我爱你，兔爸爸也说我爱你，他们一直在比来比去，后来兔爸爸赢了。"旁边的小宇听了也凑过来看，说："那你给我讲讲好吗？"小船看看小宇，犹豫了一下，开始讲起来。讲到一半，小船停下来看看我，怯怯地说："刘老师，我有点忘记了，你讲讲好吗？"我让他和小宇分别坐在两侧，开始了讲述。听着听着，小船似乎感受到了绘本中浓浓的父子亲情……慢慢的，我明显感受到小船那小小的、有点僵直的身躯在往我身上蹭，这是多么珍贵的"爱的信号"，于是，我抱住小船，建议我们也来比一比"大家来说我爱你！"于是，我们开始大声说出"我爱你"，我悄悄地让小船多赢，多多地给小船拥抱……

经过两周的绘本辅导，小船稍稍有了一些进步，肢体上的攻击性行为减少了，对同伴也慢慢友好起来,也愿意和教师交谈了。

**2. 旅途二:寄情。**

小船爱上了宫西达也的霸王龙系列绘本,对《永远永远爱你》尤其喜爱。善良的慈母龙妈妈捡到了一个蛋,没想到孵出来的却是一只霸王龙。她一直小心翼翼地埋藏着这个秘密,用自己的爱温暖着小霸王龙,直到小霸王龙遇见了大霸王龙,秘密被揭开了。他们本是敌对的,可是慈母龙妈妈的爱让不可能变成了可能,因为有爱所以彼此依赖、彼此保护。

在我们阅读了这个绘本后,小船对妈妈的态度正在悄悄地改变。一天早晨,小船兴冲冲地冲进教室,大声和老师问好。我问道:"小船,今天怎么这么高兴呀?"小船兴奋地说:"昨天星期天,妈妈和新爸爸带我去动物园了,我看见了好多好多的动物。我觉得妈妈对我很好!我喜欢她了!"宝贝,要是妈妈听见这句话该有多感动啊!要知道,即使妈妈没有常常陪在你身边,可她的心里一直装着小小的你,她对你的爱从来不曾少过……

辅导持续了三周,小船脸上的笑容多了,他开始喜欢妈妈了,还交了好朋友,连纪律方面都有了很大的进步。

**3. 旅途三:达情。**

进入辅导的最后阶段,小船渐渐地从绘本中移情,对身边的人和事有了更多的反应,他也愿意在区域游戏中表演了。老师和他讲道理时,他也会先想想自己的做法是否正确,而不是一味地回避。外公来接时,他会扑上前去,对外公讲着自己在班级里的有趣的事。外公外婆也都不住地夸奖小船,说小船在家也有了很大的进步,以前总是一个人,和外公外婆的交流也很少。现在可不一样了,晚饭后会叫外公一起下棋,还会请外婆一起看书,开心多了。

一个月的绘本辅导,使小船变得开朗了,与教师、同伴的相处有了很大的进展,会主动打招呼,有高兴的事也愿意跟小伙伴分享。小船已经开始慢慢融入这个大集体,感受着大家的关怀,同时也用自己的微笑来回报大家。

## C 辅导反思

家庭是幼儿安全依恋的港湾,在本案例中,由于父母失败的婚姻以及对照顾小船的敏感度低下导致小船形成了回避型依恋。小船表现为:社会性发展不良,出现较为严重的攻击性行为。我从孩子的兴趣点出发,巧妙用绘本暖心的方式为小船展开了为期一个月的"暖心"心理辅导。绘本中蕴含的情感温暖了小船的心,在潜移默化中使他感受到老师、同伴对他的理解、接纳和重视。无声的关爱稳定了小船的情绪,改变了小船的认知,进而减少了问题行为的发生。但是,在整个辅导过程中,对如何从孩子不同阶段的需要出发选取绘本内容以及导读时对绘本线索与孩子需求之间链接的把握还存有一定的困惑;对如何以绘本为载体最终让孩子获得心灵上的感悟还需要多方面的思考。希望在这次"暖心之旅"后,还能有更多、更美的心灵旅程,让小船学会合作、分享、关爱。以书暖心,以情融心,潜移默化地影响小船,让他小小的心灵漾起暖暖的波澜!

作者单位:宁波市北仑区中心幼儿园

## 小小快长大

周耀敏

### A 辅导缘起

小小是一个聪明的男孩,见多识广,爱自由,不愿受约束,万事不伸手,需要动手"工作"了,就哭着叫"你帮我!""你来做!""我累了,你来!""我想家了"……

经了解,小小的父母都是高级知识分子,对孩子的教育主要在知识的灌输,孩子的生活能力、自理能力等都交给了祖辈。而爷爷、奶奶整天跟在孩子后面,一味地满足孩子的要求。久而久之,养成了他一呼就要应声、一有想法就要立刻满足的坏习惯。这样,不仅使孩子丧失自主的权利,也会影响以后生活的自理能力。

进入幼儿园后,隔断了对祖辈的依恋,小家伙表现出非常强烈的失落和焦虑。观察他在园的表现,只要有一个他喜欢的人在身边,就可以安静进入游戏和活动。他有时候表现出来的强烈的被遗弃感,是因为一个陌生环境使他产生了强烈的不安全感,这种不安全感如果不及时消除,可能会影响成长。为了引导小小消除对集体的陌生感,跟老师和小朋友建立起良好的关系,我做了以下的辅导。

### B 辅导节点

1.转移注意,尝试独立。

入园没多久,聪明的小小就明白了跟着生活老师"不吃亏",于是,他早上一来园就成了生活老师的小尾巴。我首先接纳了他的这个行为,同时,和老师们一起制订"让小小的注意力转移到集体活动的计划"。首先,对生活老师提出要求,由生活老师陪伴小小一起参加集体活动,如上课时,就让生活老师坐在小小身边;慢慢地让生活老师在他面出现的频率降低,而且当着小小的面多关注其他的幼儿,让他明白其他小朋友也需要生活老师。其次,对家长提出要求,放手让孩子自己动手;在班级里,两位老师积极配合,关注他的需求,当他想爷爷奶奶、找生活老师的时候,及时转移他的注意力,和他聊一些他感兴趣的事,渐渐地他的哭声少了,"我要回家"

"我想家了"的声音少了。

午睡时,他总要人在他身边陪伴,不陪就哭闹,影响其他孩子入睡。一次午睡,我在他边上,他玩我的围巾,我问:"这围巾是谁的?"

"当然是你的喽!"

我说:"今天就让我的围巾陪你睡,怎么样?"

他想了想,没回答。我又说"其他小朋友也需要我去帮助他们,我一直在你身边,其他小朋友怎么办?"

他想了想说:"好吧,你快点来哦!"这样,他拿着我的围巾,渐渐入睡。过一会儿,在他迷迷糊糊的时候,我又回到了他身边,他见我在身边,会心地笑了。一段时间后,他开始慢慢独立午睡。

2. 积极鼓励,建立自信。

在班级里,我及时鼓励、肯定,建立孩子的自信,使小小知道他的双手真能干。

一次,小朋友们画吹泡泡,他说我不会,这时我看到他已经在纸上画了一只圆,于是我惊喜地说:"小小,你太棒了,你画的泡泡像火箭一样飞上天。"他看了看我,傻傻地笑了,接着又画了一个,问我:"这个像什么?""飞机!""这个呢?""这个呢?"吹泡泡活动就在他"这个呢"的问题中结束,这是他第一张完全自己动手完成的作品,活动结束后,我对小小的作品和表现进行了表扬和肯定,渐渐地小小在动手环节能独立完成了。

午餐时,孩子自己来端饭,当轮到小小时,我便鼓励说:"小小好棒!自己端饭了!"小小伸出手端起了饭盘,或许是紧张或许是独立能力有点弱,只听见"咣"的一声,饭碗掉在了地上,我没有责怪他,重新打了一份,并叮嘱他小心,告诉他刚刚只是个意外没有关系,小小听了一个劲地点头。

3. 榜样作用,我很能干。

小家伙知识面广,我会常常让孩子在集体面前讲述他的一些所见所闻。这让小小在集体面前很风光,让他知道自己很能干。

一次,小朋友带来一本关于车辆的图画书,车辆知识可是小小的强项,小小对着这本书,从车辆的构造讲到内部的机器、原理,讲得津津乐道,老师和小朋友佩服得五体投地。

一次来园时,他特意和我说:"老师昨天看电视了吗?我建议你去看一看《舌尖上的中国》,我看了很不错哦。"于是开始和我聊电视里的内容。

慢慢的,他在集体里话多了,好朋友多了,性格也开朗多了。早上爷爷送他来的时候,他会说:"爷爷,你晚一点来接我哦,我要多玩一会儿"。乐得爷爷笑弯了眉。

 **辅导反思**

作为教育者、引导者、支持者的我们,应该给孩子创造环境、创造条件,但凡孩子能力范围的事情,都要鼓励他们自己去尝试,指导他们去克服困难,培养孩子从中学习经验教训,锻炼自我解决问题的能力,久而久之他们就会摆脱成人的照顾,向着自主迈出一大步,变得越来越独立。现在的小小"晚点来接我"、"我还想玩"几乎成了他的口头禅。

在辅导过程中,小小会不断出现反复,这就要求我们老师在辅导幼儿的同时,要取得家长的配合,家长要提供让孩子独立活动的空间和时间,要相信孩子的能力,当孩子独自游戏时,家长可以逐步拉大与孩子之间的空间距离和时间间隔,使孩子逐步适应与父母的短暂分离,尽快适应集体生活,让可爱的小小快乐地长大!

作者单位:宁波市市级机关第一幼儿园高新区分园

# 让我们牵起手

张微微

  **辅导缘起**

宁宁在班级中是一个非常特殊的孩子,这一点我在新生家访时就已经发现了。记得那次小班开学前的家访,她妈妈一提到女儿要上幼儿园就忍不住泪流满面,这场面非常出乎我的意料。

果然,开学第一天她们母女就在教室门口抱头痛哭,引来了其他家长好奇的目光。在老师的一再劝说下她妈妈才很不情愿地离开。宁宁在接下来的很长时间里整天哭闹不止,任凭老师怎样安慰都无济于事。"哭"成了她每天唯一的表达方式,她也就理所当然地成了我们班的重点照顾对象。我们都知道小班的孩子因分离焦虑而哭泣比较常见,而家长也有如此强烈的情绪表现就值得让我们深思。

宁宁之所以会出现这样的情绪过度反应和她的家庭教养方式有着密切关系。她从小由妈妈照顾,所以对妈妈非常依恋,而她妈妈自身也存在一定的心理焦虑,对孩子过度保护。不良情绪很自然地影响到了孩子,使宁宁对妈妈产生了消极依恋。如果任由这种情况继续发展下去会对宁宁的身心健康产生极大的负面影响。

分离焦虑是幼儿因与亲人分离而引起的焦虑、不安或不愉快的情绪反应。对刚刚入园的小班幼儿来说是很正常的,是一种情绪的宣泄。而"依恋"是寻求与某人的亲密,并当其在场时感觉安全的心理倾向,但是像宁宁和她妈妈这样剧烈的反应就显得有点超出寻常。

为了让宁宁能尽快适应新的环境并融入班级集体,我从缓解孩子的消极依恋与指导家长改变教育方式入手进行了以下辅导。

## B 辅导节点

**1. 包容与安慰。**

对别的孩子来说轻而易举的事情对宁宁来说却是难上加难。大小便都不会叫、香蕉皮也不会剥,更谈不上穿脱衣服和吃饭了。针对这种情况我采取了多种方式。

首先,每天我都让宁宁坐在老师旁边,让她在离开妈妈的时候能获得些许的安慰和帮助。其次,更多地关注她的一举一动,哪怕是小小的皱眉,我都毫不放过,及时询问了解她的内心想法。妈妈也觉察到了这些,每次来接宁宁时都会说:"宁宁被我惯坏了,什么事情都要大人帮忙,这样下去可怎么办呀!"望着家长焦虑的眼神我的心里也很不是滋味。怎么办?看来对宁宁的针对性干预与指导已经迫在眉睫。

**2. 关注与援手。**

俗话说万事开头难。开始宁宁对老师的指导帮助很难接受,要解小便了只会不停地抖动双腿且经常把小便解在裤子里,不会剥香蕉皮就呆呆地坐着也不会向老师求援,衣服裤子不会穿就只知道哭。面对这样的孩子我就耐心地手把手地教,教给她正确的技能方法,反复练习好多次让她学会。终于有一天,在这个过程中我感受到了宁宁的细微变化,她开始能接受老师的建议了,对老师的话语也能用摇头或点头来回应。

时间在不知不觉中流逝,一转眼宁宁上中班了,虽然在融入集体方面,她有了很大的进步,但是小便不会告诉老师的问题还是没有解决。于是我和宁宁的妈妈进行了一次更加深入的交流。获悉宁宁从小到大,大小便都是父母帮她控制时间的,她自己根本没有这个意识,加上她的内向胆怯害怕告诉老师。找到了病根就有了方法,每天一下课我就询问宁宁是否要上厕所。听到老师关切的话语渐渐地宁宁会微笑着用点头或摇头来回应了。同时我和宁宁妈妈也继续加强沟通,建议她在家也能放手给孩子自己尝试的机会,哪怕孩子做得不好也不能包办代替,希望她能和老师保持教育方法的一致,使孩子降低对成人的依赖程度。

我清楚地记得那天宁宁居然自己向老师提出要解小便了,虽然声音很轻但我真的听到了,这样的欣喜我等得太久了。当我把这个情况告诉她妈妈时,我感受到了她那种发自内心的感激。是呀,对于宁宁来说,还有什么能比这个消息更让妈妈欣慰的呢?

**3. 习得与巩固。**

光靠在幼儿园中练习还远远不够,我就与家长协商,让她父母在家里也能帮助她巩固在幼儿园所学的本领。渐渐地我欣喜地发现宁宁会自己穿衣服了,会自己穿裤子了,吃香蕉时再也不用老师帮她剥皮了。同时我告诉家长尝试让宁宁自己解决困难。以前,别的孩子在玩积木时她经常一人远远地看着,玩具车被其他孩子拿去了她也不敢去要回来。在家里,只是求助于父母,而她的父母也没有正确引导孩子的方法,孩子说了就马上照办。

可是现在的宁宁变了,她已经会和同伴一起玩了,在大人的鼓励下也会小心翼翼地问同伴要回自己的玩具,交往能力有了一定的提高。

### C 辅导反思

和别的孩子相比,宁宁在智力上毫不逊色,但由于家长的一味溺爱、迁就以及家长本身的心理问题使得宁宁在交往能力、自理能力方面的发展水平几乎只停留在婴儿阶段。诸多的负面因素叠加就直接影响到她的个性发展。作为老师,我用包容、用爱对她进行了心理干预,一定程度上扭转了宁宁的不良心理。同时针对宁宁妈妈的心理焦虑问题,我从家长的角度出发耐心引导,让她妈妈和老师之间建立信任并在此基础上给家长一些正确的教育建议,使家园合作更加一致。

在对宁宁的辅导过程中我觉得老师如何在引导孩子消除负面情绪时,既能让孩子接受老师的建议又能最大程度上保护她的自尊心,这个度的把握需要斟酌,这也是我的困惑所在。同时,我也认识到在后续辅导的过程中要给宁宁提供更多的展现自我的平台,自信对她来说真的很重要。在心里我一直期盼着她有一天能和其他孩子一样愉快健康地成长。我要让宁宁知道自己也能做得很好!

作为老师,在教给孩子各种技能的同时,也不能忽视对像宁宁这一类孩子心理问题的及时干预与疏导,积极有效的干预疏导会使孩子得到及时的帮助,也许这种帮助是微不足道的,但对于被帮助的孩子来说却是受益匪浅,它或许会让孩子受益终生!

孩子,让我们牵起手!相信你一定能做得更好!

作者单位:宁波市华光幼儿园

# 潇潇你很棒

李 丰

### A 辅导缘起

潇潇是一位内向的小男孩,今年9月进入小班就读。早上妈妈送他来园时,他抱住妈妈的脖子又哭又闹不肯下来,还使劲地抓妈妈的头发,于是妈妈生气地拍打了潇潇的屁股,在老师的"协助"下,妈妈才得以"逃脱"。于是这一整天,潇潇都跟着老师,边哭边喊着:"妈妈,我要妈妈!"当小朋友帮他擦眼泪时,他用力把别人推开;中午不肯吃饭,老师喂他,他也是极不配合,一口也不愿吃;午睡时,执意不肯脱衣服和鞋子入睡。下午妈妈来接他,怀里抱着妹妹,他一看见妈妈便欣喜地跑过去,用力拉扯妹妹的腿,要求妈妈抱自己,被妈妈拒绝后他不高兴了,对妈妈拳打脚踢,嘴里还大喊大叫,抗拒妈妈的安慰和接触。

在与潇潇妈妈的交谈中得知,潇潇从小由爷爷奶奶抚养,今年7月才从老家安徽来到宁波,因此潇潇和爸妈比较陌生,没有建立起应有的感情链接。而妹妹是家里的新成员,今年才1岁半,对于这个小妹妹,潇潇是极不欢迎的,看到爸妈逗妹妹玩,他会找各种理由要求爸妈陪自己,也经常会趁爸妈不注意时,把妹妹弄得哇哇大哭。对于这样的现象,爸妈则是以严厉训斥或打骂来惩罚潇潇。

亲子依恋的缺失,使潇潇在亲子关系中表现出反抗型依恋。在本案例中我们可以看出,潇潇的消极依恋情绪伴随着嫉妒、失落、无助、伤心的心理情感。为了让潇潇尽快地克服入园焦虑,建立良好的亲子、亲情关系,我对潇潇开展了心理辅导。

### B 辅导节点

**1. 以画解析。**

有入园焦虑的孩子往往会觉得在幼儿园的时间很长,就像潇潇那样一直问老师:"妈妈怎么还不来啊?"老师也总会告诉孩子:"等你吃完饭、睡好觉,妈妈就来了。"过一会儿孩子又会问同样的问题。

根据小班孩子的年龄特点,我用绘图的形式绘制了一幅《快乐幼儿园列车》的连环画,化无形的时间为形象的活动,把一天分割成"跑跑跳跳"(户外运动)、"聪明时间"(集体活动)、"啊呜啊呜"(吃午餐)、"呼噜呼噜"(午睡)等板块,还给每个孩子制作了一个卡通头像,让他们带着自己的头像一站站去旅行,让孩子们明白一天里只要做完这些有趣的事儿,爸妈就会来接他们了。

集体活动前,我把潇潇的卡通头像交给他,告诉他现在是"聪明时间"了,去坐上聪明列车吧!刚开始他不愿去,还一把甩掉了卡通头像,于是我抱起他,柔声地说:"潇潇,别的小朋友坐上火车,玩好聪明游戏、啊呜啊呜吃完饭、睡好香香觉,爸妈就来了……"没等我说完,他马上挣脱我,捡起地上的卡通头像放在了最后一节车厢"呼噜呼噜"午睡处,边说"妈妈马上就会来了",真是让人哭笑不得。

一星期后,潇潇的入园焦虑情绪明显缓解,但是在他心里始终没有接纳妹妹,他感受不到做哥哥的自豪感和幸福感。

**2. 以书悟情。**

分析潇潇的表现,他在入园时的依恋情绪,有相当一部分缘于对妹妹的嫉妒和对父母的不满。

偶然间读到一个绘本故事《我做哥哥了》,讲述了小猫野田从刚开始做哥哥的嫉妒、不开心,到保护弟妹时所表现出来的勇敢,再到感受做哥哥的自豪,故事以"我做哥哥了"为线索贯穿始终,诠释着野田的心理变化过程。我觉得这本书非常适宜潇潇阅读。

一天午餐后,我拿出《我做哥哥了》这本绘本,说:"孩子们,有一个猫哥哥的故事,你们想听吗?""想!"孩子们异口同声地回答。"如果你有弟弟或妹妹,你会喜欢他们吗?"我接着问道。"不喜欢",潇潇的回答声音特别大。

"为什么呢?"我追问。可他却低头不说话。"先来听听野田的故事吧!"于是我声情并茂地讲完了故事,又问孩子们:"你们喜欢野田吗?""喜欢,它很勇敢!""它会保护弟弟妹妹!"孩子们七嘴八舌地热烈讨论着。"潇潇,你一定也是一个勇敢的哥哥吧?"听了我的话,他先愣了一下,又马上坚定地点了点头。

这个故事似乎打开了孩子的心结,在之后的几天里,潇潇的情绪有了很大的转变,能高兴地等待妈妈来园,有时还会邀请妹妹一起玩幼儿园的玩具汽车。

3. 以境生情

随着潇潇依恋情绪的逐渐好转,爸妈也松了一口气。但由于妹妹小,爸妈在生活上给予了妹妹更多的照顾,潇潇也经常会有不满和嫉妒的情绪。为了让他感受到爸妈是爱自己、关心自己的,班级里组织了一次"童心、童稚、童趣"的亲子美工作品展,我诚挚邀请了潇潇的家长参加本次活动。

一周后美工作品展出了,潇潇的爸爸为孩子做了一艘"豪华"的军舰,我带着孩子们逐一参观这些作品,当看到这艘豪华军舰时,我夸张地说道:"哇,这艘军舰太雄伟了,是谁做的呢?""我爸爸做的!"潇潇自豪地回答。"你的爸爸真棒!"我赞许道。这时,潇潇的脸上更是洋溢着自信的笑容。"潇潇,你也很棒!"边上的小伙伴们由衷地赞叹着……

### C 辅导反思

经过一个阶段的心理辅导,潇潇已经完全走出了入园的焦虑期,融入了幼儿园这个大集体中,并开始渐渐地和父母、妹妹建立起良好的情感链接,感悟到了爸爸妈妈是爱我的,我是勇敢的哥哥,应该爱护妹妹的温暖情感,从而走出了消极依恋的阴影。

辅导过程中,我感到随着二胎政策的放开,越来越多的家庭迎来了"双宝"时代,如何引导家长正确处理老大、老二的关系,营造一个温馨的家庭氛围,让孩子与父母建立信任、友好的亲子关系,使孩子的心理得到健康发展,这些还有待于我们进一步研究和探索。

作者单位:宁波市江北区朱佳苑幼儿园

## 72 你不是被遗忘的角落

干静静

### A 辅导缘起

新生入园不久,5岁QQ就引起了我的注意,她成天抱着那个早已破旧不堪的毛绒小熊。集体活动时,她要么面无表情地看着老师,要么动不动就泪眼汪汪,似乎受了天大的委屈;午间活动时,别的孩子都在叽叽喳喳地交流,她却一声不吭地抱着小熊端坐在角落里不动……沉静得几乎让人感觉不到她的存在。

一次,QQ的妈妈来园接她,她见到妈妈就躲到午睡室里,抱着那只心爱的小熊痛哭。妈妈想抱抱她、安慰她,可QQ似乎不愿意妈妈碰触,一个劲儿地躲妈妈、推妈妈,妈妈只好走到教室外看着她。待妈妈离开,QQ又悄悄地从午睡室里探出脑袋,眼汪汪的眼睛时不时注视着窗外的妈妈。

妈妈告诉了我们事情的原委,家庭的分裂,使得母女俩儿很少见面,毛绒小熊是妈妈送给她的礼物,是QQ最喜欢的玩具。看到母女俩儿相逢不相见,回想起昔日QQ在幼儿园里的点滴,难免让人痛心。她这种表现在心理学上属于比较典型的抵抗型依恋。这类幼儿非常依恋自己的母亲,他们既想与母亲接触,又在母亲亲近时拒绝、反抗。造成这种消极依恋的原因往往是由于父母婚姻质量低,甚至家庭破裂,孩子长期得不到母亲的关爱而造成的。这样的孩子在集体生活中表现十分冷漠,甚至会出现攻击性行为。为了帮助QQ克服消极的反抗型依恋,我决定从"爱"出发,对QQ做适当辅导,使她融入集体,获得快乐。

### B 辅导节点

**1.接纳。**

新生入园难免焦虑,只是表达的方式不一样,加上QQ特殊的家庭环境,更让孩子情感消极,不愿意亲近老师、同伴。我要做的就是理解孩子的感受,接纳孩子不同的表达方式,给她一定的时间和空间,让她以自己的方式慢慢地接纳老师、熟悉同伴。

户外活动时,QQ和往常一样不愿去玩,静静地坐在台阶上,目不转睛地盯着小朋友们的一举一动,偶尔也会泛起笑容。于是,我上前对QQ说:"要不要和小朋友们一起去玩滑梯,你看小朋友们玩得多开心呀。"QQ不作声,但也没反对。见状,我忙叫来班里的"开心果"秋秋。"我带你去滑滑梯吧,很好玩的。"秋秋边说边拉起

QQ的手跑向滑梯处。那个早晨,秋秋带着QQ一会儿玩滑梯,一会儿玩摇摇马……QQ脸上笑容满满。

经过一段时间的熟悉,QQ有了自己的好朋友。虽然她话依然不多、毛绒小熊依然不舍离手,但盥洗室里、教室走廊都能看到她和好朋友秋秋形影不离。同伴的力量是无穷的,孩子间总有自己的语言,他们相互一个动作、一个眼神都可以让心灵得到慰藉。

**2. 寻找。**

只有充分挖掘离异家庭子女的积极因素,才能更好地以积极因素去克服消极因素。从家访中得知,QQ对画画特别感兴趣,画得也不错。我立即抓住这一"闪光点"大做文章,并利用各种机会,让她参加绘画比赛。在我的指导下,QQ出色地完成了幼儿园"童画无季"中的作品,当她看着自己的作品被登在幼儿园的画册中时,显得特别兴奋,并主动走到我跟前,拉着我的衣角说:"老师,这本书可以送给我吗?妈妈说了,要是我乖一点、表现好一点,她就会经常来看我。"发现孩子对我发出"爱的信号"了,我忙蹲下来,抱起QQ说:"是呀,妈妈要是知道了QQ这么棒肯定很开心,但要是妈妈来幼儿园看你时你要怎么做呢?"QQ忙说:"下回要是妈妈来看我,我保证不哭。"

孩子的这些话让我震惊不已。以往孩子从不愿提起妈妈,"妈妈"二字对于只有5岁的她来说好像很陌生。但我知道,QQ内心是非常想自己的妈妈的,或许是妈妈的离开使她生气又伤心。这次"闪光点"的寻找,不仅使我们师生之间靠近了许多,同时也让QQ说出了自己的心声。这样,我们就可以顺着孩子的心思,去亲近孩子、满足孩子的心理饥渴。

**3. 亲近。**

经过一个多月的辅导后,QQ转变了很多。她不再是那个只会抱着小熊端坐椅子上默默无语或是因小事动不动泪流满面的小姑娘了,现在的QQ有了自己的好朋友,她们几个都爱画画。和老师之间也不像起初那样淡漠,晨间来园愿意主动问候老师,愿意一次次地和我分享自己的绘画作品,我们的关系亲密了许多。但是,我知道QQ和妈妈之间的"心结"依然存在。虽然嘴上总念着妈妈来看我,可就是不愿意和妈妈见面。因此,我和QQ聊了妈妈的话题,告诉QQ妈妈不能天天和她在一起的原因,不过妈妈心里面还是天天想着QQ、放心不下QQ,如果你想妈妈的时候可以在老师办公室里打电话给妈妈。听到打电话,孩子马上点头,我就借机拨通了妈妈的电话。虽然这通电话QQ没说几句,但妈妈的每一句话,她都在认认真真地听,并相约好了见面的时间。

通完电话后,QQ对我说:"老师,我妈妈马上会来看我的。""妈妈来时,你会像上次一样哭着不愿意见妈妈吗?"我追问道。QQ说:"我不哭,妈妈还会给我带礼物。"不负众望,渐渐地在妈妈来看QQ的日子里,QQ愿意和妈妈讲话、牵手了。在QQ生日、六一表演我们也会联系妈妈来园看望孩子……终于,孩子重新投入了妈妈的怀抱。

### C 辅导反思

当今离异、分化家庭的剧增,使家庭这一孩子情感寄托的温暖港湾,随着家庭的分裂而名存实亡。本案中的QQ正是因父母失败的婚姻,使得小小的她心理比较脆弱,性格孤僻,对周围的一切都很淡漠,从而导致QQ形成了抵抗型依恋。对这样的孩子,教师不仅应该教育孩子本人,还要注意和家长沟通,和家长共同走进孩子的心灵深处,解开孩子的"心结"。在本案中,我试着寻找到孩子的兴趣点,一步步地靠拢孩子,帮助她结交和自己一样有共同爱好的孩子成为朋友。渐渐地,她感受到老师、同伴对她的关爱和帮助,慢慢地她开始接纳老师、接受新朋友,融入到这个新集体中。

在辅导中,与妈妈沟通合作,对QQ的消极情绪的改变起到了"催化剂"的作用,使孩子不仅消除了这种消极依恋的行为,同时又让她感受到了同伴、老师的关心、爱护;感受到了妈妈的温暖与重视,体验到了成功的快乐。但在孩子的成长过程中,教师和家长仍应考虑如何与孩子建立起稳定的依恋关系,为他们的健康成长打下良好的基础。

作者单位:宁波市象山县滨海幼儿园

##  走进克莉丝汀的内心世界

陈安君

### A 辅导缘起

克莉丝汀是位时刻跟在老师身边的小姑娘,集体活动时她会拿小椅子坐在老师身边;生活活动时她要拉着老师入厕、午睡、吃饭;游戏活动时,她只跟老师拉手,如果有同伴主动拉她的手,她会甩开同伴跑开;尤其是"开小火车"时,她一定要第一个拉着老师的双手,如果被同伴抢先一步,她会用尽全身力气把同伴的手掰开,甚至使用"暴力"将同伴的手掐疼。她不允许同伴与老师过于亲近,她像"守护领域"一样待在老师身边,不允许其他人靠近这个领域。

其实,拥有洋名和外国国籍的克莉丝汀是位黄皮肤的纯正中国小孩,其父母均

在欧洲学习工作,克莉丝汀从出生三个月起就回到中国,由外公、外婆抚养长大,平时只能通过电话和视频与父母交流,至今只见过父母4次面。而她生活的圈子只有外公、外婆两位至亲。为了弥补父母不在身边的遗憾,祖辈包办了孩子所有的事情,限制了孩子独立和自主发展的空间,造成了其独占性的过度依恋行为。在幼儿园她也为自己寻找了一位依恋者——老师,并且为自己圈出了固定的领域,从对外婆的依恋转移到了老师身上,且这种依恋已经到达极端,不允许他人分享依恋体,不接受其他任何人的靠近,她的世界只有自己和唯一依恋的人。父母打算入小学将其接回欧洲一起生活,可以说她也是一位特殊的"留守儿童"。

克莉丝汀的这种行为已经超出一般孩子对亲人的依恋,属于独占型依恋,是消极依恋的一种。她的这种依恋方式必将影响其心理的健康成长。于是,我对克莉丝汀进行了心理辅导。

### B 辅导节点

**1. 契机:代班教师的出现。**

因为我外出培训一周,代班黄老师走进了这个班级,一周的时间里,克莉丝汀从无助到慢慢依恋上黄老师,而后又寸步不离地跟着黄老师。这个过程让我了解,原来在失去原依恋者的基础上,她会试着重新寻找并接纳新的依恋者。那么,何不让生活在自己圈子里的克莉丝汀交替式地接收不同的依恋者呢?如果她的身边逐渐有更多她觉得可以信任的"依恋者",她能将这种极端的依恋行为分散到不同的依恋者身上,也就会逐渐削弱对特定一位依恋者的独占,于是,我开始实施一场"轮流靠近其心"的集体行动。

**2. 实施:入心行动的开展。**

为了让克莉丝汀慢慢接受身边出现的不同的"依恋者",我试着在平行班中开展了"教师轮流带班"活动,即每班一位教师轮流到平行班带班,让孩子接触不同的教师。刚开始,克莉丝汀非常排斥和抗拒新出现的教师,尤其在"开小火车"拉手时,她宁愿一个人坐在位子上也不参加活动。但一次上厕所时,克莉丝汀把裤子给弄湿了,她哭着环视周围,发现只有带班杜老师在,于是她不知所措地看着杜老师,这时杜老师也发现了这一情况,马上主动过去,蹲下来说:"克莉丝汀你怎么了?""哇……"克莉丝汀大哭起来,杜老师连忙安慰说:"没关系,裤子湿了老师帮你换一条干净的,我们是好朋友。"边说边找来她的裤子快速地换好,整个过程克莉丝汀没有说一句话,也没有抗拒地推开老师,只是从大哭到抽泣,到最后止住哭声。

事后又到"开火车"出门活动的时间,杜老师主动拉起了她的小手说:"克莉丝汀你来做火车头吧。"克莉丝汀犹豫了一下就拉着杜老师的手出门了。看来,教师的"主动出击"已经成功走进了克莉丝汀的心灵世界。

### 3. 巩固：心灵伙伴的增加。

轮流出现的教师都"主动出击"跟克莉丝汀建立感情，使她逐渐接受了不同的依恋者，因为定期更换教师，使得她并没有对某一位教师特别"霸道"地依恋着。于是我们"乘胜追击"，引导班级几位比较活泼开朗的孩子主动找克莉丝汀一起玩，慢慢地我发现，拉圆圈做游戏时，克莉丝汀会不动声色地站在圆圈的边缘；玩角色游戏时，她会自己在娃娃家"烧饭"，把"饭菜"默默地放在同伴桌上；集体活动时，她的小椅子也开始回归到同伴的身边……她正努力让自己融入到集体中，用自己的方式与小伙伴一起游戏、生活。

### C 辅导反思

本案例中的"留守儿童"克莉丝汀，被祖辈的"补偿心理"限制了其自由、自主的成长，形成了"独占型"的极端依恋心理。我及时抓住"带班契机"，有目的地协同平行班教师开展"人心行动"，成功走进了克莉丝汀的心灵世界，并巧妙运用了班级这个温暖的小集体，让其开始回应他人、融入集体，并逐渐改变消极依恋的行为。

但在辅导过程中也发现，首先，克莉丝汀目前还停留在被动的回应状态，即需要他人主动"走进"她的心灵，如何让其自己"走出来"才是真正目标，这需要我们后期重点跟进辅导。其次，克莉丝汀目前在依恋态度上的改善，仍需不断地巩固和跟进，而家庭是另一个辅导重地，如何指导家长在可能的条件下协同辅导，也是需要我们接下来思考和继续的。

作者单位：宁波市红旗幼儿园

## 74 再现微笑

陈双利

### A 辅导缘起

小A是小班孩子，个子瘦高，在家自理、动手能力较强，但是一来园他就哭着不肯和妈妈说再见。每天早晨，我和妈妈总得大费周章地才能把他和妈妈分开，我抱着哄他，他还会动手打老师。活动的时候，他总是心神不宁，眼睛直勾勾地望着门口，如果门打开了，他就会自己冲出教室。吃饭、睡觉的时候，我去帮助他，他表现出拒绝，大哭大闹。

小A的父母都是外地打工人员，忙于生计，缺乏对孩子的关心、照顾、疼爱，接送孩子不积极,经常留到最后。

小A的这种行为属于消极依恋。母亲与婴儿重复不断的互动可以使依恋和亲情链接增强,这种互动的质量影响着儿童长大后的行为。或许是小A母亲对婴儿期小A的需要表现出漠不关心、不作为或无能为力的反应,让婴儿期的小A心神不定,并在成长和发展过程中表现出不正常的依恋行为。长此以往,小A心中容易产生不安全感,很可能在以后的生活中难以形成对别人的信任感,也会对今后情绪情感发展造成严重影响,表现出自卑、孤独,甚至有反社会的倾向。

为了让小A尽快地融入幼儿园生活,形成积极依恋,我对小A进行了如下辅导。

## B 辅导节点

**1. 回归。**

与小A父母沟通,我告诉其一直哭闹的原因,请他们和小A进行有质量的互动,增加和小A相处的时间,多进行交流、分享,关心他的需要、情绪,多进行身体接触,例如拥抱、亲吻。

我建议在家时,创造让小A自己一个人与别的小朋友玩耍,父母暂时离开的情境。第一次离开的时间不要太长,接下来可以慢慢增加离开的时间。回来的时候,要对小A的表现进行恰当的点评,多以正面的、鼓励的语言来安慰。从小A妈妈口中得知,小A渐渐地胆大起来,离开她的视线一段时间也不再哭闹了,注意力能够被喜欢的东西吸引。

周末或放学以后,我建议妈妈陪着小A在幼儿园走走看看玩玩。小朋友们对陌生的环境总会有点害怕,遇到孩子这种情绪时,如果母亲能够跟他一起参观幼儿园环境,发现幼儿园的好玩之处,会削减他对陌生环境的恐惧感,增加对幼儿园的喜爱之情。经过前期的接触,小A来园时的情绪波动有所缓解,可以较坦然地进入幼儿园。

另外,我还请小A妈妈尽量早点来接孩子,因为经常晚接幼儿会让其产生被父母抛弃的情感,会形成不安全的依恋。果然,每次都是第一个看到妈妈的小A,露出的是开心的笑脸,不再哭泣,取而代之的是喜悦之情。亲情的回归,使小A对于母亲的离开不再那么惶恐了。

**2. 接近。**

熟悉幼儿园的环境后,接下来就是熟悉幼儿园的人,首先是老师。

为了改善小A的害怕心理,我对小A进行了家访,与他母亲多交谈,渐渐地消除小A对老师的畏惧心理,初步形成积极的师生依恋。这一做法效果不错,以后小A对老师的拥抱、微笑都能做出积极的回应。

接下来的几天,我给予小A妈妈般的关爱。从来园到离园,从生活活动到学习活动,我都会陪伴帮助他。持续几天后,我开始慢慢减少对小A的帮助,逐步培养小小A自我服务的能力。时间一久，小A哭闹的次数减少了，克服这个困难之后，我发现小A其实是个聪明的动手能力较强的孩子。

3.强化。

过了一段日子，当我将小A从妈妈手里接过来的时候，小A虽然也会哭着喊妈妈，但是没有像之前那样强烈，在妈妈离去后，我抱着小A哄片刻他就会安静。这时，我就马上表扬小A，对小A正确、良好的行为给予及时的强化。果然小A听到表扬很受用，愿意克制自己的情绪，把哭泣的行为改正过来。

行为榜样在幼儿行为管理方面也是收效颇丰的一种方式，所以在日常活动中，我会安排小A和班级里情绪安定、愉快，各方面突出的女孩子坐在一起，通过女孩子小B的榜样作用，小A会学习模仿，并逐步养成好的行为习惯。当开始融入到幼儿园的生活后，小A的心变得踏实，积极、乐观的情绪始终伴随着他，并绽放出越来越多美丽的、舒心的笑靥。

## C 辅导反思

对小A的辅导经历了两个星期，现在的他经常洋溢着笑脸，这进步是巨大的。当然小A的这种情绪有时还是会反复，因为语言表达能力不好，所以他在班级里经常会受挫，每当这种时候，他会咧嘴、喊着找妈妈。这时，我会密切地观察小A的情绪，给予他多一点的关心与爱，及时进行有效的指导。每一个孩子都是可塑的，塑造成"小乖乖"还是"小恶魔"与家庭的教养方式，以及教师的教育方法息息相关。当老师发现孩子的问题时，可以从家长的角度入手，分析家长教育方式的优劣，然后耐心、委婉地与家长沟通。每一位家长都希望自己的孩子聪明、能干、独立自主，善意地劝说肯定会得到家长的认同和配合。

在辅导过程中，我也存在几点困惑，一是每位父母都想自己的孩子健康成长，但是时间、精力毕竟有限，尤其对于外来务工人员，怎样兼顾打工、生存、教育孩子这三点关系，还需我们思考和探索。二是我深深地感受到像小A这样情况的孩子不在少数，这些因为父母忙碌工作而缺乏爱的孩子已经成为一个群体，他们需要老师、家长给予怎样的关注？他们的内心独白在诉说着什么？怎样才能让他们得到足够的爱，让他们不再恐惧、害怕，拥有童年该有的快乐？这也是一个值得我们深思的课题。

作者单位：宁波市鄞州区东钱湖镇中心幼儿园隐学分园

# 助你，从爱出发

邱文红

### A 辅导缘起

4岁的欣欣是一位从外省来我园就读的新生。每天早晨，妈妈送她来幼儿园，她总显得颇为焦虑，喜欢紧紧地抱着妈妈，不愿放开小手，当我安抚着说："妈妈上班去，欣欣长大要上幼儿园了，跟妈妈说再见吧！"欣欣就会极其抗拒地大喊："不要……不要……妈妈再陪欣欣一会儿！"欣欣边哭边闹，死死地拽着妈妈的衣角不放。

经过了解得知，4岁的欣欣一直由妈妈抚养，与妈妈之间有着良好的依恋关系，在妈妈的长期呵护中，这种依恋构筑了欣欣的安全感。当欣欣进入幼儿园后，由于环境的变化，她无法面对新的环境，此时欣欣面临"情感迁移"的心理冲击，表现出对陌生的环境、人和事物的拘谨、退缩和恐惧，使她陷入了极度的心理焦虑之中。在与妈妈分离时，她表现出的反抗、哭泣，这是消极依恋的集中表现。为了帮助欣欣克服消极的反抗型依恋行为，我决定从"爱"出发，对欣欣做以下辅导。

### B 辅导节点

1. 移"爱"。

对欣欣而言，从"温暖的家"到"陌生的幼儿园"是一个环境的转变，欣欣离开了原有的依恋对象，而要与教师、同伴建立新的依恋关系。

在欣欣来园时，我热情地抱抱她、亲亲她，并耐心地像妈妈一样地询问："你最喜欢谁？"欣欣低声说："妈妈。"又问："幼儿园有很多玩具，你喜欢吗？""喜欢。"我笑着说："老师和你一起玩好吗？"在与欣欣的游戏中，她开始主动把玩具送给老师。接着"欢迎新朋友"活动开始了。

我："小朋友们，你们看班里来了一位新小朋友，咱们来互相认识一下好不好？"

幼儿："好……"

我："现在老师先请她自我介绍一下……"

我陆续拿出事先准备好的礼物说："今天老师给小朋友们带来了很多礼物，想和你们做朋友，谁愿意成为我的新朋友呢？"这时，欣欣主动地伸开了双臂与我相抱在一起。最后，在游戏"找朋友"中，欣欣又认识和结交了新的好朋友。

针对欣欣的心结，我用爱心温暖了欣欣，用关爱来转化欣欣积极参与活动的动力，帮她赶走心中的阴影，勇敢地迈开适应新环境的步子。

**2. 助"爱"。**

经过一段时间的移"爱"后,欣欣的脸上有了微笑。俗话说父母是孩子的第一任教师,在欣欣眼里,老师和父母的鼓励同样重要。

放学了,欣欣高兴地拿着自己的画,扑向接她回家的妈妈,并兴奋地指着画说:"妈妈,老师说我画得好,奖给我一朵小红花。"妈妈仔细地看了看说:"欣欣,你画得真好,妈妈相信你会画得更好。"只见欣欣脸上露出了自豪和快乐的笑容。就这样,每次欣欣在幼儿园的进步,我都会事先与家长交流。同样,家长也会随时将欣欣在家的进步反馈给老师。一天早晨,欣欣兴高采烈地跑到我的面前,并神秘地对着我轻声说:"老师,我念儿歌比赛得了第一名。"我说:"哇!欣欣真棒!老师为你感到骄傲。"我把这个好消息告诉全班的小朋友们,好吗?"欣欣点点头,在小朋友们热烈的鼓掌声中欣欣露出幸福的笑容。

这时,欣欣的安全感和情绪已经得到了有效的改善,实现了家园共育的效果。

**3. 享"爱"。**

欣欣开始享受教师和同伴给予的"爱",渐渐地,同伴活泼开朗、积极向上的行为,也给予欣欣一个可以模仿的榜样,使她把对家庭成员的"爱"延伸到了幼儿园。

国庆节快到了,幼儿园组织了一个"宝贝,我型我秀"以大带小的才艺展示活动,与大班的哥哥姐姐编成组表演。起初她站在台上不敢表演,唱歌的声音很轻,但听到老师和小朋友们热情的"欣欣最棒!我们爱你"的呼声时,她的脸上露出了自信的笑容,和大班的姐姐一起成功地完成了表演。就这样,欣欣终于走出了心理的一道坎,能大胆自信地和小朋友们一起唱歌、做游戏了。

在获得老师和同伴信任的同时,欣欣的自我认同感和新的依恋关系的形成,使欣欣有了"想上幼儿园"的欲望,自信心也得到了满足。

##  辅导反思

"爱"是幼儿成长的动力源泉,在本案例中,欣欣的消极依恋情绪是由情感失落、教养方式与环境改变等因素引起的。在此,我用爱作为了解孩子的契机,从关注欣欣的情感开始,到积极地让欣欣去享受老师和同伴给予的爱,从而建立起新的依恋关系。在一系列心理辅导下,欣欣在收获爱的同时,消极依恋行为也就迎刃而解了。

在辅导过程中,虽然解决了欣欣的消极依恋行为,建立了稳定的依恋关系,又让欣欣在细节中感受到来自老师、同伴和父母的温暖和重视。但是,如何根据孩子的不同情绪表现,适时地给予疏导仍是一个需要深究的课题。

作者单位:宁波经济技术开发区幼儿园蔚斗分园

# 心理辅导 之
## 恋母情结

## 76 "美羊羊"的情结

郑爱柳

### A 辅导缘起

洋洋是位聪明、懂事的大班男孩,长着一头卷发,大眼睛、高鼻梁,皮肤比班上的任何一个女孩子都白,大家都昵称他"美羊羊"。可洋洋的妈妈却心情烦恼,说洋洋在家言行举止让人觉得不可思议。

家庭情景之一:

洋洋的妈妈出差回来了,洋洋兴高采烈地翻找着礼物,当他发现妈妈给爸爸的礼物比他的礼物多时,一下子又哭又闹,甚至将沙发垫抛得满客厅都是,还大嚷:"妈妈对爸爸好,对我不好。"甚至说:"没有爸爸就好了,妈妈对我会更好。""我长大后要娶妈妈当老婆。"

家庭情景之二:

晚上9点熄灯了,洋洋又吵着要和妈妈一起睡,爸爸生气地说:"你已经上大班了,长大了,一个人睡去。"洋洋反驳道:"你不是比我更大吗?为什么要和妈妈一起睡觉?"

这是洋洋家庭的两个小插曲。洋洋是个独生子,平时在家爸爸对他要求严格,妈妈对他却非常疼爱,因而每次洋洋犯错误时,总是在妈妈面前找保护伞以躲避惩罚,有什么悄悄话总跟妈妈讲,晚上也要和妈妈一起睡。于是,洋洋和他爸爸情感越来越疏远,甚至有时还说恨死爸爸了,要是没有爸爸就好了,我和妈妈会更快乐。

洋洋这种对母亲的深情专注,把父亲置于一边,甚至想取代父亲即"爱母嫌父"的潜在愿望,弗洛伊德称之为"恋母情结"。弗洛伊德及古典精神分析家认为,孩子从口腔期、肛欲期、发展到性蕾期这一过程,与父母的爱恨冲突开始形成最基础的人际关系,而这关系也就是父亲+母亲+孩子的三角关系,这三角关系一旦失衡,将导致孩子的个性发展缺陷,并为他将来人际交往埋下祸根。因而,我采取一系列措施,对洋洋及父母进行辅导和指导。

### B 辅导节点

**1.区域活动,明确自己角色。**

早上,孩子陆续来园,他们已经养成习惯,来园后都会到角色游戏选择区挑选自己喜欢的角色。洋洋平时喜欢扮演妈妈,今天看他犹豫,我就走近他:"洋洋,今天娃娃家搬家了,你来当爸爸,好吗?"于是娃娃家一下子热闹起来,小朋友就聊起搬家时,爸爸、妈妈、娃娃分工做不同的事。洋洋也高兴投入到爸爸角色中,与娃娃家的妈妈商量着搬运东西、摆放东西不亦乐乎。活动结束后我表扬了洋洋是个好爸爸,自从这次活动后洋洋喜欢扮演爸爸角色了。

在娃娃家中,通过孩子担任不同家庭角色(孩子、爸爸、妈妈等),女孩扮演新娘或妈妈,男孩扮演新郎或爸爸,他们模仿成人互相关心爱护,模仿成人各自做各自角色擅长的事情,比如"妈妈"为"孩子"烧菜,"爸爸"开车送"孩子"上学等,帮助洋洋形成性别角色意识,明白在家中他的角色是孩子,妈妈角色对他来说是妈妈,对他爸爸来说则是妻子,他们有各自特定的位置及相应的作用。

2.同伴交往,弱化依恋行为。

手工课上,我让每个幼儿找自己的好朋友学编辫子。幼儿各自找好了自己的伙伴,拿起绉纸编辫子。洋洋和菲菲组合,菲菲先编,然后两人交换位置,继续编,他俩脸上都露出灿烂的笑容,体验与同伴合作带来的成功。看到洋洋与同伴之间的谦让合作我也感到很欣慰。我也及时将此反馈给家长,鼓励家长在平时生活中让洋洋多结交好朋友,消除独生子女的孤独感,培养多方面的兴趣,培养勇敢开朗的性格,把对母亲的依恋转移到其他方面去。

3.父亲介入,促进孩子成长。

洋洋的"恋母情结"追其根源,是母爱的过溢和父爱的不足。在洋洋的脑海中印刻的是妈妈的抚爱与父亲的严厉,所以情感上与父亲疏远,甚至认为是爸爸分享了妈妈本该全部给予他的关爱,甚至逐渐生恨。因而,我建议在家庭中让妈妈以各种方法巧妙疏远儿子,父亲乘机尽量多陪伴儿子,玩亲子游戏,参加户外体能活动如踢球、跑步、登山,增加父子情感,弥补对孩子爱的缺失。运动不仅增强孩子的骨骼健康,而且让孩子有机会接触更多不同的人,交到新的玩伴,学会团队合作。而且,随着父亲和孩子话题的增多,感情也随之拉近。

## C 辅导反思

经过将近一个月的坚持,洋洋脸上露出灿烂的笑容,母亲的烦恼也减轻了。洋洋从同伴中找到友谊和快乐,从父亲那里找到玩耍的乐趣,变得阳光了。晚上洋洋家里飘荡出的不再是哭闹声而是幸福明朗的笑声。

洋洋的成长变化以及他们家庭模式改变,让我深深体会到,正确的家教模式和教育态度对孩子一生的健康成长是多么重要,有爱有家有幸福。心理学家弗洛姆说:"母爱能使儿童学习爱和关心,是儿童情感发展的基础,而父爱则有利于儿童在态度和价值观方面的发展。"一个人只有经历体验这两种类型的爱,他才会把这些方面吸收到自己的个性中去,走向幸福美满的人生。同时,对这类恋母情结的孩子如何做好后续工作?如何预防?如何家园合力建立正确的家教模式?这将是我继续思考的问题。

作者单位:浙江省温州市龙湾区第二幼儿园

# 77 世上不只妈妈好

朱海英

### A 辅导缘起

九月的第一天,升入中班的孩子们早早来到幼儿园,大方地和爸爸妈妈说再见,唯独胆小的男孩晨晨还是躲在妈妈的身后,不情愿地走近老师,眼里充满了泪水。当妈妈要离去时,晨晨顿时哭的像个泪人,嘴里不停地喊:"妈妈,我要回家,我想你了怎么办?你不要离开我!"伴着晨晨的一声声哭喊,晨晨妈妈也是满含泪水,抱着他一遍一遍地说着:"晨晨乖,放学妈妈马上来接你!"

放学时,晨晨妈妈蹲下身询问其他孩子,今天晨晨在园的表现如何。孩子们说的正起劲,晨晨出来了,他看到妈妈和其他孩子互相很亲近,便马上"吃醋"了,一把将围在妈妈身边的孩子推倒在地,跑过去紧紧地抱着妈妈,顿时教室外哭声、责问声一片。

看到这一幕,我发现晨晨对妈妈的依恋程度和对外界的排斥大大超出了正常范围。经询问得知,晨晨爸爸是一名警察,因常年任务在身,晨晨和爸爸相处时间少之又少,这加深了晨晨对妈妈的依恋。为了让晨晨尽早地走出"恋母"状态,尽快融入幼儿园集体生活,我做了以下辅导。

### B 辅导节点

长期单一的依恋是影响孩子社会性发展的主要根源,要创设适宜的环境,让孩子由"单恋"发展为"多恋",培养孩子的社会交往能力。

**1. 找寻同龄的朋友,让纯真的友谊成为孩子最大的财富。**

在班级区角活动中,我专门设计了温馨的"朋友屋",模拟了甜品店的格局,设置了饮料区、糕点区等,供孩子们模仿大人聊天的样子,和好朋友畅所欲言,把一些开心的、不开心的事告诉好朋友,以帮助孩子们实施情绪管理和宣泄。由于晨晨平时沉默寡言,和他一起玩的朋友相对较少,我通过让其他孩子主动邀请晨晨参与游戏的方法,让晨晨进入"朋友屋",慢慢地,晨晨会给好朋友拿饮料、取甜品了;慢慢地,晨晨和好朋友们的交流越来越多了;慢慢地,晨晨忘记了和妈妈分离焦虑了。

晨晨平时话不多,但很爱看绘本,尤其喜欢讲故事。在教室的"聪明绘本屋"显眼处,我添置了许多关于友情的绘本,如《小鸡球球和向日葵》、《我有友情要出租》、《找到一个好朋友》等。闲暇之余,总能看到晨晨捧着绘本讲故事,身边围着一群忠实的"小粉丝"听得津津有味。

晨晨在与同龄幼儿的交往中，发现生活中不只有妈妈对孩子的爱，更有朋友之间的美好情感。

*2.找寻遗失的父爱，让淡化的母爱帮助形成独立的人格。*

要解除孩子的"恋母情结"，爸爸的角色是必不可少的。在幼儿园里，我专门开设了"爸爸老师进课堂"活动。活动中，我邀请穿着警服的晨晨爸爸来为孩子们讲述警察抓小偷的故事，孩子们无不产生敬佩和崇拜。从晨晨的脸上，我也看到了他难得的笑容，这是一种发自内心的骄傲。在家里，晨晨爸爸也尽量多抽时间和晨晨讲故事、玩游戏。父亲的角色在一个男孩子的成长过程中有着重要的作用，只有让晨晨移情到父亲身上，才能帮助晨晨减少对妈妈的依恋。

在让晨晨体会到浓浓的父爱和男子汉情怀的同时，淡化母爱也是脱离"恋母"的重要环节。每个妈妈在孩子的心里都是独一无二的，晨晨也是一样。与妈妈的亲昵很细腻、温暖。但是，妈妈过度的亲昵动作，如拥抱、亲脸、抚摸身体等，也是造成晨晨"恋母"的重要原因。与此同时，晨晨妈妈积极配合老师，创设好玩又有趣的短暂分离游戏，如"捉迷藏"、"妈妈不在家"等。与此同时，妈妈也渐渐开始"疏远"晨晨，鼓励晨晨一个人玩积木、做手工、午睡等。妈妈的爱要隐藏在心里，不要过度的爱在嘴上和行动上，要让晨晨逐渐发现自己长大了，不要妈妈像对待小宝宝那样对待自己，才能帮助他淡化对妈妈的依恋。

*3.找寻广泛的亲情，让温暖的大爱融入多彩的社会。*

"恋母"的大多数原因是因与外界接触少，接触对象单一而导致的。幼儿期的孩子是独立人格形成的初始阶段，在这个时期，能经常地与外界交流有利于孩子的多维发展。在我的倡议和妈妈的配合下，通过一段时间的外出游玩，晨晨在认识朋友的同时也和其他的亲人相处和谐愉快。清晨，晨晨陪外公、外婆去公园早锻炼；傍晚，晨晨与同龄的孩子一起玩轮滑；周末，晨晨和爷爷、奶奶一起逛花鸟市场。渐渐地，晨晨的交流圈子扩大了。

单一的亲子关系是晨晨"恋母"的根源，扩大生活圈子是促进交流的有效途径，广泛的亲情感是消除"恋母"依赖的最好方法。

## C 辅导反思

6岁，作为孩子"情感断乳期"的起始阶段，对孩子一生的独立性发展起着不容忽视的作用。"恋母"作为最基本的人际关系，影响着孩子对社会的认知，但"母亲"终究是一个单薄的个体，社会和家庭的力量才是帮助孩子健康成长的土壤。

经过一个多月的纠正及家长和老师的共同配合，晨晨慢慢地转变了过来，妈妈送他来园时，能高兴地和她说再见，并能和其他小朋友一起参与晨间活动。通过家庭、社会和幼儿园的积极配合，角色游戏的合理利用，亲子课堂的完美呈现，亲友之爱的及时填补，让原本粘着妈妈的"小尾巴"能够大胆地与同龄孩子交往，与妈妈以外的亲人产生亲情,感受世上不只妈妈好。

当然,在辅导过程中,我也发现:晨晨性格较内向,情绪管理能力弱,在分离过程中表现强烈且重复出现,需要老师不断重复安慰;"恋母情结"有一定的粘合力,许多时候母子难舍难分,不下大决心,采取一定的方式方法难以奏效。因此,要让孩子摆脱"恋母",妈妈的态度和行为更需得到重视。

作者单位:宁波市镇海区镇海幼儿园

## 78 爱和恋的故事

薛以瑜

### A 辅导缘起

星星是一位5岁的小男孩,性格内向,不善言辞,平时多以独自游戏为主,与同伴交往不积极,相比与同伴相处,星星更喜欢跟老师在一起,在幼儿园里经常能看见星星一直追随老师的身影,每天午睡也必须在老师不断地安抚下才能入睡。在集体活动中很少看见星星能主动举手发言,沉默少言的星星给人的感觉是羞涩胆小,然而每当星星看见妈妈时,脸上就会出现异常欣喜的笑容,情绪也立刻高涨,可以看出星星对妈妈的依赖和爱超过了所有亲人。

经了解得知,已经5岁的星星在家里仍然像小宝宝一样依恋妈妈,晚上一定要在妈妈的陪伴和抚摸下才能入睡,每次离开妈妈时情绪都比较激动,难以控制,喜欢和母亲相似的人在一起,比如外婆、奶奶、女老师等。

从精神分析角度看,孩子从3岁开始就进入第一个恋母情结期。所谓恋母情结又称俄狄浦斯情结,通俗地讲是指男性无论到什么年纪,总是有服从和依恋母亲的心理倾向。弗洛伊德认为,恋母情结也可以说是母亲的恋子情结诱发了儿子的恋母情结。如果不能恰当处理恋母情结,情结将缠绕得越紧,普遍性的危害是严重影响男孩子的个性发展。

为了让孩子更好地进行同伴交往,融入幼儿园生活,找到自己的快乐,于是我决定找到根源,用理性的爱去包围他,帮星星解开恋母情结。

### B 辅导节点

**1.寻找"情结点",从"妈妈爱"走向"爸爸爱"。**

为了更好地了解星星的恋母情结,在辅导开始时,我便与星星的妈妈进行了一次深入的沟通,了解了造成星星恋母情结的主要原因是,长期与妈妈和外婆生活,妈妈对孩子过分的爱怜,把生活的重心都放在孩子身上。加之爸爸工作繁忙,造成了父爱的缺失,种种原因都造成5岁的星星心理幼稚,依赖性强,孤僻不合群。

于是,针对星星这一情况,我与星星父亲进行了沟通交流,并组织了一场"父亲行动",每周邀请星爸来园参与一次"父亲助教"活动,通过讲故事、画画、唱歌等方式,让星星感受到爸爸的独特魅力,建立起爸爸的新形象,经过一段时间的努力,星星对每一次的"父亲行动"有了更多的期待,每周都盼望着爸爸能来园,在星星的生活中引入了爸爸的新形象。同时,经过几次活动,爸爸也更加乐于参与幼儿园的活动,亲子关系更加和谐,星星也渐渐从单一的"妈妈爱"转向了"爸爸爱"。

2. 建立"新情结",从"单向恋"走向"多向恋"。

深入了解原因后,我为星星建立了一个"新情结",在班级的区域角中,特地为星星准备了一个属于他自己的专属小空间,这个小空间也可以称作为星星的玩具分享小屋,目的是,通过让星星学会分享,掌握主动权,改变星星没主见的特点,同时建立良好的同伴关系。在这个小区角里,我摆放了星星最喜爱的几件玩具雪花片、乐高积木、毛绒娃娃、飞行棋等,这些大多都是星星从家里带来的,拥有绝对的自主权。

每次区域活动,我选择了两名小伙伴和星星一起进入他的小空间游戏。通过观察发现,起初星星和两位小朋友都各自游戏,与同伴的交流很少,但不久,星星意识到在这个小空间里,他可以作为一个领导者去支配、分享玩具,在分享中他也慢慢收获了朋友,原本沉默少言的星星,变得开朗起来。从对母亲的单恋渐渐转换为多恋,让星星找到了更多自信。

3. 升华"旧情结",从"接受爱"走向"给予爱"。

星星从小到大都生活在家人的爱中,尤其是妈妈的爱是星星生活中最强烈的一种爱,妈妈的包办代替和过分溺爱不仅让星星陷入恋母情结的危机,同时让星星变得无责任心,做事缺乏果敢和魄力。因此,为了让星星负有责任感,我在日常活动中着重培养星星的服务意识,让孩子逐步形成主人翁意识,学会爱别人,学会为别人付出。

例如,在每日的值日生安排中,多让星星参与叠毛巾、搬椅子、整理区角、帮老师拿东西等;在一日活动中安排让星星尽量多做力所能及的事,多帮助老师,多帮助同伴;鼓励星星自己的事情自己做,学会自理的同时也让星星学会自主。同时积极开展了"大带小"的活动,让星星走入比自己年龄小的班级,给他创造机会照顾弟妹。一段时间下来,星星渐渐不把妈妈和老师作为撒娇依存的对象,增加了阳刚之气,恋母情结开始逐步化解,同时升华成为一种新的品格,使星星的个性日趋完善。

### C 辅导反思

针对恋母情结这一心理问题，在辅导的初期，我首先选择找问题的根源，所谓解铃还须系铃人，解开这个情结的关键点在于寻找情结产生的原因，因此在起初就与星星的妈妈进行了比较深入的了解，同时让孩子的爸爸参与进来，共同解决问题，体现家园合作的积极性。

在辅导过程中，我也一直贯彻着家园同心这一理念，不仅在班级中为孩子建立了属于自己的玩具分享小屋，同时也鼓励妈妈在家中为孩子建立独立的游戏空间，让孩子自主游戏，尽量离开妈妈的视线，从而减少孩子对母亲的依恋。组织几次针对星星的活动，例如"父亲行动"、"大带小"等，不仅对星星产生了很大的帮助，同时对于其他幼儿的个性发展也有很大的作用。

作者单位：宁波市鄞州区盛世幼儿园

## 79 渐渐地，渐渐地……

黎 芬

### A 辅导缘起

渐渐是插入大班的新生。小家伙长得一头深褐色的卷发，一口带有京腔的普通话，十分讨人喜欢。入园一周，我发现，只要是妈妈来送他，他就表现出很黏妈妈，甚至还会在妈妈离开的时候掉眼泪。幼儿园开放日，妈妈前来观摩，渐渐的表现更是让我吃惊，在妈妈面前，他完全变了一个人。他撒娇吵闹、扔玩具、抢椅子、破坏游戏规则，简直是"无法无天"，任老师劝说都没有用。

渐渐爸爸是军人，常年在部队，妈妈全职带着孩子生活在外婆家。从小渐渐就一刻也离不开妈妈，整天依附在妈妈身边，一会儿不见妈妈就会大哭大闹，甚至乱打乱摔，直到见到妈妈，才肯罢休。大班了，渐渐晚上睡觉还一定要与妈妈同床同被，入睡前还必须有妈妈哄着。对于偶尔回家探亲的爸爸，渐渐表现出较强的抵触，特别不能接受爸爸对妈妈有亲昵的动作甚至是言语。

显然，在渐渐身上，我们看到了比较强烈的恋母情结。具有恋母情结的孩子心理不稳定，任性冲动，不利于良好心理品质的培育，日后容易诱发诸多不良行为和心理问题。基于渐渐的情况，经得家长的同意，我拟对他们的家庭进行辅导，希望通过改变家庭成员的相处模式，减缓渐渐的恋母情结。

## B 辅导节点

**1. 渐渐地……独睡。**

渐渐地,要让孩子改变与妈妈同床共眠的习惯。我与家长商定,在家里,为渐渐装饰个小房间,让渐渐全程参与装饰过程,里面的小床、小家具,都是渐渐自己挑的,并明确告诉渐渐,这是他的小房间。

我在集体阅读绘本《我一个人睡》以后,孩子们纷纷拿来了自己小卧室的照片向同伴展示自己的小床,渐渐也不例外,渐渐呈现的淡蓝色的鲸鱼小床惹得孩子们一片赞叹。

我:"好想看看你们躺在床上入睡的样子,那一定很美!"

孩子们:"老师,我天天睡在我的小床上;老师,我拍照片给你看;老师,我让你睡我的小床!"

孩子们呼声一片,渐渐也不甘落后,喊出一句:"老师,我也拍照给你看!"我说:"好的,一言为定。记得要睡着了,睡得最舒服时候的照片哦!"我给了渐渐一个鼓励的目光!悄悄地,我在教室里布置了一道"甜甜的睡姿"墙。

第二天,渐渐拿来的照片上,渐渐是睁着眼睛的。妈妈说,快熟睡的时候,渐渐又逃回了妈妈的大床。我给了渐渐一个大大的赞,却没有把渐渐的照片挂上"甜甜的睡姿"墙。

第五天,照片上,渐渐熟睡的身旁坐着一个妈妈,我又给渐渐一个大大的赞!但照片还是没有上墙。

第八天,渐渐举着照片冲进教室:"老师,你看,昨晚我是一个人睡的,睡得可舒服了!"我给了渐渐一个大大的拥抱,把照片挂在了"甜甜的睡姿"墙的中间。在渐渐的眼光中,我读到了孩子从未有过的自信!

**2. 渐渐地……共处。**

要减少妈妈跟孩子单独相处的时间,让爸爸成为陪伴孩子的主角。于是,妈妈报了瑜伽课,渐渐成了妈妈的小跟班。前几天,妈妈上课,渐渐就陪在妈妈身边,他甚至叫他爸爸可以先回家,由他陪伴妈妈。

几天后,爸爸带上了飞行棋,在陪伴妈妈的时间里,父子俩开始了"飞行大战",几次后因为声音太大(爸爸故意为之)被瑜伽老师"请出了"教室,父子俩就在室外"陪伴"加"大战"。有一天,爸爸对儿子说:"你的飞行技术已经大有长进,要不今晚咱们去跟楼上的明明杀一盘?"渐渐犹豫了一下,转头对妈妈说:"妈妈,今天我不陪你上课了,我要去决战了!"渐渐地小跟班生活结束。

**3. 渐渐地……独立。**

要让孩子心理上"独立"起来。筹谋已久的"妈妈出差两周"上演了。前期,一家子讨论,妈妈出差了,爸爸回部队了,渐渐在家里会怎样?渐渐拍着胸脯说:"你们去吧，我会照顾好外婆的！"引来父母由衷的称赞。

妈妈出差的第一天晚上，渐渐在电话里向妈妈哭诉："妈妈，我好想你，你能早点回来吗？"妈妈的共情让渐渐稍稍收敛了眼泪。而后，渐渐又向老师讲述了今天妈妈不在家，他省略了跟妈妈电话哭诉的情节。

三天后，渐渐不再每晚都闹着要跟妈妈电话，跟爸爸、邻居小伙伴的游戏总是让他不亦乐乎。而在幼儿园，"小鬼当家"的主题活动也正在展开。

第八天晚上爸爸说："爸爸要回部队了，爸爸放心不下外婆。"渐渐愣了下，拍拍小胸脯："爸爸你放心去吧，家里有我呢！"惹得外婆眼含泪花……

次日，区域活动时，渐渐站在班级的窗台旁若有所思。

我："渐渐，想什么呢？"

渐渐："我想爸爸妈妈了。"

我蹲下把渐渐紧紧抱在怀里："老师的爸爸妈妈回老家的时候，老师也会像你一样想念他们……"

渐渐挣脱了老师的怀抱："老师，我是小鬼当家，爸爸说我行的！"

我："真是棒小伙儿，玩去吧。"

看着渐渐融入游戏的身影，我释怀了……

### C 辅导反思

一个孩子身上的问题往往体现着一个家庭的问题，在渐渐的恋母情结的背后，我明显地感受到了这个家庭核心成员之间的关系出现了一些问题，所以，采用家庭辅导的方法进行干预，是不错的选择。在辅导过程中，我注重了"逐渐"二字，在每一天亲情相处中，在每一天幼儿园活动中，潜移默化地去改变渐渐的依恋倾向及程度，最终使渐渐心理上趋向同龄孩子应有的独立。

其间，我也明确感受到家庭成员配合的重要性，恋母情结显现在孩子身上，隐含在母亲体内，同步做好妈妈的心理辅导会使整个过程事半功倍。

作者单位：宁波市鄞州区德培幼儿园

# 80 "冉冉"升起

刘芳芳

## A 辅导缘起

上中班了,冉冉每次还要妈妈抱着入园,然后双手紧紧地缠住妈妈的脖子,泪流满面地不让妈妈离去。遇上家长开放日或亲子活动,妈妈用心陪着她,她却无法专心活动,当妈妈与其他小朋友互动游戏时,她就开始发脾气,表现出很强的占有欲,只许妈妈陪着她、关注她。

如果是奶奶送来,冉冉也能带着笑脸,开心地和奶奶说再见。但是为什么一遇上妈妈就变得如此任性、蛮不讲理呢?为此我走进冉冉家,经了解才知道冉冉最不亲的人是爸爸,面对爸爸,冉冉总是不言不语、一副不高兴的样子,而且在任何时候,只要妈妈在,冉冉就不会再搭理家里的任何人,情绪表现非常极端。

进一步了解后得知冉冉的爸爸妈妈工作比较忙碌,平时冉冉都是和爷爷奶奶住一起的,生活起居由奶奶一手照料。冉冉妈妈得空就会来看冉冉,带她外出游玩。由于长期不在冉冉身边,妈妈觉得愧对冉冉,所以在一起的时候都是对她百依百顺,照顾得非常周全,而冉冉也非常喜欢和妈妈在一起,不愿和妈妈分离。妈妈不忍看到冉冉因为分离而难过,经常会在冉冉睡着或不注意时悄悄离开。

为了帮助冉冉克服对妈妈的过度依赖,我采取了以下辅导策略。

## B 辅导节点

### 1. 角色扮演体验篇。

幼儿园区域活动是孩子自主游戏主要形式之一,在这里他们可以率性地游戏,深刻地体会。其中的角色游戏,旨在让孩子们在角色扮演的过程中学习交往,身临其境地感受角色的本质特点。冉冉总是对娃娃家的妈妈角色百玩不腻,情有独钟。

在娃娃家中扮演妈妈的冉冉一本正经,一点也不娇气,有模有样地照顾着"宝宝",忙着喂饭,陪玩。我刻意凑近:"冉冉真是会照顾宝宝的好妈妈!"她抬头冲我腼腆一笑,又迅速进入了角色——帮娃娃洗澡。我问:"咦,妈妈一直陪着宝宝,不做其他事了吗?"冉冉略有所思,一旁的同伴已经迫不及待:"妈妈要上班的,还要洗衣服、烧饭,妈妈很忙的!""哦,原来妈妈除了陪宝宝还有很多的事情要做,冉冉,你觉得对吗?"她认真地点头,一边喃喃着:"我妈妈也很忙的……"我顺势接上:"妈妈在家这么忙,宝宝没人陪怎么办?"冉冉低头不说话。"找爸爸啊,我爸爸的力气很大的!""我爸爸……"冉冉抬起头看着伙伴,听着他们讲爸爸的故事……

后来冉冉扮演妈妈时,我听到了冉冉:"宝宝乖哦,在家好好玩,妈妈去上班了。""宝宝和爸爸玩一会儿吧!"我相信游戏活动已经对她发生了潜移默化的影响。慢慢发现,虽然妈妈依旧抱着冉冉入园,只是冉冉不再是哭着闹着不让妈妈离去,而是学会了强忍着眼泪跟妈妈说再见。

2. 心语讲台感悟篇。

中班孩子已经能分辨是非了,自我控制能力也逐渐增强。这个阶段"自我反思,集体讨论"的活动对他们具有一定的督促作用。家长开放日前夕,我组织孩子们开展了"心语讲台"活动,旨在鼓励冉冉在家长开放日活动中积极参与。

"家长开放日时,怎样才能做妈妈的好孩子呢?"我抛出问题,组织孩子们上台讲述自己想做妈妈好孩子的计划。小朋友们争先恐后地举起手要发言,唯独冉冉和几个内向的小朋友低着头,涨红着脸。小朋友上台讲述时,冉冉立马抬头听得津津有味。十来个小朋友发言后,我请冉冉上来,她不吱声也不行动,小朋友们都盯着她,呼唤她上台,她越发埋下头。接着就有调皮的小朋友:"她要哭的,妈妈一来她就哭了!""她还要发脾气!"周边的小朋友哄笑起来。我看到冉冉有些委屈又不知所措,连忙解围:"明天,冉冉会成为妈妈的好孩子吧?"出乎意料地,冉冉迟疑地点了点头。"那就请你说说好孩子计划,好吗?"冉冉走上了台说:"我明天不哭了!"我知道这对于冉冉来说是一种勇气,"冉冉一定能说到做到",我引导大家拍手鼓励,她笑了。

3. 约法三章激励篇。

冉冉是个懂事的孩子,她有克服困难、说到做到的勇气,于是我向冉冉妈妈建议,平时可以采用"约法三章"引导冉冉。亲子活动前妈妈就与冉冉约法三章:不要妈妈抱;爸爸妈妈一起陪;和小朋友一起游戏。亲子活动中冉冉在妈妈的提醒下努力着,她和大家一起玩得很棒!

后来,冉冉妈妈隔三差五地会跟我讲述她与女儿"约法三章"的故事,她说冉冉虽然依旧会强辩撒娇,但是她和以前确实不一样了。

## C 辅导反思

妈妈应该是孩子的依恋,但是使冉冉对妈妈过分依赖,整个辅导过程以事件形式展开,结合冉冉的兴趣爱好、性格特点和年龄特征,让她在刺激中逐渐坚强,在鼓励中不断尝试,最后成为了妈妈的好孩子。

我发现冉冉在尝试挑战自我过程中被动勉强,在妈妈和冉冉"约法三章"过程中也存在无奈,因此,尤其需要关注孩子的心理状况与各种反应,使其在快乐中取得进步。我希望冉冉会像一个小太阳冉冉升起!

作者单位:宁波市北仑区长来幼儿园

# 冰融化了

陈恩露

### A 辅导缘起

"呜呜呜……"伴随着哭声,一个长相秀气的小男孩在妈妈的带领下踏进了小一班教室。他紧紧拽着妈妈的衣角不放,泪水如同喷泉般洒落。他叫政政,一脸惊慌的他紧贴着妈妈,时刻需要妈妈与他同在。在妈妈的寸步不离陪同下,政政能安静地游戏,但只要妈妈挪动一步,政政的眼神就会尾随而去,生怕妈妈会"消失"。当妈妈趁政政不注意的时候,悄悄地"溜"出教室,政政瞬间就会察觉到妈妈已经"不见了",哭声就此开启,嘴里便不停地念叨:"妈妈,妈妈,我要……妈妈!"

因政政是家中的独子,所以妈妈视他如珍宝。出生至今,妈妈对政政过分保护和溺爱,凡事包办代替,导致孩子产生强烈的依赖感。正因如此,政政对妈妈的依恋越发严重,直到有一次,政政看到爸妈拥抱在一起,瞬间他的眼神透露出无法接受的敌意,发出小狮子般吼叫的声音,隐约在说:"别碰我妈妈。"

政政的固执任性像坚冰一样难以融化。为了尽快消除恋母心理,让孩子尽早适应幼儿园生活,我决定实施心理辅导,来融化政政这块冰。

### B 辅导节点

**1. 柔情似水:克隆"妈妈"**

入园时,大多孩子都是和妈妈拉着小手步入幼儿园,而政政却是妈妈抱进来的,看得出妈妈对他的疼爱已超乎寻常,尽管我说了很多次"让宝贝自己下来走"。每当妈妈离开,政政就任性大哭,眼睛紧闭,因为他知道一睁眼看到的并不是妈妈,而是陌生人。政政所表现出的一切,足以证明妈妈在他心里的地位和重要性。如果没有妈妈在身边,政政宁可合上眼帘,静默在黑暗中。

这次,政政依然闭着眼睛哭泣着,大滴的泪水润湿衣襟。他默默地将小手伸向远处,不停地哭喊"妈妈、妈妈……""政政",我用轻柔的声音回应,并牵住他的手。政政缓缓睁开双眼,似乎不那么强烈地抵触。我小心地将政政抱在怀里,贴着他的耳朵,悄悄地说:"我们家政政最乖了,'妈妈'最爱你了,哭红了小脸可就不漂亮啦。"政政不好意思地笑了。不经意间低下头发现,政政竟然拉着我的衣角。

**2. 热情似火:克隆"同伴"**

"老师,政政跑出去了!"一个小朋友大声地喊叫着。我紧随而去,试图将他揽到怀里。可这次,他甩开了我的手,一屁股坐下,赖在地上,无论我怎么劝,都无济于事,他不停地哭泣着,直到哭累。

我默默地陪在他身边,不动声色。既然他不想回教室,我就舍命陪君子吧。我和政政并排坐在一起。政政依然无动于衷,我慢慢挪到他身边,轻轻碰撞他的手臂说:"嘿,政政,你喜欢坐在'马路'中间吗?"他不作声。我继续说道:"那我陪你坐在这里吧,我也不回去了,这样可以吗?"他有点反应了,点点头。我思索着:"不行,如果真一直坐在地上,岂不让过往的人看'笑话'了。"我迅速从口袋里拿出小镜子,指着他的脸:"哎呀,政政的小脸蛋怎么像小花猫,这可糟糕了。原来,政政的小脏手与眼泪轻微摩擦后,起了'小火花'。我们快进教室去擦擦小脸吧。"我对他说。他认真地点了点头,说了声:"好。"他终于愿意回去了,我的内心充满成就感,并与政政击掌,拉着他的小手站起来,说:"政政,我很喜欢你哦,因为我们是好朋友,对吗?"他腼腆地笑着,又轻轻地点了点头。

**3. 水火相融:魅力"家园"**

针对政政的恋母情结,我专门为他开设了"家庭伴我行"温馨园地,这不仅能够缓解父子之间的"仇恨",更能使政政感受到一家三口的幸福生活。教室里,我会适时播放柔美的歌曲,使孩子感受家的氛围。我建议政政闭上双眼,迎着窗外的微风,感受歌曲中优美的旋律以及师生共爱的场景。

不仅如此,教室一角的"糖果屋"是政政的最爱,每当入园时,政政能够和妈妈一起制作糖果。在我的引导下,政政也能试着将"彩色糖果"分享给其他小朋友和爸爸,从而初步建立政政的人际交往能力以及与爸爸之间的父子亲情。这完美的画面呈现,有效地缓解了他的恋母情结。

## C 辅导反思

老师就如同太阳般温暖着每一个孩子,特别是内心脆弱,有着浓浓恋母情结的政政。在这一阶段中,首先我以克隆"妈妈"的身份用师爱打开政政的心门,从而让孩子愿意去接纳我这位"妈妈"。其次我以克隆"同伴"的身份触碰政政的心灵,从而使孩子认定,我们也可以做好朋友。最后看到被抚平恋母心理的政政,逐渐拥有一个良好的状态,冰融化了,成了柔和的温水。

经过一系列的辅导后,我发现政政还存在这样的问题。首先,每次与政政的交流,孩子更多地以点头回应,从中发现他的语言表达能力有所欠缺,这样会阻碍孩子与他人情感的交流,需要进一步去关注和培养。其次,政政的恋母情结如此深厚,是由于妈妈对政政无条件的满足和疼爱,妈妈没有将爱父母的理念灌输给孩子,让孩子单纯地只喜欢妈妈。因此,引导妈妈正确对待政政的行为尤为关键,不可随意满足孩子无理的要求,懂得父子亲情的重要和可贵,逐渐让孩子养成独立、自主的好习惯。在家庭中,充满父母间的恩爱、亲子间的关爱,才能使孩子沉浸在爱的海洋,健康地成长。

作者单位:宁波市镇海区西门幼儿园

# 破解孩子心灵的密码

陈圣婷

## A 辅导缘起

家长开放活动中,孩子们在玩音乐游戏"找朋友"。其中有个环节让孩子们去找别人的爸爸妈妈做朋友,在音乐声中孩子们拉着叔叔阿姨的手快乐地游戏着。突然,一阵叫喊声让快乐的游戏戛然而止,"她是我的妈妈,你不能拉她的手,你走开!"其其一把推开拉着他妈妈手的浩浩狠狠地说。所有的孩子和家长都投去了惊讶的目光。

其其是大班第一学期插入的新生,从平时的观察中,他不善于与同伴交往,而他对妈妈有着过分的依恋,每到离园时间就会站在窗口向外张望,一看到妈妈就会飞快跑过去紧紧抱住妈妈,在妈妈的脸上亲了又亲,还会摸着妈妈的头发不停地说,真香,真香!对于大班孩子这样的行为已经不是正常的依恋,而是一种心理上的恋母情结。

通过"家长约谈"我了解到,其其是在单亲家庭长大,从小由妈妈一个人抚养,由于妈妈感觉对孩子的亏欠,样样事情都是依着孩子,有求必应。虽然其其已是大班的孩子,但每天还是要抱着妈妈入睡。平时,其其喜欢在家里和妈妈在一起,很少接触同龄的孩子。

过度恋母的孩子成长是畸形的,他们往往十分依赖母亲,无论多大都不想脱离母亲的怀抱,在他们眼里母亲就是打点自己一切事务的保姆。幼儿的心理问题与家庭社会环境、不良生活方式等因素有着密切的关系,它就像一种"慢性病",一点点地吞噬着幼儿健康的身心。从日常生活入手,对幼儿的社交心理、情绪心理、行为心理等进行梳理,帮助他们走出心理困境,重塑健康心理,这是当前我面临的重要任务。

## B 辅导节点

1. 密码一:交朋友、建友谊。

为了促进其其和同伴的交往,我在班级创设了"朋友树"的墙面。孩子们可以把自己和好朋友的照片贴在一起,同时也可以经常交换朋友,每交到一个新的朋友或帮助了朋友就可以得到一颗爱心。其其照片的周围渐渐地出现了许多朋友的头像。在其其生日的时候,孩子们准备了自制的贺卡,用雪花片搭建了其其最喜欢的赛车,我和孩子们约定给其其一个惊喜。在其其走进教室的瞬间,孩子们围到其其身边唱起生日歌,递上生日礼物,我第一次看到其其露出了微笑。

其其生病在家休息时,我与几个孩子带着全体幼儿对其其的祝福录音及共绘的爱心画看望了其其。听着录音机里小伙伴们一声声的祝福,其其主动拉住了身旁小朋友的手。也许在那一刻,他感受到了老师和同伴的爱!

2. 密码二:融集体、享温情。

其其平时长期和妈妈待在一起,没有过多的机会接触到其他的成人。为此,班级里由几个热心的家长牵头,创建了"爱心妈妈团"和"热心爸爸团",我让其其妈妈也参与其中。这些爸爸妈妈们定期组织一些活动,带领孩子们去爬山、去看海、去图书馆。另外,我们还让这些爸爸妈妈们走进我们的班级,给孩子们带来各种丰富多彩的活动。

在一次童话剧表演活动中,孩子们都穿上了可爱的动物服,扮演各种角色,其其扮演的是小松鼠。组织者欣欣妈妈一直观察着其其的表现,对他倾注了比女儿更多的关爱,时不时上去询问其其的感受。快轮到其其上场时,细心的欣欣妈妈发现了其其不对劲,只见他不停地揉搓着手,啃咬着嘴唇,于是就问其其:"其其,怎么啦?哪里不舒服吗?"其其只是摇头。欣欣妈妈握住其其的两只手,让他靠在自己的肩头,让其其放松下来。终于轮到其其上场,他不停地望向欣欣妈妈。欣欣妈妈带着微笑,不时地为其其加油鼓劲,表演圆满结束了。事后欣欣妈妈对我说:"其其很紧张,怕演不好。"原来欣欣妈妈早就读懂了其其。这样的活动给了其其与其他家长交流接触的机会,让他感受到了来自于其他成人的关爱,减少了对妈妈的过度依恋。

3. 密码三:放怀抱、初长成

其其在同伴和大家的关爱、关心中渐渐感受到了集体的快乐。其其的妈妈在大家的鼓励和帮助下,也渐渐开始对其其放手。在和其其进行交流时逐步减少对其其的拥抱、亲吻、抚摸等亲密接触,从行动上减少对其其的依恋。其其也开始慢慢地接受妈妈的改变,在和妈妈的相处中,学会了自己刷牙、自己穿脱衣服。在晚上入睡前,和妈妈约定讲完故事就自己睡觉,不再让妈妈陪着一起睡。

自从其其能够穿脱衣服后,我发现在幼儿园午睡时,他不再像以前那样坐在小床上等待着老师来帮忙,而是主动将自己的衣服脱下,还学着其他小朋友的样子,将衣服叠放整齐。看着其其露出自信的笑脸,慢慢独立起来,心里不由得泛起暖意。

### C 辅导反思

在破解其其心灵密码的过程中,我看到其其从不曾开口讲话到与同伴游戏交往;从黏着妈妈不放、躲在妈妈身后到拉着小伙伴的爸爸妈妈的手露出笑容;从坐在床上等着老师帮助到自信地穿脱、叠放自己的衣物,真切地感受到了其其的变化。

孩子幼小的心灵需要我们呵护和滋养,更需要我们用爱和理解去解开他们心中的密码。恋母情结的形成不是一朝一夕,改变也不能一蹴而就,其其也终将结束幼儿园的生活走向更广的天地,在新的环境中他能否像现在一样微笑面对大家,快乐地走近大家?当他进入新的环境后如果没有更多的关注和关爱,是否会重新走进妈妈的怀抱?作为一名幼儿园老师,我更希望看到我们的教育能够无缝衔接,包括关注孩子的内心世界。

作者单位:宁波市华光幼儿园

# 对"保护伞"说不

丁莹莹

### A 辅导缘起

5岁的男孩黄子,大大的眼睛,长长的睫毛,长得白净乖巧,平时喜欢耍帅,每天都穿得光鲜靓丽,有时是白衬衫搭配红领结,暑假里还去理发店染了头发,做了卷发造型。"好帅啊!"其实,黄子身上的装饰打扮与其妈妈尤为相似。黄子的妈妈年轻漂亮,穿着时髦,无论什么时候,这对母子总是一起"扎眼"地跳入他人的眼帘。有一次,黄子爸爸偶然说起一件事,引起了我的注意。

有一天早上,黄子醒得较早,发现本来搂着他睡的妈妈居然转向了爸爸这边。他一跃而起,朝爸爸脸上就是一巴掌,然后开始耍无赖,大哭大闹,说爸爸把妈妈抢走了。直到爸爸答应今晚不睡大床,把床留给他和妈妈,才停止哭闹。随着年龄的增长,黄子独霸妈妈的现象越来越严重。

恋母情结是当前独生孩子颇为常见的一种不良心理,这种孩子缺乏主见和进取精神,非常害怕失去母亲的爱。为了缓解黄子的恋母情结,进而做到独立自主,我做了以下辅导。

### B 辅导节点

1.对溺爱说"No"!

黄子每天来幼儿园都是由妈妈送来,只要妈妈在,黄子就会特别兴奋,甚至有时候会"无法无天"。我与妈妈进行了深入的谈话。

我:"您有没有发现儿子很少有自己的主见?"

妈妈:"是的,有时候我问他喜欢什么,他就说,妈妈喜欢什么我就喜欢什么。"

我:"对于5岁的男孩来说,应该能大胆地提出自己看法了,但黄子平时比较胆小,不敢在集体面前表现自己。"

妈妈:"是啊,儿子什么事情都要经过我的同意,连上个厕所都要问我很多遍,直到我说你去吧!才匆匆跑进厕所。黄子的问题很严重吗?"

我:"不是什么很严重的问题,不过要重视这种恋母情结。希望您注意自己的教育方式,放手让黄子自己去做事情,尤其要改变溺爱的毛病。"

通过与家长推心置腹的谈话,让家长充分认识这种恋母综合症对孩子心理所产生的危害,从而树立正确的教育理念,改变放纵式的教养方法,让孩子与家庭对"溺爱"说不!

**2. 对自己说"Yes"!**

幼儿园每周一有升旗仪式,全园小朋友都穿校服。整队时,我发现只有黄子没有穿校服,一个人不知所措地站在角落里。

我关心地问:"你怎么了?怎么没有穿校服呢?"

黄子低下头小声说:"妈妈说校服不好看,帮我放在书包里,让我等会儿换上去参加升旗仪式,结束后换回自己的衣服。"

我:"你看,今天所有的小朋友都穿校服。"

黄子:"我也想穿校服来的。"

我:"那我们先换上吧!你觉得校服好看吗?"

黄子:"嗯……不知道。"

我:"黄子现在是大班的小朋友了,已经长大了,可以自己决定穿什么衣服。如果你喜欢穿校服,等会儿不换回来也是可以的。"

黄子:"哦!"

升旗仪式后,我特意给全班小朋友拍合照,做各种整齐漂亮的动作,并将照片输入电脑,与孩子们共同分享照片,黄子和其他孩子一样笑得特别开心,这一整天黄子都穿着校服。

在我耐心帮助下,黄子第一次说出了自己的想法,并按自己的意愿做事情,这是一次非常大的改变。虽然黄子的行为还是非常不确定和不自信,但我充满爱和肯定的话语,会帮助黄子敞开心扉接纳更多的挑战。

**3. 对保护伞说"Bye-bye"!**

午餐后,我和孩子们聊天:"我们已经是大班的小朋友,谁在家里是自己睡小床的?"孩子们纷纷举手,自豪地讲述自己独立睡小房间的经历。黄子则坐在一边,低头玩弄手指,没有出声。

我:"黄子,你呢?"

黄子:"我和妈妈一起睡的。"

我:"没关系,慢慢来,相信黄子一定能学会独立的。除了和妈妈一起睡,你还和谁住一起？"

黄子："嗯,我有时候住爷爷家的。"

我："真的吗？那你很棒的,会和爷爷奶奶一起住,他们也很爱你的,对吗？"

黄子："对的,我爷爷会带我坐公交车看风景呢！"

我："在爷爷家时你是一个人睡吗？"

黄子："是的,我自己睡小床！"

从黄子自豪的回答中,我知道黄子是希望和其他孩子一样独立,并得到更多人的肯定。要改善或者摆脱恋母情结必须从锻炼孩子的独立性开始,只有孩子变得自信、自立了,才能从妈妈的保护伞下走出来。我把与黄子的对话告诉了妈妈,并建议暂时把孩子寄养到爷爷家,生活一段时间,直至孩子的行为有所纠正再重返家庭。

### C 辅导反思

辅导中,我先从与黄子妈妈的沟通入手,争取家长的配合,通过"观念引领、信心扶植、身体力行"等辅导策略,潜移默化中淡化妈妈的包办行为,将锻炼孩子的独立性放在心理矫正的重要位置。对于孩子,首先要培养孩子的独立思维能力,让孩子遇到问题时想到的不是问父母,而是自己开动脑筋想办法解决,然后再给予孩子正确的指导和帮助。其次锻炼孩子的独立行动能力,要让孩子自己学会去做,多动手,多给孩子一些机会锻炼,是培养孩子独立性和克服依赖心理的有效方法。

邓颖超曾经说："母亲的心总是仁慈的,但是仁慈的心要用得好。如果用不好的话,结果就会适得其反。"过分地关心溺爱孩子,实际上是剥夺了孩子遇到挫折、困难时独立处事的权利。孩子身上出现的问题,"病根"往往在父母身上,父母对孩子的溺爱就像一把繁重的保护伞,只会压抑孩子成长的翅膀。因此,我们的教育就要让孩子敢于对保护伞勇敢地说"不"！

作者单位:宁波市宁海县实验幼儿园

# 心理辅导 之
# 恋物嗜好

# 恋围巾的孩子

王桃月

## A 辅导缘起

新学期伊始,孩子们陆陆续续、高高兴兴地来到幼儿园,唯独竺子眼睛通红,眼泪在眼眶里打转,提着她的书包袋,蹑手蹑脚地站在门口不进来。

"竺子妈妈,她怎么了?"我问道。

"老师,就是她睡觉时闻着的那块围巾没带来呢!"妈妈回答。

"原来如此,今天的竺子最乖了,我们不用那块旧旧的围巾也能睡觉,我们是最棒的,是吗?"我鼓励着。以为事情已经告一段落,可不曾想,午睡时,竺子刚一躺下,就大声哭起来,要那块用了五六年的旧围巾。

据了解,竺子依恋围巾的嗜好是从小开始的,由于父母工作的原因,特别是做护士的妈妈,工作是三班轮流制,因此,竺子出生4个月便由爷爷奶奶抚养,孩子的衣食住行几乎和父母没有什么交集,孩子的需要得不到满足,间接性地把注意力转移到特定的物件上——围巾。围巾是1岁时妈妈送给她的第一份礼物。为了竺子上幼儿园不哭闹,家长的做法就是把围巾剪成好几条,幼儿园一条、爸爸妈妈家一条、爷爷奶奶家一条,直至今日,竺子新转入我园,到了大班,也未能把这个不良习惯改过来。

为了能让竺子改掉恋围巾的嗜好,我对其进行了心理辅导。

## B 辅导节点

1. "竺"海里的一部曲——我知道了。

幼儿园开设了公共区域,大班教室的走廊处设置了科学探索区,显微镜顿时印入我的眼帘,我灵机一动,首先要告诉竺子旧围巾的危害。我把竺子单独请到了科学探索区,说:"竺子,你知道这是什么吗?"竺子瞪着大眼睛说:"这是显微镜呢,有了这个神奇的东西,我们平时看不见的东西都能看得见了。"

我让她把手放在下面,试图让她去观察,她高兴地跳了起来:"原来我的小手上有很多细细的纹路哦!""对的,它的本领非常大,你还想拿什么东西在下面照一照吗?"她没有说话,感到很奇怪,"你喜欢的围巾也拿来照一照好吗?"她怯怯地点了点头。

通过显微镜观察,竺子发现围巾上面有很多细细的"小虫",这是肉眼看不出来的。她的小手甩了甩,鼻子一捏:"哇,好脏。""对呀,你的围巾很脏,这么脏的围巾你还天天捧在手上闻,细菌都进到你的身体里去了。"

对于此次的谈话,我没有深入下去,也没有要求她立刻把围巾扔掉,只静静地等待她的变化。

2. "竺"海里的二部曲——我努力了。

开始几天她都没有什么变化,还是照常拿着围巾睡觉,直到一天,我发现,她拿着那块残缺不堪的围巾愣了许久。我走过去问道:"竺子,怎么啦?怎么还不睡觉?""老师,这块围巾上面真的有很多细菌吗?"她不相信。我说:"你不是已经看到了呀?"她半信半疑地点点头。我摸摸她的头:"竺子是最棒的,围巾不在身边也能安静地入睡,是吗?"竺子马上闭上了眼睛,眼珠子转呀转,感觉不安。我握住她的手,一会儿她就安然入睡了。第二天,区域活动时,我发现她拿着那块围巾又在显微镜下面照,还不时点点头。我知道小家伙正努力地改变自己。

后来,在妈妈口中知道,晚上睡觉之前她已经不需要围巾了,而是抱着妈妈,在安静、祥和中入眠。不过到了半夜,她两手摸索找围巾,找不到,还会哭闹,找到了,就继续入睡。虽然,竺子暂时还没有完全改掉这个习惯,但是我看到了希望。

3. "竺"海里的三部曲——我做到了。

对于"我做到了"这个话题,我与小朋友进行了一场别开生面的晨间谈话。"请你们说说自己哪些方面是以前不能做到,而现在能做到的呢?"宇宇说:"以前不会叠被子,现在妈妈教我了,会叠被子了。"我鼓励着,并且邀请其他小朋友为宇宇拍拍手。此时的竺子只是默默地为同伴鼓掌。又有一个小朋友举手了,"老师,你知道吗?以前,我不会洗碗,现在我能帮助妈妈洗碗了呢!""你真是一个勤劳的孩子,老师喜欢你。"孩子们的话题一直在学习或是生活上,未能牵扯到对物件的依恋,怎么办呢?

"现在请小朋友们相互说一说,你变'能'的地方!"我说着走到孩子们中间。突然,听到了一个细细的声音:"老师,老师,你知道吗?我以前总是拿着围巾睡觉,现在我不用拿着围巾睡觉了呢!"我顺势摸了摸竺子的头,亲了亲她。

我深切地感受到,矫正竺子的嗜物爱好不是一朝一夕的事情,需要慢慢地引导,要包容孩子的这种行为,给予这样的孩子更多的关注,让其顺利摆脱"嗜物"情结。

### C 辅导反思

我对竺子进行了三部曲的辅导,一是让她知道围巾很脏,让她心理上感到行为的危害性;二是通过家园配合,使她慢慢地有了改观;三是通过榜样学习,让其勇敢地说出自己的改变。

在辅导过程中,我发现妈妈急于求成的心态,导致她很害怕表达。家庭和幼儿园是影响幼儿身心发展的两大环境,这两者必须同方向、同步调才能达到较好的效果。教师需要主动与家长联系,共同解决竺子恋围巾的不良习惯。在幼儿园,我还需要注重细节,运用多种途径,让她彻底改掉这个坏习惯,健康、自由、快乐地成长!

作者单位:宁波奉化市第二实验幼儿园

##  "奥特曼"的华丽转身

史璐璐

### A 辅导缘起

泽羽是我们班的小机灵鬼,形容他的词语很多,如"动脑达人"、"十万个为什么"、"小捣蛋"等等,但他最重要的一个特征还得要数对奥特曼的超级迷恋了。在我的印象里,泽羽每天来幼儿园总是奥特曼玩具不离手,上下课、午餐、午睡,甚至户外游戏时都拿着,谁要把奥特曼玩具从他手中拿走,他不是大声哭喊就是直接躺到地上打滚。从他平时的着装到生活和学习用品上的图案再到行为举止,所有的一切都在宣布着:我就是奥特曼的头号粉丝。

这不,今天刚用完午餐,泽羽就在活动室外的走廊表演起了"奥特曼变身",孩子们看得欢呼雀跃。泽羽越演越兴奋,直到我听到"啊"的一声尖叫,继而是跳跳的哭声:"史老师,泽羽打我!""这是怎么回事?"我表情瞬间严肃,孩子们纷纷说:"泽羽老是打人的。"泽羽似乎没有注意到我表情的变化,依然拿着他的奥特曼玩具并且做着奥特曼的招牌动作,很入戏。看到这个熟悉的场景,我有点生气,问他为什么打人,他这才收起了动作跟我说:"史老师,我在扮演奥特曼,小朋友们都是怪兽,我们只是在玩游戏啦。"泽羽一脸无辜地看着我。我知道,小机灵鬼的奥特曼情结又开始泛滥。

### B 辅导节点

类似情况也不是第一次发生了,每次我都是以自己的标准来告诉他,什么该做什么不该做,却收获甚少。治标要治本,帮助孩子改变不好的习惯就先得从了解孩子的喜好开始。于是,晚上回家我特意去网上看了几集《迪加·奥特曼》,从中发现"奥特曼"情节里虽然暴力的镜头太多,过多地宣扬个人英雄主义,但也有描写奥特曼勇敢、正直、富有正义感的一面,我何不利用这个让泽羽接受有益的教育呢?

1. 发展兴趣需求，转移注意力。

泽羽对奥特曼的崇拜已经众所周知，如果老师和家长突然去制止他不看奥特曼动画、不穿奥特曼服装、没收奥特曼玩具，效果肯定适得其反。后来，碰到类似情况，我会告诉他："泽羽和奥特曼一样很勇敢，愿意去保护别人，但我们身边的同学都是你的朋友，他们不是怪兽，你要像奥特曼保护朋友一样去爱护他们，和他们和平共处。"之后，我又找到了他的妈妈，告诉她泽羽近况的同时也强调了此事的重要性，经过沟通，两人制订了一个方案：推荐其他有利于孩子健康成长的动画片转移他的注意力。

如适合大班孩子的早期阅读式动画片《火星娃》，情节生动、语言幽默而且蕴含教育意义的《大头儿子小头爸爸》。让这些动画片进入他的生活，逐渐冲淡泽羽对奥特曼的兴趣。在幼儿园，我创设生动有趣的教育氛围，根据孩子的发展需求及兴趣开展区域活动。泽羽好模仿故事或电视剧中情节，我给他创设了一个表演区，情境设置大多以富有教育意义且生动有趣的内容为主。

2. 关注心理导向，形成良好品质。

奥特曼对泽羽的影响，让泽羽完全投入奥特曼情结中，仿佛自己就是奥特曼的化身。这也是我和泽羽妈妈交流的第二个问题：关注他的心理导向，不要因为泽羽喜欢什么就盲目地满足他。经了解，泽羽在家只要一哭闹，妈妈便马上用奥特曼玩具来哄，这样不仅会养成他奢侈浪费的习惯，更不利于他形成自律和辨别是非的能力。

在平时，泽羽是一个喜欢动手动脑、对自然界的一切感兴趣的孩子，我与家长沟通，建议其父母多带他到户外，去亲近大自然，观察动植物，舒展孩子的心灵；也可以进行各种体育锻炼，如跑、跳、爬、滚等运动，这样不仅有助于孩子的生长发育，同时也是孩子发泄负面情绪的最好途径。

3. 创设交友氛围，鼓励同伴交往。

在幼儿园，很多孩子因为泽羽经常扮演奥特曼把他们当怪兽而不愿和他玩。于是，我利用晨间谈话组织孩子"说说身边小伙伴的优点"，我特意说到了泽羽，让他们来找泽羽的优点，很多孩子都肯定了泽羽"勇敢、聪明、爱帮助人"的优点。泽羽听到小朋友们对他的肯定，开心极了，我引导他："小伙伴们都很喜欢你，你愿意成为他们的朋友吗？"泽羽大声地回答："愿意。"我乘机对他说："作为他们的朋友，你肯定会和奥特曼一样去帮助他们对吗？"泽羽用力地点头。我也顺势让孩子们多去和泽羽交朋友。

在户外游戏活动中，我经常给泽羽创造和同伴交往的机会，鼓励他和其他孩子一起合作运球、障碍接力、两人三足等项目，让他在与同伴的交往中健康成长。

C 辅导反思

经过一段时间的引导，泽羽已经逐渐摆脱"奥特曼超级粉丝"的称号，曾形影不离的奥特曼玩具也会在来园时主动让老师保管,虽然有时依然会冒出"奥特曼,变身"类似词语,但在行为上却收敛了很多,更不会把同伴当作怪兽去打。

有时,孩子无心的一句话或一个动作,总会让作为老师的我们哭笑不得,可你又不得不承认,是孩子天真无邪的童言童语给我们生活带来了无穷的乐趣。所以,作为教育者的我们更要站在孩子的立场循循善诱,做孩子成长道路上的明灯,而不是以老师的标准约束孩子,抹杀孩子的天性。静下心来,用心去解读孩子们天真的世界,静待他们的华丽"转身",那也是作为教育者的我们成长的一种方式。

作者单位:宁波市象山县新桥镇中心幼儿园

# 毛巾妹

胡珍艳

## A 辅导缘起

Y是一个高高的胖胖的小姑娘,有一条粗粗长长的大辫子。带着无限好奇,Y在幼儿园的第一天非常开心。但好景不长,第二天Y就变了脸,拉着婆婆(保姆)的衣服哇哇哭,用手里的一条大毛巾使劲地擦着眼泪,眼睛周围通红一片。一个上午,Y都在哭诉和拭泪中度过。

中午进餐了,我走近她说:"Y,乖!现在要吃饭了,把大毛巾交给老师,先去洗手好吗?"Y一听哭得更凶,拽着大毛巾不放,并转向去找保育员老师。午睡的时候,Y还是抱着她的大毛巾。

Y的妈妈告诉我:"Y从小是保姆带大的,在家的时候也喜欢拿着这条毛巾,脏了也不肯洗,家里人都叫她'毛巾妹'。"内向的"毛巾妹"在家缺少父母的陪伴,入园后又缺乏安全感,孤独失望之余,熟悉的一件物品就变成了她的精神寄托,她跟它一起游戏,一起睡觉,享受着跟这个"小伙伴"交往带来的快乐。

为了让Y能尽快地克服嗜物情结,融入幼儿园集体生活,我对Y进行了心理辅导。

## B 辅导节点

**1. 同心接纳。**

首先,作为教师应认识到孩子所依赖的物品有其特殊性,它起着维持孩子心理平衡的重要作用。如果一个时常处在恐惧、寂寞、孤独情境中的内向的孩子没有可以依赖的物品,就会产生更加严重的心理障碍。因此,既然大毛巾是Y的心爱之物,我们也应以同理心去接纳。

新的一周开始了,Y对班级老师已不陌生,但经过一个周末,Y的分离焦虑还是比较强烈,抓着大毛巾边哭边擦。这时,我微笑着召唤她:"来来来,我们来玩躲猫猫的游戏,你的大毛巾刚好可以用。"

于是我拉着大毛巾的一角,遮住自己的脸和Y扮鬼脸,一边说:"大毛巾真有趣,遮住我的脸,谁也看不到。"Y擦擦眼泪扑哧一声笑了,说道:"老师,老师,你真滑稽。"我看到破涕为笑的Y,继续说:"大毛巾还有好多玩法呢!我们把它打个结,我来扔你来接。"

Y虽然还拉着大毛巾,但已允许老师触碰。于是我把大毛巾打了个结,并引导Y把大毛巾扔过来。Y看了看大毛巾,又看了看我,终于第一次把大毛巾甩了出去。

2.信任转移

信任是人与人之间交流的基础,信任也是架起Y和老师之间沟通的桥梁。对于Y来说,在家中,除了婆婆是最亲的人以外,只有大毛巾是她最信任的伙伴。那么,在幼儿园,如何让教师成为孩子可以信任、可以依赖的人,并通过信任转移,帮助Y克服对大毛巾的依恋,融入幼儿园新生活,这正是我应该思考的问题。

第三周,我给大毛巾拍了一张照片,并把它贴在Y的柜子门上,告诉Y:"这里是大毛巾的家,每天来幼儿园的第一件事就是先让它回幼儿园的家,等婆婆来接的时候,你就可以把它带走,你觉得怎么样?"Y思考了一会儿说:"那我想它的时候怎么办?""想它的时候可以随时把它拿出来。"

就这样,Y每天上幼儿园,如果情绪稳定,她就会在我的指导下把大毛巾放进柜子。渐渐地,早操时不拿了,游戏时也不拿了,只有到睡觉的时候才会把毛巾拿出来抱着睡。

接下来的几周,Y的入园焦虑已经消除,来园时能自觉地把大毛巾放好。她和班级三位老师的交流也有所增加,午睡时喜欢保育员老师坐在她的小床边。保育员老师经常有意识地让Y帮忙摆放消毒过的杯子,一次,Y看到保育员老师蹲在茶桶柜前,就不动声色地搬来一把小椅子让老师坐,保育员老师感动得紧紧抱住Y,Y也开心地笑了。

3.真情沟通

Y的嗜物行为在很大程度上缘于父母的忙碌、玩伴的缺失、情感的无寄托,因此父母的陪伴和亲子关系的重新建立对本次辅导的成败至关重要。于是,我与Y的妈妈进行了一次面对面的交流。

我:"Y最近在幼儿园进步很大,早上能开心地和婆婆说再见,中午慢慢尝试自己吃饭,和同伴的交流也变多了,而且能经常帮助老师,做老师的小帮手。"

Y妈:"真的要感谢老师,Y变化很大,喜欢讲幼儿园的事,还说大毛巾在幼儿园有自己的家,妈妈家里也要有大毛巾的家。"

我:"Y真的很懂事,其实我们爸爸妈妈也要想一想为什么Y这么喜欢大毛巾?"

Y妈:"其实这条毛巾是在Y很小的时候给她盖肚子的,也不知道从什么时候开始就离不开了。主要也是我和她爸爸太忙,都是婆婆在管,我们也没注意到她什么时候有了这些变化。"

我:"是的,归根结底还是在于我们父母,工作太忙不能陪伴孩子,不能陪她阅读,不能陪她入睡,孩子很多的情感寄托都给了婆婆和每天陪她的大毛巾。"

Y妈:"老师您说得对,我们真的要多花点时间陪伴孩子,多观察孩子的变化,陪伴她一起成长。"

## C 辅导反思

入园三个月以后,Y逐渐不带大毛巾入园了。在幼儿园生活中,她的交往意愿逐渐增强,经常和老师反馈其他小伙伴的突发状况,如"老师,老师,他在玩水了""嬷嬷,你看我吃饭吃得多干净",等等。但偶尔晨间入园情绪波动时,还是有分离焦虑的现象,需要婆婆或者大毛巾陪伴一下,但在我的安慰和疏导下很快能融入集体生活。

孩子的情感体验是直接具体而形象的,往往一件小小的事情会触发其情绪波动。在此个案中,Y的信任转移经历了漫长的一个学期,有时感觉情况似乎已经好转时,却在下一周回到了辅导的原点,辅导过程反复无常。因此,在辅导过程中老师的耐心和毅力非常重要,我们要相信孩子,用心接纳孩子,真情感化孩子,从而达到由物到人的信任转移。

Y的故事也带给我们很多思考,孩子的很多心理或行为问题都有其特殊的原因,作为教师不能一刀切,而应该从孩子的问题表象去探究真正的缘由。再严重的恋物癖,也会有个开端,如果我们的父母和老师在开始阶段就能明察秋毫,及时干预,就可能防止事态的进一步发展。

*作者单位:宁波市江北区阳光艺术幼儿园*

## 87 小熊回家吧

何 荆

### A 辅导缘起

曲曲是小二班最小的孩子,手里总是抱着那只脏兮兮的小熊。早在新生家访中我就发现他手里一直黏着那只小熊,和家长沟通后,了解到曲曲从不离开这只小熊,无论是吃饭、睡觉,甚至入厕。入园适应期间,曲曲的情绪非常紧张,每天早晨的入园就像一场战争,歇斯底里地哭泣着不愿与奶奶分离,好不容易奶奶从紧拽不放的曲曲手里逃脱了,曲曲还是继续号哭,总是让小熊紧紧地依偎着,还从早到晚紧紧地跟着我。

孩子为什么会出现这种单纯依恋小熊的现象呢?因为他把玩偶人物化了,把手中的玩偶当作了有生命的物体,在孩子和玩偶的长期相处中,孩子倾注了感情,小熊已经成了形影不离的"小伙伴"。因此,我们在处理这样的问题时不能简单认为这只是一个可有可无的玩偶,必须视之为孩子的伙伴。除了给曲曲的执着予以理解,我还做了以下努力。

### B 辅导节点

**1. 接纳"小熊"**

刚入园的曲曲一直抱着小熊跟在我身边,不开口说话,也不和小朋友玩。相对于家长试图强制带走小熊引起曲曲剧烈反抗的做法,我采用了"30+1"模式,即接纳小熊——暂时允许小熊入班,小二班的标配改为"30个小朋友+1只小熊"。我从娃娃家搬来了塑料椅子,让小熊坐在曲曲身旁,这样曲曲就愿意和大家一起参与集体活动,因为伸伸手他就能碰到小熊毛茸茸的身体,就好像和小伙伴一起上学。曲曲开始跟着唱起了歌,拿起了画笔,还和小熊一起有了新朋友,一起游戏。

第四天早上,曲曲高高兴兴地牵着我的手和奶奶说"再见",带着小熊找到小椅子去进行晨间游戏。看着曲曲的笑容和奶奶没忍住的泪水,我想努力终于有了希望。

**2. 分离"小熊"**

开学第二周,大班的哥哥姐姐们借走了所有的塑料椅子拍集体照,这下小熊没有了座位,可把曲曲急坏了,抱着小熊走来走去渐渐焦虑起来。旁边的小伙伴们叽叽喳喳出起了主意,"每个人都有小椅子,小椅子上有学号。""曲曲30号,小椅子在这里。""可是,可是小熊没有学号。"讨论的最后,小伙伴向他建议:"待会我们就要画画了,你快去问问何老师,她会有办法的。"我看着曲曲抱着小熊走来,他顿了顿说:"何老师,小熊没有椅子了。"我蹲下来摸摸他的头也摸了摸小熊的头:"对啊,娃娃家的椅子都被哥哥姐姐们借走了,他们要去拍集体照呢。"看着桌子上已经铺好了画布,摆好了油画棒,马上就要开始美术活动了,曲曲着急地低下了头,更紧地抱着小熊。我灵机一动,把小熊从曲曲手里抱了过来:"哎呀,你抱得太紧了,小熊都不能呼吸了,你看我们马上要画画了,小熊可拿不住油画棒,就让它坐在钢琴上看着我们一起画画吧!"我把小熊稳稳地放在钢琴上:"你看,小熊坐在这里,你一抬头就能看见它,它眼睛亮亮地一直看着你画画,多棒啊!"这时"香蕉组"的小伙伴们急了,赶紧招呼他:"曲曲,待会画《吹泡泡》,作品可是要带回家给爸爸妈妈欣赏的,快点呀……"懵懵懂懂间曲曲和小熊完成了第一次"分离"。我特意要求大班的孩子晚一点归还小椅子,这样隔天小熊还是没有椅子,在入园接待时我就顺便把小熊按在钢琴上。

几天后,在老师和小伙伴们的陪伴下,曲曲望向小熊的次数越来越少,甚至某天午睡,直到曲曲睡着了我才发现小熊还坐在钢琴上,曲曲已经忘了要把小熊带到午睡室"看"着他睡觉。

3.再见"小熊"。

随着在幼儿园成功地实行"人熊"分离,我也收到了爸爸妈妈报告的喜讯。看来,是时候让曲曲和小熊说再见了。

某天早晨,照例还是奶奶牵着曲曲,挎着菜篮送他入园,随后毫不逗留,转身离开。我蹲下来在曲曲耳边说起了悄悄话:"你看,幼儿园有老师、小朋友,有小熊,有这么多的人陪着你,可是奶奶待会儿回家就一个人了,她一个人去买菜,一个人回家,一个人看电视,这样一整天才能等到你回家,好孤单。"曲曲自小就是由奶奶带大,奶奶为了照顾他离开江西老家,别看孩子小,其实他懂事得很。"何老师,能不能帮我把小熊拿给奶奶?"曲曲说完又搂了搂小熊:"再见,小熊。"曲曲很平静地把小熊递给我。我抱着小熊追上了前行的奶奶,把小熊放在菜篮子里,对奶奶说:"曲曲说幼儿园有老师和小朋友陪他,他让小熊陪您。"回答我的是奶奶无声的眼泪,孙子的念想让她暖心。

**C 辅导反思**

曲曲依恋小熊这样的玩偶能给他带来安全感,满足他皮肤的触摸需要,甚至成为抵御紧张、摆脱困扰的精神支柱。因此,我选择接纳小熊而不是强制隔离小熊,让曲曲在进入幼儿园(陌生的环境)时能够带着"小伙伴"一起面对,成功帮助孩子减少了孤独感。此外,通过多鼓励他与其他孩子玩耍并丰富他的生活以逐渐减少对依恋物的依赖。通过"人熊分离"、"视线可及"、"再见小熊"三个阶段,孩子逐渐适应了丰富多彩的幼儿园生活,更好地和周围人建立起信任关系。伴随着家园合力,不仅帮助曲曲也帮助家长一起度过了入园适应期,一起收获了成长!

纵观整个辅导过程,如何抓住孩子心理变化的不同阶段进行干预,需要老师更加仔细的观察,如何更好地帮助孩子和家庭度过新生入园障碍期,还需要多方面的思考和努力。

作者单位:宁波市鄞州区姜山幼儿园

## 88 牛牛的布

陈瑜露

### 辅导缘起

开学第一天,牛牛很快引起了大家的注意,只见他的怀里紧紧抱着一块布,躲在妈妈身后,对幼儿园的新生活充满焦虑。经了解,牛牛从小由外婆带大,爸爸妈妈非常忙碌,很少陪他,外婆年纪大了,基本上不带牛牛出去,习惯让他一个人在家玩玩具、看电视,牛牛的自理能力非常弱。牛牛每天都要这块布陪伴着,还时不时地闻一闻,说有妈妈的味道,只要拿走这块布,他就会焦虑不安,哭闹不止,且任何话语都听不进去。

牛牛每天要抱着布才能获得情感上的满足,才可安然入睡,这种对布的依恋是儿童恋物癖好的表面化现象,实则是由安全感匮乏所引起的。为了能让牛牛尽快摆脱对布的依恋,愉快地融入幼儿园生活,我尝试以绘本为载体,对他进行渗透性辅导。

### 辅导节点

**1. 依托绘本,初次分享。**

开学午睡,牛牛情绪波动较大,虽然有我陪伴在身边,但他的怀里始终抱着布不愿松开。两个星期过去了,尝试过许多方式取代这块布,都没有效果。但牛牛的情绪和开学初相比稳定了许多,对老师也有了基本信赖,每次午睡只要轻轻拍抚就能入睡,但手中的布始终未放开。和牛牛建立信任后,我第一次有意识地为牛牛讲述故事《爷爷一定有办法》,牛牛被故事情节深深吸引。每讲到毯子将被改造时,牛牛都非常关切地问:"陈老师,约瑟的毯子怎么样了?然后呢?"当听到爷爷一次又一次奇迹般改造着布,他的内心充满欣喜,直到最后,牛牛有些失落:"陈老师,约瑟的毯子不见了,他会难过吗?""牛牛,你觉得呢?"通过一周的绘本辅导,牛牛开始对结局变得释怀。

接着,我组织做"手拉手找朋友"的游戏,牛牛因手中拿着布而没有小伙伴愿意和他牵手感到失落。这时我走上前模仿故事中的情节,将布变成了一条腰带,系在牛牛腰上,小伙伴们马上拉住了他的手,牛牛第一次融入快乐的集体游戏中,体验了和大家一起游戏的快乐。

通过这次经历,牛牛开始有了变化,他能主动将布放在贴身的地方。又过了几天,我们组织幼儿玩蒙眼睛的游戏,急需一块布,大家都用渴望的眼神看着牛牛,希望他能借大家用用,牛牛经过思想斗争,同意了。

我们先请牛牛蒙上眼睛摸黑,接着换别的小朋友一起玩,在快乐的游戏中,牛牛渐渐淡忘了布的事情,投入地玩得不亦乐乎。通过这几次游戏,牛牛对布的依恋明显改善,同时让他体会到,手中的布还能成为游戏的道具,给大家带来快乐。

2. 融入活动,主动分享。

辅导持续了一个月,牛牛知道了自己的布有很多的用途,也能非常愿意把它贡献出来。小朋友也对牛牛的看法有了改观,都认为他热心、大方,越来越多的小朋友愿意主动邀请他参加游戏,牛牛的笑容多了。

10月底,幼儿园组织亲子手工制作比赛,要求大家利用身边的废旧材料进行环保DIY制作,我事先和牛牛妈妈进行了沟通,希望引导牛牛将布制作成有意义的物品。通过协商,牛牛同意将布裁开,留其中一块做成手帕,别在自己的衣服上,其余都用来制作成手工品。牛牛和妈妈想了许多点子,最终决定将布包裹在半个矿泉水瓶外,做成一排笔筒,看上去既实用又美观。经过展示、评比,牛牛的作品得到了大家的肯定。在颁奖典礼上,牛牛紧紧地抱着自己的奖状不愿松手。通过环保制作比赛,牛牛开始变得活泼、外向、自信,愿意主动亲近他人,信赖他人。

3. 建立自信,摆脱依赖。

一直以来,牛牛的语言能力发展非常好,能够清晰流畅地表达自己的情感,愿意主动上台阐述所见所闻。为了进一步建立他的自信,我推荐他参加幼儿园的小星星广播台讲故事比赛,牛牛不负众望,在讲故事比赛中脱颖而出,取得了第一名的好成绩。

就这样,牛牛的自信心增强了,对于语言表达也更有信心。很快机会又来了,一年一度的元旦汇演需要小主持,这一次牛牛主动报名参加,通过层层选拔,成功当选汇演小主持。为了做好小主持,牛牛每天刻苦练习,同时答应上台时暂时告别自己的布。由于牛牛的努力,在舞台上的表现得到了一致好评,牛牛对这块布的依恋也逐渐减弱,大半年过去了,这块布渐渐消失在牛牛的生活中。

### C 辅导反思

作为教师,要理解牛牛类似恋物嗜好的心理,根据孩子的年龄特点,及时调整教育教学方法,以宽容的心态面对孩子,在孩子心里种下爱物惜物种子的同时,把旧的东西赋予新的生命与用途,使得生活处处充满惊喜。

教师还应与家长取得联系,进行沟通,达成共识。但凡事不可操之过急,我可以先默许牛牛手里拿着布,让他有安全感,再抓住他每一点的进步和改变当众表扬,使他慢慢树立自信心,同时拥有自己的朋友,融入愉快的集体环境中。通过游戏、学习、体验等活动,让他感受到老师和伙伴对他的关心与爱护。

作者单位:宁波市北仑区实验幼儿园

## 89 驰驰的旅行

邱丽霞

### A 辅导缘起

新学期开学,酷暑期刚过,对于离开家庭进入集体生活的托班孩子来说,即将面临一场不小的"及时雨"。驰驰就是其中的一员,而且他居然还带着"装备"上幼儿园,落下来的眼泪会被全盘"吸收",原来他有自己的"收雨神器"——一块旧的带有香味的毛巾从不离手。驰驰一边落泪一边擦,当我准备把他的"神器"交给生活老师去洗一洗、晒一晒的时候,驰驰怎么也不肯放手,连中午睡觉都紧紧抱着,稍有动静,立刻警觉地睁开眼睛。

经了解得知,驰驰的妈妈在他出生后喂奶时就一直用这款毛巾垫着,由于妈妈常用这种味道的香水,所以"神器"上一直留有这种味道。驰驰所表现的这种恋物现象,是孩子与亲人暂时分离产生的焦虑造成的,驰驰因为离开了妈妈,所以对这块留有独特香味的毛巾产生了依恋情感,并且以此来消除离开亲人的种种不适。为了让孩子尽快建立与老师的情感纽带,适应幼儿园集体生活,我开启了孩子的童年之旅。

### B 辅导节点

*旅途一:环境开启童年之旅。*

为了缓解孩子入园时产生的焦虑情绪,在开学前我创设了"相亲相爱,童年之旅"的班级文化墙。现在的孩子都有家庭旅行的经历,把上幼儿园形象地比喻为"旅行"，旅行到站会有老师和小伙伴一起玩，旅行结束和家人一起去下一个目的地——"住家宾馆"。物质环境的趣味和心理环境的宽松，缓解了孩子的入园焦虑。

今天，外婆送驰驰入园后，马上离开了活动室。为了分散驰驰的注意力，我决定用音乐游戏中的"妈妈纸偶"吸引他，可是驰驰依然紧紧抱着自己的"收雨神器"边哭边擦，对我精心准备的"妈妈纸偶"毫无兴趣。我想：在驰驰的心里这块皱巴巴的毛巾到底有着怎样无法替代的地位？或许，它代表了最亲爱的"妈妈"。于是，我尝试从"找妈妈"入手："驰驰，我们找找照片里哪一个是妈妈呢？"驰驰的眼睛顿时散发出一种能量，果断地说："这个是妈妈。"我惊喜地发现驰驰能够听懂我的话，并且能够应答，于是趁热打铁："我知道驰驰很想妈妈，但是妈妈要上班，所以把照片带来给驰驰！"看到孩子专注的样子，我顺势把小毛巾轻轻从他手里松开，驰驰很警觉，牢牢抓住毛巾，脸上的表情开始由阴转雨。这一次，驰驰没有成功离开他的依恋物，但是我很欣慰，因为从那一刻起驰驰能够与我交流了。

### 旅途二：旅途传递妈妈之爱。

著名心理学家鲍尔比曾说过一句名言："最好的幼儿园机构不如一位最坏的妈妈。"从这句名言中，可以发现母爱对于形成孩子的依恋和安全感有着不可替代的作用。因此，对于刚入园的孩子，老师首先需要扮演好"妈妈"的角色，以后再逐步过渡到孩子们的支持者、合作者和伙伴等多种角色。

开始做早操啦！驰驰依然不肯离开"神器"，如果让驰驰把毛巾留在活动室里，他会因为离开依恋物而哭闹，所以我尝试先让驰驰带着毛巾到操场，"驰驰，让毛巾在小筐子里休息一会儿，我帮你保管，这样你就可以伸手做飞机了！"驰驰有些迟疑，但是没有拒绝，于是趁着他还在犹豫，我说："我们拉钩钩，做完小飞机，就让毛巾来陪你。"终于，驰驰第一次和他的"神器"分开了几分钟，虽然期间他会不停地问可以拿了吗？但是以期待的心情代替原来的哭闹，在我看来可是驰驰的一大进步啊！做操结束，我把"神器"交给驰驰的同时还奖励了他一张笑脸贴纸，驰驰脸色终于由"阴"转"晴"。之后的做操时间，我都尝试让驰驰离开毛巾一会儿，渐渐地，户外游戏的时候驰驰不再需要毛巾的陪伴。

### 旅途三：游戏联结成长之乐。

虽然户外活动时开心玩耍的驰驰已经不再需要他的"收雨神器"，但是一回到活动室，他依然对它爱不释手。当我正在为如何让驰驰彻底和"收雨神器"说再见而绞尽脑汁的时候，机会来了。手指游戏时间，孩子们用小手变成有趣的动物。"一个手指头呀，变呀变呀变呀，变成毛毛虫……""咦，为什么这条毛毛虫还躲在被窝里睡觉呀？"我走到驰驰身边悄悄地问。他似乎有些不好意思。于是，我试着轻轻取下毛巾，一边说："早上了，毛毛虫该起床了，我们把毛毛虫的被子放进小书包，下午和你一起回家好吗？"驰驰没有拒绝，但是这一刻对驰驰来说却意义非凡，因为这一天，除了午睡时驰驰主动要求确认毛巾是否还在书包里，其他时间似乎忘记了心爱的"神器"。时隔一周后，当我试探地向驰驰提起毛毛虫的被子，驰驰神秘地告诉我："它在家里睡觉，不要吵醒它！"

### C 辅导反思

新生入园是孩子从家庭进入幼儿园进行集体生活的重要阶段，孩子们在这个时期也经历了适应新环境和新生活的种种困扰。在本案例中，驰驰的入园焦虑情绪表现为对带有亲情气息的物品依恋，如果采取生硬的"分离"式，会让孩子的焦虑情绪雪上加霜，所以暂时采用让依恋物来代替孩子的情感寄托。在妈妈般的"顺应"教育下，我逐渐获得孩子的信赖，成为孩子新的情感依恋对象，最终实现孩子对依恋物的转移。

孩子们在新的环境里需要有适应的过程，适应的时间长短因个体差异而不同，充分利用各种积极的衔接举措潜移默化地影响孩子，新生适应期就会逐渐缩短。"与孩子同忧，会让孩子更忧虑；与孩子同乐，会让孩子更快乐"。让我们装备好爱的小屋，带着阳光的心情和孩子们一起开启童年之旅吧！

作者单位：宁波国家高新区实验幼儿园

## 90 "小兔子"跳跳

陈 燕

### A 辅导缘起

3岁半的昕怡长得白白净净的，有着一对大大的圆眼睛，每天她都抱着"小兔子"来上幼儿园。所谓"小兔子"其实是一条有很多小兔图案的小毛巾，昕怡从小就抱着它，旧了妈妈给她换新的她还不乐意，每天都要闻闻它，抱着它睡觉。因为有小兔图案，昕怡叫它"小兔子"。进入幼儿园后，她几乎时时刻刻都拎着小兔子：拎着哭，拎着走路，拎着解小便，拎着做游戏，拎着吃饭……睡觉的时候更是一定要抱着小兔子。有时候玩得开心了，她也会忘记把它丢在一边，但一想起来就会哭着要找它。

从心理学上分析，昕怡的恋物行为是由于对亲人的情感需要得不到满足时，以物（小兔子）来替代，它是指幼儿对某种特定物品的依恋，在特定物品的陪伴下，幼儿能获得安全感和慰藉，而一旦分离，幼儿容易哭闹、焦躁不安，严重情况下会导致幼儿失眠、拒食。

## 心理辅导之恋物嗜好

为了让昕怡尽快地改掉恋物行为,更好地融入幼儿园生活,我对昕怡进行了以下辅导。

### B 辅导节点

**1. 一跳:小兔子变小了。**

开学第一天,昕怡很早就到幼儿园了。她勉强从妈妈的怀里到了老师的怀里,立马哭着说:"我要小兔子,我要小兔子。"我一边帮她擦拭泪水,一边让她妈妈给她小兔子。她接过后就紧紧抱在怀里,无论是洗手、吃饭、入厕、睡觉都抱着小兔子,一直到一天园活动结束。

和昕怡妈妈深入交流后,决定一起来改变孩子的恋物情结。一方面,因为在幼儿园的集体生活中带着小毛巾,很不方便。另一方面,我们又不能断然要求昕怡马上远离小兔子,如果采取粗暴的态度和强制的方式,结果可能适得其反。

于是,我趁昕怡睡着的时候,悄悄地把小毛巾剪掉了一半,昕怡醒来后发现小兔子变小了,立刻委屈地说:"小兔子变小了。"眼眶里一下子溢满了泪水。我赶紧安慰:"小兔子长大了,和昕怡一样去上幼儿园了呀。你看,不是还有很多小兔子陪着昕怡嘛!"昕怡似懂非懂地看看我,又看看小兔子,没让眼泪流下来,我暗暗地舒了一口气。

接下来的几天里,小兔子在我的"使坏"下从小毛巾变为小手巾,最后变为手掌大的小方块,小兔子越变越小了。

**2. 再跳:小兔子睡觉了。**

小兔子变小后,已经不太影响昕怡正常的幼儿园生活了,但是手里总拿着小布块还是会带来一些不方便。和昕怡妈妈商量后,我们又开始了新的"阴谋"。

早上,昕怡带着小兔子来到了幼儿园,和刚入园时相比,她已经开始喜欢上幼儿园了。我把她抱到腿上悄悄地说:"老师和你玩一个游戏。"昕怡好奇地抬头看着我,我笑着说:"这个游戏叫'小兔子睡觉觉'。如果你10分钟不抱小兔子,让它睡觉觉,老师就奖你一个笑脸;1小时不抱小兔子,老师就奖你两个笑脸,可以得到你最喜欢吃的棉花糖!"昕怡看看小兔子,又看看我,但为了笑脸贴纸和棉花糖,还是不情愿地把小兔子递给了我。我安慰她说:"小兔子要睡觉觉了,我把它放到柜子里安安静静地睡。"昕怡点了点头,恋恋不舍地看着我把小兔子放进了柜子里。在接下来的一个小时里,昕怡时不时地会要求我带她去看看小兔子,但是都能忍住不抱它。离园时,我把小兔子还给她,还奖励了笑脸和棉花糖,昕怡开心地笑了。

**3. 三跳:小兔子再见了。**

昕怡在我们的奖励和鼓励下,已经对小兔子不再那么执着了,离开小兔子的时间也越来越长。

当昕怡在游戏中带着小兔子很不方便时,我会及时提醒:"小朋友都不带小兔子,玩得多开心啊,昕怡带着小兔子真不方便,还容易把小兔子弄得脏脏的、臭臭的。"时常用类似的话提醒,昕怡开始意识到带着小兔子活动带来的不便,同意将小兔子放在一旁,这时我及时地给予表扬。之后,昕怡逐渐不再带小兔子了。在睡觉时我也是利用"戴高帽"表扬的方法,使她不再抱着小兔子入睡。我和昕怡说:"睡觉时不能老是抱着小兔子,小朋友都不把小兔子拿到幼儿园来。我们昕怡最听话了,以后不把小兔子带到幼儿园,好吗?"昕怡看着周围小朋友都能自己安然入睡,也就欣然接受了。现在昕怡已经能脱离自己的小兔子,在幼儿园开心地生活。

### C 辅导反思

幼儿的恋物行为多由安全感缺乏引起的,是一种心理需求的体现,并不是病态,会随着她(他)的成长慢慢消失,一般不要采用粗暴的态度和强制的手段,因为那样会给孩子一种暗示,促使幼儿和成人对着干,效果适得其反。但这也并不意味着成人可以对此不闻不问了。我们需要正确对待孩子的恋物行为,同时要采用循序渐进的原则,从增强幼儿的安全感入手。案例中通过把小兔子变小了——小兔子睡觉觉——小兔子再见了三部曲,让昕怡慢慢减少了对"依恋物"的依赖。现在没有小兔子陪伴的昕怡兴趣广泛了,在活动中更投入了,取得了许多可喜的变化。

通过上述案例,我感到,在幼儿由自然人向社会人转变的过程中,内部心理和外部环境的冲突会导致孩子各种偏异行为出现,而恋物行为只是其中的一种。经过这一段时间的跟踪观察和辅导,我发现年龄越小的孩子可塑性越强,因而老师和家长一定要抓紧各种习惯的养成期,不论是幼儿有意或无意表现出这些偏异行为,都需要老师及家长相互配合,及时帮助幼儿改善这些行为。

作者单位:宁波市镇海区蛟川街道中心幼儿园

##  嘟嘟的棉布条

龚育红

### A 辅导缘起

小班开学第一天,接过默默流泪的嘟嘟时,嘟嘟妈妈拿出一个密封的塑料袋交给我:"老师,里面是消过毒的棉布条,午睡时只有咬着它嘟嘟才睡得着。"从妈妈略显尴尬的解释中,我对嘟嘟这一奇怪的入睡习惯有了一定的了解。

由于父母工作繁忙,嘟嘟由外婆一手带大,忙于家务的外婆常常让还在婴儿期

的她独自躺在小床里与各种柔软的玩具相伴。不知从何时起妈妈发现她喜欢咬着被子、毯子、枕头睡觉,强行拿掉就哭闹不止。多次制止打骂无果的嘟嘟妈妈只能买了许多棉布条,经过高温消毒后密封在袋子里,以保证吮咬时的卫生。

嘟嘟的恋物习惯应该来源于婴儿期的安全感缺失,经常独自与玩具为伴的她缺少与家人的互动,而家人的抚摸与身体接触所带来满足感是玩具无法代替的,她只能借助口唇的吮吸达到自我抚慰的效果。"坏习惯"养成后,家长的呵斥使她内心产生了强烈的抗拒,而家长提供的棉布条又从另一角度认同和强化了她的不良习惯,如此恶性循环,使她对吮咬的依赖更加严重。

让嘟嘟摆脱对棉布条的依恋,除了能保证她正常良好的睡眠习惯外,更对她融入集体生活、逐渐形成独立人格有着重要意义,于是我对她做了以下的辅导。

## B 辅导节点

### 1.接纳之芽。

第一天午睡时嘟嘟并没有哭闹,躺在小床上怯怯地望着我似乎在担忧着什么。她捏着枕边的布条,并没有直接放入口中,而是不安地望着我,眼神闪烁。我轻轻帮她掖了下毯子,温柔地肯定她:"嘟嘟已经准备好了,真能干。"随后亲亲她的小脸转身去帮助其他孩子。过一会儿我再过去巡视时,她蜷成一团吮咬着棉布条已经进入梦乡。从嘟嘟的表现可以看出,家长最初的打骂已经让她产生了吮咬棉布条很羞耻的认知,因此不愿意让老师和同伴看到这一幕。要矫正她的习惯必须先让她接纳老师、信任老师、向老师敞开心扉。

在接下来的日子里,我装作没有发现她的小动作,小心翼翼地保护着她的秘密,不让其他小朋友发现,呵护着她的自尊。每天我都会花更多的时间与嘟嘟交流:抱抱她、亲亲她、让她当我的小帮手;没轮到管理午睡时也依旧陪伴她,揉揉她的手臂、摸摸她的头发、让她从接触中感受我对她的喜爱。随着时间的推移,内向的嘟嘟与我亲近起来,对她的无条件接纳让爱的小苗在我们之间萌芽。

### 2.信任之叶。

两周后的一天午睡前,我如往常般边讲故事边巡视,来到嘟嘟床前时她试探着将棉布条放到嘴里,眼睛紧紧地盯着我观察我的反应,我故作无意地轻轻将棉布条拿开,并笑着摸摸她的脸继续给孩子们讲故事。我用动作表示了对这个习惯的不赞同,又用微笑和抚摸安抚了她敏感的心。

接下来的日子,嘟嘟每次出现这种情况我都如此对待,虽然我没有跟她谈起棉布条,但她清晰地感受到了我所传达的意思:我不认同你的做法,但我依旧喜欢你!她似乎放下了棉布条带给她的心理压力,睡前情绪也不再那么紧张,常常会在我面前自然地咬起棉布条,当我轻轻拉开时,她还会撒娇似地扭着身子害羞地笑。我从她的肢体语言能感受得到,她已经真正接受了我,也对我产生了信任感。

与此同时，嘟嘟妈妈也接受了我的提议，全家尽量不把嘟嘟的习惯当成一件大事，不再主动递棉布条给她，而是像我一样提前将棉布条放在她的枕头边，当她吮咬时也只是自然地拿开，或用抚摸、亲吻、讲故事来分散她的注意力。

### 3.共育之花。

一个月后的早晨，嘟嘟妈妈说当天晚上去喝喜酒可能会晚归，第二天想让嘟嘟多睡会儿，晚点来幼儿园。我发现这或许会是个好机会，能让她尝试第一次不咬棉布条入睡，于是我提议第二天正常让她早起来幼儿园，嘟嘟妈妈疑惑地同意了。

果然，昨晚没有睡够的嘟嘟在午餐后就有点犯困，到了午睡时间，她不停地打着哈欠，随时会入睡。上床后她习惯地去找枕边的棉布条却发现空无一物时，脸上露出了疑惑的表情："老师……"趁她还没说出要求，我拉起她的手放在我的脸上，双眼与她对视："听说嘟嘟昨天去当小花童啦，好玩吗？"她的注意力一下子被吸引过来，得意地说："我穿公主裙了，粉红色的！"我在她手上轻轻地按捏着："那我给小朋友们讲一个小公主的故事吧，跟嘟嘟一样漂亮的小公主。"按嘟嘟的喜好特意准备的故事转移了她的关注点，缓慢地按捏和不断袭来的睡意使她终于忍不住进入了梦乡。

起床后，我附在嘟嘟耳边表扬她："今天没咬小布条，睡得真好，更像小公主了！"并且奖励她可以坐在我的位置上吃点心，这是班里小朋友最希望得到的奖励，嘟嘟在孩子们羡慕的眼神中绽开了幸福的笑容。

迈出了第一步，接下来的辅导就变得顺利起来，在我的鼓励、引导、巩固下，嘟嘟使用棉布条的时间越来越少，学期结束时她已经完全抛去了棉布条，像其他小朋友一样安然入睡。

### C 辅导反思

孩子对物的依恋并不长久，自然引导下会逐渐减弱，但家长的不正确态度却成为了恋物情结加重的助推器。家长粗暴的制止使嘟嘟产生了强烈的不满情绪，使她对任何要求她改变的人都充满了敌意。

在对嘟嘟的辅导中我采取了循序渐进的自然渗透：忽略她的坏习惯，向她展示我对她所有行为的接纳，让她在充满爱的氛围中放松心情，将排斥感降到最低；在生活上给予她充分的安全感，使她对物的依恋不再强烈；寻找适合的时机，给她一个自我认同的机会，使她逐渐对自己产生信心，并最终使嘟嘟摆脱了对小棉布的依恋，走向人格的独立。

当然在辅导过程中嘟嘟的情绪、对物的依恋一直有着反复，这需要教师一直都对她保持较高的关注度，而这样一来势必会让其他幼儿感觉到老师对嘟嘟的偏爱，如何在"偏爱"与"关注"之间找到平衡点，是我比较困惑、需要思考的问题。

作者单位：宁波奉化市第四实验幼儿园

心理辅导之恋物嗜好

# 一物降"衣"物

王烈飞

## A 辅导缘起

小爱在爸爸妈妈的护送下来到了幼儿园,而她手里则拽着一件褪了色的衣服。她几乎时时刻刻都拿着她的小衣服,拿着哭,拿着走路,拿着入厕,拿着活动,拿着吃饭……

午睡了,她也是片刻不离小衣服,一会儿摸摸,一会儿闻闻,就是不愿意放下,一旦劝她放下,就大哭不止,嘴里还用宁波话喋喋不休地说着:"囡囡要袄袄,囡囡要袄袄。"或者是有点睡意了,突然之间惊醒,小手又会开始到处乱摸,摸到了就闻一闻,摸不到,就会一下子坐起来拼命找,边哭边找直到找到为止。接下来的一段日子,天天如此。

从心理上来看,小爱的举止属于恋物行为。陌生的幼儿园,与父母的分离,使她产生了一种分离焦虑,一下子没了情感上的依靠,就使她把自己喜欢的、熟悉的物品——小衣服当作了自己的依恋,在小衣服的陪伴下,小爱获得了安全感和慰藉,而一旦离开它,小爱就容易哭闹、焦躁不安。为了让小爱能尽快地克服焦虑情绪,摆脱恋物情结,融入幼儿园生活,我对小爱进行了多角度的辅导。

## B 辅导节点

### 1.博取信任。

针对小爱的表现,我与家长进行了沟通,了解得知,小爱在家只是在睡觉与情绪不安时才需要拿着小衣服。这说明她是由于情绪紧张,缺乏安全感而造成的。那么,作为老师,最主要的是先博取孩子的信任,把老师当做她的亲人。于是,每天她来园,我都亲切地问候,给予暖暖的拥抱,不时牵着她的小手,带她入厕,喂她吃饭,替她擦鼻涕。

午睡了,我一边拍着她,一边和她谈心,而她则摸一摸、闻一闻小衣服,感觉惬意十足时。我就说:"有那么香吗?让我也闻闻吧。"她伸过手来,我假装闻了一下,皱起眉头说:"嗯……怎么臭臭的呀!不要闻了。"说完还故意装出恶心的样子。她被逗笑了,又有点不好意思地缩回了小手。我趁机皱着眉说:"该洗洗了,衣衣不洗会臭臭的。"随即做了个夸张嫌弃的表情。

第二天午睡时,我试着说服她把衣衣拿去洗,又做出那种嫌臭的表情说:"衣衣臭臭,要洗了,今天小爱由老师拍拍睡,等小爱起床后,衣衣洗干净了,再来陪你,好吗?"起先她不愿意,但我没放弃,拉着她的小手,摸着她的小鼻梁爱抚着她,最终她还是依依不舍地将小衣服交给了我,嘴里不停地用宁波话说着:"困觉爬起类,袄袄好拔囡囡了伐?"我答应了她。等她午睡一醒来,看到那件洗干净的衣衣放在了她的床头,她笑着松了口气。对她承诺的,我做到了,我想,我已经渐渐取得了她的信任。

2. 转移注意。

小爱几乎时时刻刻都抱着她的那件小衣服,如果硬要拿下,自然会引起她的不满,使她更警觉,更不愿放弃那件小衣服。考虑到小爱在家也不是时时拿着的,只是现在进入一个新的环境才导致这样,我决定先稳定她的情绪,以转移注意力的方法,使她渐渐脱离那件小衣服。

游戏活动开始了,其他小朋友都开心地参加游戏,可小爱要拿着小衣服,我先允许她拿着小衣服参与活动,渐渐地她的心情放松了,注意力也被愉快的游戏所吸引,同时她也感觉到了拿着小衣服的不便。我及时地提醒:"你看,小朋友都不拿东西游戏,多开心呀!我们也不拿了,好不好?"小爱慢慢地将小衣服放在一边,我及时给予了表扬。渐渐地,画画、吃饭、入厕,转移注意力的方法奏效了,小爱会因为不方便,而适当放下那件小衣服了。

3. 以物降物。

小爱的小衣服可以说是她情感的依恋物,从某种程度上来说,可以调节她紧张的情绪,能给她带来安全感。我试着想用其他物品来代替,如果她喜欢的东西多了,就不会对某一物品保持强烈的依恋行为。

搭积木时,我坐到了小爱的身边,对她说:"小爱,我们一起搭积木吧!"而她只用泪汪汪的双眼看着我。我就说:"老师搭给你看吧!"我拿起积木搭了起来,一会儿搭篮子,一会儿搭汽车,一会儿又用变形积木变出各种滑稽的造型,一边搭一边和她聊天,让她对我搭的积木产生兴趣,从而使她产生跃跃欲试的感觉。这样,我用积木换下了她手中的小衣服。

自由活动时,我拿着一个芭比娃娃,坐到了她身边,这时,她伸出手想来拿这个芭比娃娃,我缩回了手,对她说:"这个不行,它可是小甜的宝贝哦。如果你想要,把你的衣衣宝贝和她的分享一下吧。"她苦着脸说:"不行!""你看,小甜能把自己喜欢的玩具和小朋友一起分享,小爱也是很有爱心的吧!我们互相换一换,好吗?"这时,小爱犹犹豫豫地拿出了小衣服,我一见,就微笑着表扬了她:"小爱真棒,能够和小朋友一起分享了!"

## C 辅导反思

开学一个月后,我利用爱心滋润她的童心,利用自身的言行,取得她的信任。在我的不断关爱下,小爱开始慢慢放下那件她所依恋的小衣服了。小爱的恋物行为基本得到纠正,开始慢慢融入新的集体生活。

但在取得点滴进步的同时,我也发现小爱由于胆子偏小,特别是遇到困难时,这种恋物行为会反复出现。那么如何才能从根本上解决小爱的恋物行为,使她产生一定的安全感呢?我想,在老师与家长的共同关爱下,我们更要细心地去观察小爱恋物背后的心理需求,比如,小爱是否缺乏安全感了?是否与同伴间的交往没有得到满足?如此,才能对症下药解决她深层次的心理问题。希望小爱在大家的共同帮助下,能放下那件依恋的衣服,开心地融入到幼儿园这个大家庭,与恋物行为说再见。

作者单位:宁波市江北区怡江幼儿园

# 心理辅导之其他

# 在外"不当虫"

卞娟娟

### A 辅导缘起

依琳是一名可爱又漂亮的小女孩,但我发现依琳从不主动和大家开口讲话。当我与之交谈,她也不敢直视我的眼睛。和小朋友相处时,依琳鲜有主动和人交往的举动。班级里"每周当一次小组长"的制度深受大家喜欢,但依琳最怕当小组长,因为劳动时,她往往会由于不敢邀请同伴而没法将桌子搬到指定的地方;也常常因为组织不了小组成员开展自主活动,而被同伴取笑——"她当小组长我们就可以不听她的指挥"。但依琳在家的表现却截然相反,不仅爬高爬低一副"小猢狲"模样,而且会大声地对家人发号施令,对待爷爷奶奶的态度还很粗暴,真正的"在家一条龙,在外一条虫"。

依琳从小的起居生活主要由爷爷奶奶负责,父母亲虽是中年得女但碍于生意忙,与之相处的时间少之又少。依琳的成长路上,接触的人主要就是这两位迟暮老人,而老人家怕孙女吃亏受欺负,担心孙女在公共场合容易得病等,把孩子养成了"笼中金雀",致使孩子感受不到与朋友共玩的乐趣,缺乏与同龄人交往相处的经验,造成了她与外界接触就胆小退缩的状态。

为了让依琳在家庭以外的环境中"不当虫",让她在公众场合也能展现本真自我,我对其进行了针对性的辅导。

### B 辅导节点

**1.体验交往情趣。**

依琳对公众环境及人群有恐惧心理,语言表达能力比较差,正是这些关键障碍使她不愿意和别人交流。于是我针对依琳对同伴的喜好,调换新座位。比如依琳有很多芭比玩具,喜欢给玩具娃娃打扮梳妆,就让班级里也有相同爱好的云云、天天与之共玩;让语言发展较好,能力强,热心助人的红红做她的好朋友,负责守护依琳。红红在同龄幼儿中确实算得上很会交往,她见依琳给大芭比怎么也穿不上公主裙,就说:"我来教你怎样穿,还有,我玩具里的公主裙比较大,可以借给你用!"于是,红红"穿"给依琳看,此时我发现依琳虽然没有讲话,可脸上露出了笑脸。就这样,兴趣相投的朋友常常把心爱的玩具借给依琳,这让她从物质上感受到"有朋友就有好玩的,有朋友玩具就丰富",并从朋友那儿学到更多玩娃娃的本领,比如用穿珠机给娃娃制作项链,将好多个芭比排列在一起举行公主会等。依琳渐渐体会到了和同伴一起玩耍的乐趣,有时候也会主动找这几位伙伴共玩,"胆小虫"迈出了与人交往的第一步。

2. 丰富人际关系。

仅仅和几位固定的伙伴共玩显然人际关系还不够丰富,于是我与依琳的家人交流,鼓励他们多带孩子与朋友、邻居等伙伴共玩。爸爸妈妈工作忙,就定期由爷爷奶奶带孩子到小区里玩,出门时还带上一些糖果零食、好玩的玩具等,吸引小区其他的小朋友,让她从被动交往开始。尽管依琳看到这些熟悉又陌生的朋友还有点胆怯,也不会自己主动上前,但至少不排斥交往,有时也会简单回应小伙伴们的语言,"每天到小区里吸引朋友玩"也成了固定的习惯。节假日,我鼓励孩子父母担负起责任,定期带依琳去更远一些的公众场合,比如去郊外散散步、去超市购物等,但不管去哪儿,都要带着依琳找年龄相仿的孩子玩,和他(她)说说话、交换食物、赠送一点小礼物等。在幼儿园期间,我也有意识地引导依琳和不同的伙伴共玩,比如和男孩子玩游戏棋、玩滑梯,或者定期到小班、托班照顾弟弟妹妹,去大班向哥哥姐姐学些折纸、陶艺的本领。通过这些定期的、成人陪伴式的交际,让依琳逐渐认同形形色色的人,愿意与他们打交道。"胆小虫"开始融入各种群体。

3. 积累应对经验。

与人交往还得具备一些经验,以便应对遇到的各种问题。针对依琳语言表达比较差的弱点,我平时创造条件让依琳开口说话。比如在听故事、看电视后,为她每周开辟一次"依琳时间",鼓励她将看过的节目与老师、小朋友简短交流。还引导依琳在绘本剧表演等活动中扮演配角,用简单的动作配以简单的台词,适应在众人面前展现自己,体验到被他人认可的快乐。经过观察发现,依琳的胆小还表现在从不敢拒绝同伴,有时候实在不开心了,只会回家向爷爷奶奶发一通脾气。因此教会孩子用适当方式说"不"显得很重要。我针对交往中的一些案例,帮助依琳事后分析,比如当有很多人向你借取玩具时,你得决定这套玩具最多适合几个人玩?然后要对其中一部分人说下次再借;又如玩耍时如果你不赞成朋友的提议,应该直接地告诉他(她),并且大胆地提出自己的想法。慢慢地,依琳也敢于对自己不喜欢的或者不乐意的交往行为说"不",而不是如同原先那样顺从或躲避。当依琳逐渐能用语言较为完整和清晰地表达自己的内心想法时,她的交往也就更加丰富起来了。"胆小虫"终于蜕变成自信的蝴蝶。

## 辅导反思

家庭中备受宠爱,一个动作、一个表情就能满足所有需求,造成了依琳不需要更高的交际行为和交际语言。而幼儿园等公共环境与家庭是有着本质的区别,于是依琳选择用"不说话、不交往"的胆怯行为应对外界环境,以此处理与所处环境之间的关系。我从根源入手,先让孩子从相对狭小的交往范围感受到与人交往带来的乐趣,尝到甜头。然后逐渐帮助其扩大交往范围,同步引导她发展交往的关键性技能——语言表达,鼓励她在交往中敢于表达自己的想法,从被动逐渐走向主动,从胆怯逐渐演变为大胆。

但是,人与人交往的过程毕竟是复杂的,孩子与同伴相处除了获得乐趣,也往往会有矛盾和挫折。当依琳有了这些负面的体验后,往往又会选择退缩和回避,因此,我们既要耐心等待孩子,同时也要持续关注孩子交往中的困难,及时帮助孩子"见招拆招",获得丰富而灵活的交往经验。

作者单位:浙江省湖州市蓝天实验幼儿园

# 有个小怪叫孤独

徐晓青

## A 辅导缘起

月月是班里的一名插班生,蓬乱的短发、黝黑的皮肤、略微胖胖的身材……她不像班上其他女孩子每天都有漂亮的花裙子穿,短发配长裤的她看上去就像个男生;她没有十分开朗的个性和立刻适应新环境的能力,初到班级的她总是"孤单"一人;她没有精致的绘本和豪华的玩具,一只看上去脏兮兮的小熊总是陪伴着她……每当其他孩子开心地和同伴游戏时,月月总是最后被邀请到或是没有被邀请,偶尔的一次主动请求会遭到其他小伙伴的拒绝。从此以后,月月更加"独来独往"了,最爱做的事情就是抱着她那只小熊望着窗外发呆。

心理学认为,对每个幼儿来说,尽管心理发展遵循着相同的模式,但还必须注意到心理发展的个体差异:不仅发展的速度、最终达到的水平可能各不相同,而且各种认知能力和个性心理特征可能也有很大差异。很明显,月月正在经受着"环境适应孤独"的困扰。为了帮助她尽快融入新的集体,也为了让孩子能够正视"孤独感"的存在,我对月月进行了以下辅导。

## B 辅导节点

### 1. 心的共鸣。

早晨,月月来到了教室照例选择了旁无一人的座位坐下开始画画。我轻轻地走了过去问:"月月,为什么不和其他小朋友一起搭积木呢?"月月迟疑了一会儿轻声说:"他们会说我搭得不好的。"我说:"你每天都带着这只小熊,它是你的好朋友对吗？那除了小熊，你还有其他好朋友吗？"月月轻轻摇头。"哦，真羡慕你有这样一个可爱的朋友，但是老师知道小熊很喜欢有更多人和它一起玩，你看它现在看上去是不是有点孤独并且不太开心呢？"月月放下画笔紧紧地抱起了小熊，同时我留意到短短时间里那张白纸上竟出现了一只生动的小熊。"其实班级里的很多小朋友都可以成为小熊的好朋友，也可以成为你的好朋友，只是他们没有说，只是你和小熊都不知道。也许你可以带着小熊和大家一起玩，我相信小熊一定会比现在更开心，你说呢？"月月抬起头没有说话，但是眼神和我有了第一次的对视。

借小熊传情达意让月月自然地接受并引起了心的共鸣，虽然没有过多的言语交流，但仅凭那一个眼神就能让我读懂她不想孤独的心。

2. *爱的呼唤*。

针对月月的情况我开展了集体心理辅导活动"有个小怪叫'孤独'"，整个活动在温情和暖心的氛围中展开。通过活动孩子们不仅重新审视了孤独，而且知道原来孤独感会存在每个人的心里，例如来到陌生环境、被人拒绝以及无人帮助……倾听着其他幼儿表达自己感受孤独的心情时，月月特别认真并且头一次举起了小手："我在幼儿园玩滑梯摔倒了，大家都笑话我，我……我很孤独！"我和同伴都给了月月深情的拥抱。为了帮助孩子克服内心的孤独情绪，我将孤独以一个小怪的形象出现，所有的孩子都在努力想着怎样战胜孤独小怪的方法，心里想着开心的事情、主动找朋友说话、做一件自己最想做的事情……孩子们讨论得热火朝天，月月抛弃了小熊也加入到了讨论，并在小组里担任了绘画的重要角色。听着同伴对自己的夸奖，第一次，月月有了发自内心的笑脸……

心理辅导活动结束后，月月特意走到我的身旁轻声说："徐老师，这个孤独小怪其实一点也不可怕，还有点可爱呢！"从那一刻起我知道，在月月的内心"孤独"已然被正视，并且会逐渐被快乐所代替。

3. *情的感化*。

自从和"孤独小怪"斗争过后，月月望窗发呆的时间越来越少，她开始慢慢融入到"和大家一起玩"的游戏中，绘画方面的天赋也被大家发现并受到了更多小朋友的肯定和赞赏。班级里还多了一块特殊的区角——心情故事："孩子们，心情故事就是大家的秘密小天地，你心情不好的时候、想一个人待一会儿的时候都可以到这里来，没有人会打扰你！"

舒适的靠垫、若隐若现的垂幔以及一些可爱的玩偶组成了另一方小天地，这里成了孩子们调节情绪的场所。有一次，月月带着小熊在心情故事里说完悄悄话后把小熊留在了里面，她告诉我："老师，我喜欢和我的朋友们一起玩，小熊也应该有它的朋友，就让它在这里找到更多的朋友吧，我想它一定会高兴的！"

### 辅导反思

无论是个体辅导还是团体辅导，真正能走入孩子内心引发其共鸣的成功辅导一定是亦师亦友、知情知爱、寄抒并存……通过辅导，月月和其他幼儿正视了孤独感的存在，不会因特殊情绪的干扰变得害怕、无助和不知所措；通过辅导，月月体会了因为初到新环境还不是完全熟悉同伴和老师的原因才会出现种种的孤独情绪，并且这种情绪是任何人都会产生；通过辅导，月月掌握了几种调整孤独情绪的方法，并通过拔除孤独小怪尖刺的直观感受获得成功的体验感。月月放下了担心，放下了不安，放下了焦虑，我也从她放掉"小熊"的行为中感受到她的内心大门正逐渐开启。这样的变化离不开有目的、有指导的养成性心理辅导，同时，更离不开教师在平日生活里对其细心观察和用心的爱。

在整个辅导过程中，我也特别联系了月月的家人，他们都是工薪阶层，每天忙于奔波生计很少有时间陪伴孩子，更别说和孩子沟通心声。如何改变家长的教育理念，使他们共同关注孩子的心理成长是我们需要思考的问题。

月月的孤独情绪辅导看似告一段落实际才刚刚开始。大量研究表明，人类的心理，一方面是不断发展的量变，但另一方面又有阶段性发展的质变。因此，营造爱的温馨氛围、给予幼儿和教师平等对话的权利是帮助幼儿形成长期稳定心理发展的保障。在教室里，教师陆续开辟了"心情故事"、"老师，我想对你说"、"心情变变变"等心理区角，并坚持以爱为主、用心共鸣等辅导策略，为幼儿健康心理的形成打下良好的基础。

作者单位：宁波市第一幼儿园

## 遥望星星的孩子

史微波

### 辅导缘起

新生入学，其他幼儿哭闹不止，小男孩洋洋却显得安静。适应阶段过去，才发现洋洋几乎不说话，动作也很慢。做操时洋洋总是呆呆地站着不动，睡觉时洋洋就坐在床沿上，吃饭时洋洋只动了几口，盥洗时不叫他是不会出来的。我不禁抱怨："洋洋，你怎么这么慢？"洋洋闪躲着眼神不说话。

我查阅了一些资料，并联系专业人士帮助鉴别，心里大概有了底，洋洋可能是

**直面童心的点拨**——幼儿园心理辅导个案101例

轻度自闭症的孩子。

自闭症者"有视力却不愿和你对视,有语言却很难和你交流,有听力却总是充耳不闻,有行为却总与你的愿望相违……"没有人知道为什么,只好把他们叫做"星星的孩子"——犹如天上的星星,一人一个世界,独自闪烁。

作为一名普通的教师,应对这样的情况我感到无力,但是我不想放弃。星星的孩子,距离那么远,但是我愿意用名叫"期望"的望远镜注视他,了解他,爱护他。

## B 辅导节点

### 1. 顺其自然。

"洋洋,好了吗?""洋洋,你怎么还在这里?"……一开始,教室里时不时地响起这样的声音,然后洋洋就像无头苍蝇一样显得惊慌失措,不知该干什么。直到我走到他身边,明确地和他说:"洋洋去解小便"或者"洋洋,去拿杯子",洋洋才会有所行为。可是当他做完一件事情后,又开始不见了,洗完手的他会在擦手的地方玩弄毛巾,拿了杯子后站在盥洗室门口不知何去何从。我责备的语气让他感到紧张,他闪躲着眼神不回答。

看到洋洋不安的眼神,我开始反思,越是想要他能像其他幼儿一样按照教师指令完成任务,结果越是差强人意。星星,高高在银河系里,我再叫他也不会掉落到地球,那就让他在天上吧。我尝试把催促变成明确的指令,将"你怎么还没去喝水"变成"快去拿杯子喝水","你怎么不参加游戏"变成"我们一起做游戏哦"等等。指令明确了,洋洋的反应就快了许多,看着洋洋一点点进步,我感到欣慰,觉得离星星的距离近了一步。

### 2. 积极关注。

这天离园的时候,我站在门口和小朋友们说再见,忽而转头看到洋洋红着眼睛,眼泪滴答滴答往下掉,我走过去问他:"洋洋,你怎么了?"洋洋没有回应我。我摸摸他的脑袋安慰他:"眼睛红红的像小兔子,不哭了哦。"洋洋的眼神闪烁了下依旧没有解释哭泣的原因,我只能询问洋洋的奶奶。奶奶说:"刚才洋洋和老师说再见,你没有听到,他说老师不理我,就哭了。"原来如此,我没想到平时都不说话的洋洋会和我说再见,我立马微笑着表扬他,同时也自我批评了一下:"洋洋,对不起哦,老师刚才没有听到,今天洋洋真棒,会和老师说再见了。"我摸摸他的头,拿纸巾擦干他的眼泪,继续说:"洋洋再和老师说一次,老师一定不会不理你。"他怯懦地小声说:"老师再见。"我立马拥抱了他,并笑着回应他:"洋洋再见!明天还要说哦。"他显得很兴奋,高兴之情溢于言表,拽着奶奶离开了幼儿园。

接下来的日子里,我将"积极关注"发挥到极致,上课的时候用眼神肯定他,活动的时候用言语赞美他,每一个动听的词语都让洋洋感到欣喜,洋洋的行为发生了明显的变化。他总是乐呵呵的,动作比过去快多了,和他对话的时候也能有一搭没一搭地慢慢回应了。

3.静待花开。

慢慢地,洋洋变得越来越积极了,但这样的情况也时有发生,如吃饭的时候,洋洋把花蛤的壳一个个地排列成行,其他的饭菜却一动不动。我好几次提醒他:"洋洋,快点吃饭。""洋洋,不要再玩了。"我快没有耐心了,常感到洋洋表现得越来越好时,往往一下子又打回原样。

为了解决洋洋吃饭的问题,我提前和洋洋约定:"今天我们吃饭吃快点好吗?洋洋的嘴巴很能干的。"洋洋如果答应了,那么这天的吃饭肯定不成问题。根据他的情况,我会给予表扬,有时候他没有吃完,我还是会肯定他积极的方面:"洋洋今天很棒,明天还可以更棒一些。"就这样,洋洋吃饭的问题初步解决了。

遥望漫漫星空,要有决不放弃的信念。常常我以为快要成功的时候就会发生倒退的现象,而这是正常的,我还是要一如既往地坚持,用更多的耐心和爱心对待孩子。

### C 辅导反思

对比一年前的洋洋,现在的洋洋开朗了许多,也会主动和同伴进行交流,在户外活动的时候,他会和小朋友说:"给我玩玩好吗?"在操场也经常能看到他和同伴追逐嬉戏的场景。

一年前,面对洋洋烦躁易怒的我好像就在昨天,而现在看到洋洋,我有了更多的耐心,他的每一个小小的进步,对我来说都是大大的惊喜。在很长时间里,针对如何解决洋洋的问题成了我的学习动力,我查找资料,咨询他人,获取多方面的知识,帮助自己不断地成长。在接下来的日子里,我将继续关注他,坚定我对他的期望,在生活和学习中慢慢引导他,给他时间适应和习惯,相信他会越来越棒,这颗叫作洋洋的小星星将不再离得遥远。

作者单位:宁波市鄞州区荣安琴湾幼儿园

## 96 爱的伤害

叶凌燕

### A 辅导缘起

珍珍小朋友机灵、乖巧,在各方面都表现不错,语言发展尤为突出。

在小班阶段,她是其他幼儿的榜样。每天她都能得到赞扬,她的父母更是认为自己的孩子没有什么缺点。从中班开始,我渐渐发现,听惯了赞扬的她虚荣心日渐增长,越来越自傲。几乎什么事情都期望获得老师表扬,得不到表扬就会很不高兴。如果老师表扬了其他小朋友,她就会主动问:"那我呢?我比他怎么样?"一副不达目的决不罢休的模样,也因此和其他小朋友矛盾不断。

在和她妈妈交流中发现,她认为女儿各方面都十分优秀,理所当然要得到赞美。同时因为父母的婚姻出了状况,妈妈觉得珍珍在家中已经得不到完整的爱,就更关注她在幼儿园受到的"礼遇"。因此,珍珍经常被妈妈问道:"今天,老师有没有表扬过你呀?"被表扬似乎成为珍珍每天要完成的一项"任务"。

"虚荣"在字典里的解释是,表面上的荣耀,虚假的荣誉。心理学认为:虚荣心是一种扭曲了的自尊心,是一种性格缺陷,也是一种不正常的社会情感。自傲一般指自以为比别人高明而骄傲,自傲的人不能正确认识自己,也往往不受大家的欢迎。妈妈过度的爱对珍珍自尊心的建立、健康人格的形成显然已经形成伤害。

### B 辅导节点

**1. 冷处理。**

元旦集体舞前,女孩子每人都要戴皇冠。皇冠有所不同,但都非常漂亮。其他的女孩子谁也没有挑拣,戴上后都满意地微笑着离开。轮到珍珍了,我刚拿起一个,还没有戴,她马上说:"我要紫色的,不要这个粉红的。"

可是,紫色的皇冠已经没有了,她只好戴上了粉红的。一会儿,我发现她的皇冠变成了紫色的,一问,才知道她找嘉嘉换了。

她喜滋滋地来到我面前:"叶老师,我漂亮吗?"我说:"嗯,很漂亮。"一会儿,她又跑来问:"我和琪琪谁漂亮?""一样漂亮呀!"她不满:"我是问谁漂亮。那总有一个是最漂亮的呀!"我微笑着,用很平静的口气告诉她:"老师觉得每个小朋友今天都特别漂亮,男孩子个个是王子,女孩子个个是公主。"她怔住了,若有所思地安静下来,转身走了。

2. 热商议。

在进行完语言活动"金色的房子"之后,我请小朋友来表演。大家都想演"小姑娘"这个角色,但是小姑娘的角色被琪琪先选走了。珍珍有点不高兴地蹭上来,嘟囔着:"我不要演别的。"随后,她和琪琪商量:"我跟你换一下好吗?"琪琪也很想演这个角色,就表示不同意。她很不高兴地说:"那我不跟你好了。"

我见状摸摸她的头:"你演小鸟也很不错哦。看,这是小鸟的翅膀,很漂亮吧。来,叶老师帮你戴上。"并微笑着用目光鼓励她。见我没有改变主意帮她调换角色的意思,她也就不说什么了,悻悻地走到一边去候场。

表演开始了,我在一边观察她的表演。由于语言表达能力较强,她很顺利地完成了表演。起初还绷着脸,演到最后她开心地笑了。

表演结束后,我说:"这样也很开心对吗?"她点点头。我先肯定她和大家配合得很好、演得很生动,又给她指出"我就是想演小姑娘"的想法不当之处,让她懂得和大家在一起开心地玩就是最棒的。

3. 暖缓解。

国庆节,年级组进行联欢活动,请小朋友表演节目。在请其他小朋友表演的时候,珍珍有点不耐烦,皱着眉头说:"我要表演了,怎么还没轮到?"我轻声安慰她:"再等一下就到了。"请到珍珍的时候,她满脸不高兴,噘着嘴上来,安抚好久才使表演顺利进行。

她的妈妈第二天在班级论坛上发了一个帖子:"昨天珍珍等了好久才轮到(表演),好可怜噢!"显然,家长的溺爱和误导已经影响了她的社会性发展,使得她觉着什么事情都应该她优先。这种极度的自我中心使得她不能遵守普通的规则,不能忍受自己被"忽视"(没有优先权)。

我马上联系她妈妈对此事进行交流。首先,我请她的妈妈谈谈昨天珍珍对这件事情的反应,并诚恳地向她请教有何好的建议。妈妈还在为自己的女儿晚表演而耿耿于怀。于是,我详细介绍了我们年级组对此次活动的设想与安排,目的是想让每位孩子展示自己的才能。当然,出场顺序老师要统筹安排,考虑节目类型和幼儿的能力,将能力强一些的幼儿安排在稍后的时间段来表演。谈到这里,妈妈眉头舒展了,脸上的表情也自然了起来。我趁机引导她:"孩子是很敏感的,尤其是你女儿又那么聪明。你的情绪变化会给她很大的影响,如果她遇到不开心的事情,我们从积极的一方面去开导她,她也会学会用阳光的心态去对待。这对她以后的健康成长非常重要。"妈妈边听边微笑着点头:"谢谢老师!"

**C 辅导反思**

教育需要爱,但是,任何事物都十分讲究"度"的把握。有时候,过度的爱会给孩子带来意想不到的伤害。

很多事实表明,孩子身上存在的问题大多源于家庭。父母那种不经意间流露出的对事物的态度与价值观会潜移默化地在孩子身上折射,经过日积月累必将对孩子的心理产生深远影响。

在处理珍珍的问题上,一方面我找她谈心,以大量的事实让她相信自己是很棒的,不要太在意别人的看法,并通过活动逐渐疏导。另一方面,我找她的妈妈交流,让她注意到这种情况的存在及不良影响,配合我的教育。同时,我和配班老师协商,做到步调一致,在不打击她积极性的基础上,尽量少表扬她,教她一些如何从另一方面看待问题的方法,学习面对不同的评价都能愿意接受的心理素质,逐步减少她对表扬的依赖。经过一段时间的教育,珍珍有了较明显的改善。

作者单位:宁波市实验幼儿园

## 97 我当哥哥了

史南竹

### A 辅导缘起

牛牛是一个懂事的孩子,能弹会唱,是同伴眼中的好榜样。自进入大班后,牛牛有了一些明显的变化:笑容少了,需要老师的及时关注,脾气暴躁了,经常与同伴大打出手,成为小伙伴们经常告状的对象,甚至还出现一些行为上的问题。

有一次,班上有位女孩最喜欢的皇冠不见了,女孩子当时就急哭了,我也反复帮着寻找没有找到,同样的事情接二连三的在班级上演,而且没的都是女孩子很喜欢的东西。在整理活动中,值日生检查抽屉时,牛牛怎么都不让检查,还不断地推搡值日生。当时我发现牛牛的异样后就觉得不对劲,于是和牛牛有了一通谈话,最后牛牛打开抽屉,拿出了他的小秘密。

在与其父母进行沟通后,我分析原因:

1.焦虑情绪。牛牛正处于"幼小衔接"的敏感期,同时又遭遇家庭结构的变化。妈妈怀孕后期,准备待产,因身体不便也不与牛牛玩耍。家人注意力的转移,对牛牛的关注减少,让牛牛产生了焦虑情绪。

2.嫉妒情绪。妹妹出生后,家人开始围着妹妹转,全身心关注牛牛的惯例已成为过往。对新生儿的照顾,取代了对牛牛的关注,让牛牛不自觉地产生了嫉妒情绪。

看到这些情况,作为牛牛的老师,我该如何帮助他呢?如何让牛牛以正确的态度来面对自己的妹妹呢?

## B 辅导节点

**1. 绘本共读——"同"情。**

我首先想与牛牛做面对面的沟通,想知道牛牛对于妈妈生妹妹,有些什么想法,希望勾起牛牛倾诉的欲望。但是沟通的效果不理想,牛牛不愿意说。于是,我想到了绘本书,想要通过角色替代法,让牛牛进入角色,大胆倾诉自己的心情。

《我当哥哥了》是一本关于二胎的代表作。在这本书中,前半部分讲的是主人公野田发现有了弟弟妹妹后,觉得妈妈不爱自己了,觉得没有弟弟妹妹多好。这个内容与牛牛的遭遇何其相似,我适时以问题引导,你觉得野田有这么多的弟弟妹妹,他的心情怎么样?你觉得他有什么想法呢?这时牛牛打开了话匣子,有弟弟妹妹一点都不好,他们在妈妈肚子里的时候,妈妈就不能抱我了,还不能陪我荡秋千。等妹妹生出来了,爸爸妈妈每天只知道照顾妹妹,都不管我了,家里变得很吵很吵,我想拍球,妈妈都不让我拍。妹妹每天都有新衣服、新玩具,我都没有。牛牛终于通过绘本,把平时的不满发泄出来了,达到了我辅导的第一步。

绘本后半部分的内容是,野田在陪同弟弟妹妹散步时,多次产生放弃弟弟妹妹的想法,最终,野田都没有真正去做。我抓住这个冲突点,引导牛牛去体会野田的情感,为什么野田有这么多放弃弟弟妹妹的机会,最后他都没有这么做呢?以此引起牛牛的思考,在牛牛的心里埋下一颗亲情的种子。

**2. 同伴支招——"移"爱。**

在班上,有兄弟姐姐的家庭还是不少的。我分别和这些二胎家庭的孩子进行了谈话,了解他们与兄弟姐妹相处好的、值得借鉴的方法,通过小范围谈话,逐渐与牛牛进行了分享和讨论。比如情感转移法:当"我"需要陪伴的时候,爸爸妈妈要照顾弟弟妹妹没有时间,我可以找别的人来陪伴;比如情感倾诉法:当我对爸爸妈妈有所不满的时候,我可以找祖辈、老师倾诉和宣泄,也可以直接告诉爸爸妈妈;比如尝试加入法:当弟弟妹妹需要照顾时,我和爸爸妈妈一起来照顾,让一家人紧密地联合在一起,在互动中加深情感。

我还请了有兄弟姐妹的老师说说好处,当一位老师说道:当我们父母老了的时候,我知道,还有我的兄弟姐妹一起陪我照顾我们的爸爸妈妈,小牛牛竟然感动地哭了。

有了这样的启示,慢慢地,牛牛每天到幼儿园会跟我说说,昨天妈妈照顾妹妹的时候,我自己玩拼图去了;前不久,妹妹不舒服,大家都围着妹妹,我有点担心;昨天,我和爸爸一起冲"阿奶"给妹妹吃,她对我笑。当牛牛对我倾诉越来越多关于妹妹的故事,我发现牛牛的笑容多了。

### 3.父母表白——"暖"心。

在与牛牛父母的沟通中,我知道牛牛的父母也是非常关心牛牛的,牛牛这段时间的变化让他们感到欣喜。我想到,牛牛还没有听到爸爸妈妈的想法,其实旁人说得再多,都不及爸爸妈妈一句爱的表达。

于是我与牛牛妈妈一起录制了一段爱的表白,在牛牛生日那天,和全班的小朋友一起聆听。妈妈说:"牛牛,有了妹妹以后,你是不是觉得妈妈不关心你啦?"说到这句话时,我看到牛牛开始认真倾听。妈妈又说:"那是因为妹妹还小,什么事情都不会做,全部需要我们的照顾,但是我的牛牛已经长成一个小男子汉了,可以和妈妈一起照顾妹妹吗?"这时牛牛不由自主点了点头。最后妈妈说:"不管有没有妹妹,妈妈对你的爱是不会减少的,妈妈永远爱你,以后你还会多一个小妹妹来爱你哦!"

看着牛牛感动的样子,我知道牛牛的心里已经吃下了一颗爱的定心丸。

### C 辅导反思

在本次辅导中,我觉得牛牛刚开始不肯诉说真实的想法,是因为大班幼儿的道德感已经初步形成,他们开始关注别人对自己的看法,因此在表述时,他们更多地表现出别人赞同的想法,被别人不赞同的想法和做法,他们会选择隐藏。而运用绘本的角色代入法,可以让幼儿不用拘泥于别人的想法,大胆地表达自己的情感。

关于二胎焦虑的辅导,作为一名教师,我的辅导只是初步的,父母才是缓解二胎焦虑的关键。因此,对家长观念、行为的辅导也是需引起高度重视的。

作者单位:宁波市宝韵音乐幼儿园

#  "公交车"伴我成长

张青青

### A 辅导缘起

多多是个新入园的小班小朋友,开学初他一个人静静地坐在角落里发呆,对周围发生的一切毫无兴趣。早操时间到了,很多孩子随着音乐响起都主动排队,只有他还是无动于衷地坐在自己的座位上。这时,我走过去拉着他的小手让他排在第一个,当火车头,他跟着我一起来到了操场,但在做早操过程中他始终站在原地一动不动。

区域活动时,小朋友都自主选择了喜欢的区角活动,可多多还是静静地坐在座

位上。他的这一举动引起了我的重视,于是便走过去:"多多,请你也去选择一个区角玩好吗?"他摇摇头说:"我不要玩。"我继续追问:"你为什么不要玩啊?"他轻声地说:"人太多了,我不要玩。"无论我怎么鼓励他,他就是不想去玩……

多多平时主要由祖辈抚养,在入园前没有上过亲子早教班,很少与同龄孩子接触,缺少社会交往。来到幼儿园,他第一次离开自己熟悉的家庭,离开了熟悉的亲人,进入一个陌生的大环境,接触到这么多陌生人,对多多来说是一个很大的挑战。从多多在园表现看,他愿意接受我的邀请参加排队,但不做早操也不参加区域活动,说明他害怕离开自己熟悉的"安全"地带,内心害怕人多的地方。心理学研究上将这种表现称为对公众场所的恐惧。为了让多多尽快地消除对公众场所的恐惧心理,为他建立起初步安全感,愉快地适应幼儿园集体生活,我对多多进行了以下的辅导。

### B 辅导节点

**1."公交车"的秘密——意外的发现。**

初到幼儿园,多多的生活从"一个人"变成了"一群人"。这样的环境使他因找不到自己的位置而缺乏安全感,从而产生紧张害怕的恐惧反应,出现了不合群的表现。因此,让多多参与活动融入集体,让他有能力在活动中找到自己的位置、体验到集体生活的快乐,成了尽快消除多多害怕恐惧的不错选择。

有一次,我在洗手间帮助入厕的孩子系裤子,轮到多多的时候,他突然冒出:"张老师,15路公交车是从汽车东站开到锦江年华的。"这可是我第一次听到他主动跟我说话,真是又惊又喜,于是我告诉他,"你能不能把你知道的公交车知识也和其他小朋友分享呢?这样就更加棒了!"他笑了笑,便离开了。

接下来的每天早上他一来到幼儿园,我就主动问他:"你今天来幼儿园的路上看到几路公交车了?你坐的公交车上人多吗?"他都会积极地回应我。渐渐地,他每天都能主动和我分享关于公交车的故事。

**2."公交车"的秘籍——意外的惊喜。**

今天是无车日,想到多多对公交车特别感兴趣,于是在晨间谈话时,我故意谈到无车日的话题。我提问:"你们今天是怎么上幼儿园的?"大多数幼儿都说是爸爸妈妈开车送来的。接着我又问:"谁知道今天是什么日子?"由于是小班孩子,关于无车日的知识很多幼儿并不了解,大家便一言不发。这时多多的小手慢慢地举了起来,我见状马上抓住机会,请他回答。他清楚地表达了关于无车日的知识,还特别强调请小朋友的爸爸妈妈们平时出行要多坐公交车,少开私家车。借此机会,我又问他:"张老师今天想去儿童公园,你知道可以坐几路公交车吗?"他迅速回答:"那坐14路好了。"此外,他还向大家介绍了部分公交车的行驶路线,小朋友们瞬间向他投去了赞赏的目光。与此同时,他的脸上也露出了真诚的微笑。

### 3. "公交车"的秘诀——意外的收获

区域活动时，我请班中一名性格比较开朗的幼儿泽泽主动邀请多多一起到建构区中搭建公交车，没想到多多很爽快地答应了。这时，我便在一旁做起了观察者。在搭建过程中多多主动询问泽泽想要搭几路公交车，泽泽由于对公交车并不熟悉，就说了句："随便！"这时，多多很认真地说："不可以随便的，那你想去哪里呢？"泽泽说："我想去天一广场。"多多马上说："去天一广场的车有很多，今天我们就搭357路好了。"说完，就马上动手操作了。他一边搬材料一边说，"公交车是长方形的，要多拿些长的木头。"泽泽听了他的话，一边搬一边问："这样够多了吗？"多多回答："差不多了。"两人持续操作了15分钟后，一条马路和一辆公交车已经完工，在这一活动中他彻底地由被动者变成了主动者。

#### C 辅导反思

开学一周后，我无意中发现了多多对公交车特别感兴趣的秘密，接下来的日子里我便经常和他聊关于公交车的话题，借此机会我和他之间建立了初步的信任。第三周时我借无车日的话题为多多在班级里创设了一个展现自己的机会，在这里他得到了小伙伴们的充分肯定，为他消除害怕公众场所、害怕他人、适应集体生活带来了无穷力量。在这里，兴趣对多多的发展起到了重要的作用。

儿童本身是独立的、积极主动的个体，只有在开放、轻松的环境中，幼儿才会大胆主动地表达自己的需求。在此，教师必须充分尊重幼儿，努力满足幼儿的需要，激发其内心的安全感，促进幼儿健康发展。

作者单位：宁波市镇海区庄市街道中心幼儿园

## 99 他像个女生

杨增叶

#### A 辅导缘起

钧钧是个文静内向的小男孩，他腼腆、害羞，常常躲在妈妈身后。他最喜欢看妈妈和老师穿漂亮的裙子，每当我穿上好看的裙子，钧钧便不由自主地夸奖，"老师，你的裙子太漂亮啦！"小手不自觉地摸着我的裙子，羡慕的神情让我都觉得不好意思。一次，妈妈给钧钧买了一件大号T恤，就是这件稍显肥大的T恤成了钧钧的"心头好"，每到午睡时间，钧钧便会快速脱下长裤，穿着大T恤在床上不停地转圈、摆动,那模样像极了女孩穿上了心仪已久的"公主裙"。

此外,钧钧还很喜欢看妈妈化妆,琳琅满目的化妆品让钧钧充满了好奇。他每次都会不停地问妈妈:"这是干什么用的?"看妈妈一笔一画把自己打扮得神采奕奕,钧钧便也喜欢上了奇妙的化妆品。他常常趁妈妈不在家的时候偷偷摆弄化妆品,学着妈妈的样子给自己打上红红的粉扑,涂上鲜艳的口红,还会沾沾自喜地涂抹上亮丽的指甲油。

钧钧妈妈一开始并没引起注意,可随着时间的推移,儿子的反常举动越来越明显,他喜欢跟女孩一起玩过家家的游戏,喜欢扮演"妈妈"、"姐姐"的角色,每次去逛街,他的眼光都聚集在漂亮的发饰、可爱的布娃娃、粉红的衣服上。钧钧的这些表现都在暗示着他可能出现了性别角色错位。

性别角色错位是孩子成长到一定年龄阶段,已能认清自己的性别,但行为举止却没有呈现出与性别相对应的表现。如果孩子在幼儿时期不能及时完成性别认同,日后就有可能出现不同程度的性别偏差行为,不仅影响孩子各方面的发展,而且不利于身心健康。为了帮助钧钧提高性别认同,纠正不良的性别角色错位行为,我及时开展了心理辅导。

### B 辅导节点

#### 1. 追根溯源——找出问题所在

研究表明,童年时期,儿童对于性别角色的认知模糊,若周围环境反复逆向强化其性别意识,使其心理性向无法与自身生理特征达到匹配,就容易造成性别角色发展错位。而家庭在幼儿性别特征形成中有着重要的作用。我了解到,妈妈在钧钧出生前一直误以为肚里的宝宝是个女孩,为钧钧准备了很多粉红色的漂亮衣裙。儿子的出现让这个新手妈妈措手不及,但物品的添置已经到位,钧钧便从出生开始穿上了女孩的衣服。妈妈对女孩的偏爱,使得她常常恶作剧地将钧钧打扮成"小公主",给钧钧带上漂亮的发夹,怂恿钧钧学着女孩的样子。

钧钧的大家族培养了许多漂亮能干的姐姐,姐姐们有趣的女生游戏每次都能吸引钧钧的目光。当姐姐们聚在一起跳橡皮筋、玩过家家时,钧钧也迫不及待地加入;当姐姐们乖巧伶俐颇受长辈青睐时,钧钧便也学着姐姐的行为来讨长辈欢心。所以,他模仿姐姐的举动,羡慕女生的生活。从小的耳濡目染,与妈妈的过多接触,与女孩世界的亲近,促使钧钧的性别错位行为愈演愈烈。

#### 2. 性别强化——父亲角色回归

了解到钧钧性别角色认知模糊的原因后,我与钧钧父亲进行了一次深入的沟通,让他明白自己在纠正儿子性别错位行为中不可替代的作用,而他也很快尽职尽责地付诸行动。

为了强化钧钧的男性行为模式,钧钧的父亲及时从工作中抽身,用许多时间陪伴儿子。他给儿子讲《男孩的故事》，教育钧钧要像故事中的男孩一样勇敢、坚强；他带儿子去爬山，让儿子在户外活动中磨炼意志；他跟儿子一起参加小朋友的生日聚会，引导儿子与男孩们玩游戏、做朋友，让钧钧渐渐体会到男孩游戏的乐趣。爸爸的加入，让钧钧增加了很多与同性相处的机会。爸爸的粗犷，爸爸的豪爽，爸爸说话时粗粗的声线，爸爸强有力的臂弯，让钧钧对成为一名像爸爸一样的男子汉充满了憧憬。在爸爸男性行为模式的带领下，钧钧的男性行为逐渐增多。

为了强化钧钧对男性角色的认同，培养他对自己是男孩的自豪感，爸爸联合老师一起开展了以"男孩和女孩"为主题的PK赛，在PK赛中钧钧明白了男孩与女孩的不同。男孩勇敢、坚强、有力气，就像爸爸那样能拎动很重的物品，而女孩温柔、可爱、乖巧，说起话来像银铃般优美。从这一系列活动中，钧钧更清楚了自己的性别——男孩，也更期待能成为一个像爸爸一样的男子汉。

3. **丰富生活——转移关注焦点。**

在家里，爸爸不断地对钧钧进行性别教育，在幼儿园里，我也及时鼓励钧钧多与男孩子们接触、玩耍。近期，随着天气日渐炎热，家长们为班级新添置了一批动感十足的玩具——水枪，这可乐坏了班上的男孩们。每次到了游戏时间，男孩们便兴高采烈地开始水枪大战。连一向对此类游戏毫无兴趣的钧钧，也跃跃欲试。于是，我抓住教育契机，及时鼓励钧钧与皓皓拉近距离。"钧钧，我们一起玩水枪吧，可好玩了。不信，你看！"皓皓调皮地朝钧钧射了一枪，钧钧的衣服湿了，脸上的笑容却荡漾开来。我赶紧递给钧钧一把水枪，告诉他："赶紧加入吧，皓皓在等你呢。"钧钧接过我手中的水枪，愉快地加入了男生的水枪大战。通过这一次难得的游戏体验，钧钧开始融入男生集体，跟几个男孩成了好朋友。

### 辅导反思

经过近三个月的心理辅导，钧钧逐渐减少了对女孩生活的关注，也渐渐淡出了女孩群体。自身行为模式的改变，让他对性别认识更加直观，爸爸的全程参与，让他有了模仿倾诉的对象。钧钧在经历了"犹豫——重建——强化"之后，他的行为模式已与一般男孩无异。

在看到辅导效果的同时，我也发现了一些问题，在重建钧钧男性行为的过程中，妈妈的态度让钧钧的表现常有反复。因此，在关注孩子行为模式形成中，也要对成人进行疏导，帮助他们跟孩子一起明确目标，让钧钧在温馨愉快的氛围里，慢慢转变，慢慢调整。

作者单位：宁波市鄞州区姜山幼儿园

#  他不再唱反调

李 君

### A 辅导缘起

班里有个男孩子,名字叫豪豪,今年7岁,活泼好动。在幼儿园里,每天同伴对于他的告状不绝于耳:上课时,随意脱鞋子、摇椅子;游戏时,为了抢先把同伴推倒在地,绝不向同伴道歉;午睡时,把衣服、裤子随意扔在地上,就上床睡觉。老师对豪豪的这些行为反复提醒甚至批评教育,可是他仍旧我行我素。这些行为的背后,表明豪豪出现了严重的逆反心理。

幼儿逆反心理是一种特殊的心理现象,主要表现为幼儿认识上的逆反以及情绪和行为上的对抗。有着逆反情绪的孩子往往以自我为中心,喜欢和成人对着干。豪豪之所以会这么叛逆,首先,跟他的家庭环境有关。爸爸工作忙,脾气比较暴躁,与孩子在一起的时间很少。每次豪豪不听话,爸爸就会打他、骂他,久而久之,使得豪豪的性格变得越来越叛逆。其次,逆反心理是豪豪自我意识增强的表现。大班孩子的主观能动性日益增强,这时的孩子常常会耍性子、闹独立,有时为了引起同伴或老师的注意,就表现出反抗、捣乱、顶嘴的现象。长此以往,会导致孩子性格偏执,在同伴中不受欢迎,也不利于其独立自制能力的养成。

### B 辅导节点

1.*暂停法*。

美术活动时,孩子们都在专心地画画,突然,豪豪一组的东明跑过来告状:"老师,你看,豪豪把我的画涂坏了!"只见画面上有好几条黑色的记号笔画的线条,把原本好好的一张画涂得面目全非。

我大声地说:"豪豪,你过来!"

豪豪慢吞吞地走上来。

我:"豪豪,这是不是你涂的?"

豪豪不吭声,一副无所谓的样子。

我:"你自己不好好画,还把别人的图画得乱七八糟!你要向东明道歉!"

豪豪满不在乎地说:"我才不道歉呢!"

我:"你不道歉暂时不用画画了,先到前面坐一会儿吧!"

我让豪豪独自坐在教室前面,让他的情绪先平静下来。豪豪看着其他小朋友画画,觉得很无趣。过了5分钟,豪豪走到我跟前说:"老师,我要画画!"

我:"你想画画可以,不过你要先向东明道歉!"
豪豪不情愿地对东明说:"对不起!"
我:"东明,豪豪向你道歉了,你可以原谅他吗?"
东明:"可以!"
豪豪点了点头,继续开始画画。

当我要求豪豪向同伴道歉时,豪豪不置可否,看来他存有一定的逆反心理。我采用"暂停"的处理方法,"暂停"豪豪正在参与的活动,给他一定时间平复情绪。之后与豪豪进行沟通,让他意识到这是一种不文明的行为,并主动向同伴道歉。

2.换位法。

午睡时间到了,孩子们陆续走进午睡室,开始脱衣服上床睡觉,只见豪豪脱好衣服后,把衣服随手一扔,准备睡觉。

我:"豪豪,你的衣服有没有叠好?"

豪豪故意把头钻进被窝,不予理睬。

我:"豪豪,今天我请你做小老师,和我一起检查,看看谁的衣服叠得最整齐,好吗?"

豪豪立刻从床上坐了起来,先把自己的衣服整整齐齐地叠好说道:"老师,我已经叠好了!我和你一起检查吧!"

当豪豪没有叠好衣服时,我多次提醒,豪豪都不予理睬。当我邀请豪豪一起做小老师检查同伴叠衣服的情况时,豪豪意识到自己的衣服还没叠放好,立刻有所行动。我巧用换位法,使豪豪主动改正不良的生活习惯。

3.激将法。

区角活动时间,孩子们分组开展游戏,有的在看图书,有的在科学区探索。豪豪在建构区里搭了一会儿积木,走到科学区看了看,最后走到图书区停留了片刻,把书架上的书一本一本扔在地上。旁边的婷婷捡起来,他又把书扔下来,还说:"我扔你捡,我们谁快呀?"不一会儿,地面一片狼藉。

我:"豪豪,你会整理图书吗?"

豪豪:"会呀!"

我:"我刚才看见你把图书都扔在地上了,你说你会整理,我不信!"

豪豪理直气壮地说:"谁说我不会啊?我整给你看!"

只见豪豪把地上的图书一本一本捡起来放到书架上,不到5分钟的时间,就把图书整理得井井有条。

我:"豪豪,这么多图书都整理好了,累不累?"

豪豪:"累!"

我:"以后我们要爱护图书,轻拿轻放,可以吗?"

豪豪使劲地点点头。

有着叛逆心理的孩子往往自控能力比较差,会不自觉地去搞一些小破坏。当我看到豪豪的破坏行为后,没有立刻制止,而是采用激将法,让他独自去整理图书,弥补之前所做的小破坏,不仅让他的充沛精力有用武之地,而且让他体验整理图书的辛苦,懂得以后要爱护图书。

### C 辅导反思

面对豪豪的逆反心理,教师要用爱心包容孩子,用心观察孩子的行为,分析行为背后的心理,用科学、适宜的方法来引导孩子,才能触动孩子的内心,帮助孩子学会自我调节,提高自我控制能力。现在的豪豪经常为班级、同伴做力所能及的事,他在同伴心目中的地位不断提高,也拥有了更多的朋友。

在辅导中,我发现孩子的逆反心理与家庭环境有着直接的关系。孩子是家长的一面镜子,在引导孩子的同时先要改变家长,面对孩子的逆反心理,家长不能以暴制暴,要学会控制自己的情绪,坚持正面教育,多给孩子一份关爱、一些鼓励,让孩子不再唱反调。

通过辅导,我深刻地感到,逆反心理并非是简单的"好"或"坏"的心理状态,它是孩子自我觉醒、要求独立的表现,蕴涵着一些积极的心理因素。如何正确看待逆反心理的正负效应,利用逆反心理中的积极因素,用科学、辩证的方法因势利导,是值得我们深思的。

作者单位:宁波市江北区实验幼儿园

## 101 风雨过后是彩虹

林晓花

### A 辅导缘起

凝凝是本学期刚从分园转入我们班的新小朋友,在分园已经上过一年的中班,因为年龄小又是教师子女大家都非常照顾她。进入我们班也使她有了一种莫名的优越感,成了一个行为孤傲,经不起任何批评、打击的孩子。可是开学伊始,凝凝遇到了麻烦。

镜头1:"下雪了,会发生哪些变化吗?"我刚说完,凝凝的小手就举得老高。"凝凝,你来说说看。""@$&★%……""老师,她说的是什么啊,我们都听不到。""我们什么都没有听到,只听到嗡嗡的声音。"

镜头2:今天轮到凝凝讲故事,凝凝走上前就开始讲。虽然肢体动作很丰富,但是故事内容大家都没听见。几个调皮的男孩子大声地叫着:"凝凝,大声一点,我们听不到。"

由于凝凝说话嗡嗡,很多的小朋友都不愿意和她一起玩。时间长了,我明显的感觉凝凝变了,对自己没信心,上课不举手发言,做什么事都怕这怕那,不敢尝试。为了能让凝凝能从挫折中走出来,找回自信,我做了以下的辅导。

## B 辅导节点

### 1. 游戏共情。

离园时分,几个小朋友提议玩"抢椅子"的游戏。游戏一开始,小朋友都在激进的音乐中开心地游戏着。随着第一次音乐戛然而止,凝凝被淘汰了。一轮结束,兴头未尽的小朋友强烈要求再来一次,但第二次游戏队列中少了凝凝,一看,她一个人偷偷地躲在窗边,任我怎么邀请也不过来……我走过去说:"凝凝,刚才是你身边的小朋友太厉害了,现在林老师让你自己去选择,你喜欢站哪里就站哪里,我们再来一起抢椅子好不好啊?"我走过去顺势拉起了她的手……在音乐声中我们的游戏开始了。

游戏中,为了让她不至于第一个被淘汰,我特地站在了她的后面。其他小朋友都在音乐声中很轻松地跑,凝凝则显得很是紧张。在音乐戛然而止的时候,我略施小计顺利地让凝凝抢到了椅子。在后来的游戏中我故意抢不到椅子,在凝凝之前被淘汰。当她敌不过其他小朋友被淘汰时我拉起她的手说:"没有关系的,你看,林老师也被淘汰了,你还比我厉害呢。我们等会再来好不好啊?"凝凝点点头,随后就加入到呐喊加油的队列中。

在游戏当中,我的淘汰让凝凝知道失败无处不在,每个人都会遇到,即使是在她看来无所不能的林老师也不例外。

### 2. 故事寄情。

隔壁班王老师要上公开课《乌鸦喝水》,在我们班试教,课上凝凝听得特别认真。王老师几次提问,凝凝都试图举手,可每次又都缩回来。当王老师问:"小朋友们,乌鸦遇到了这么大的挫折,你们遇到过吗?"小朋友们叽叽喳喳说开了,我悄悄地走到凝凝后面说:"凝凝,你看,这么多的小朋友都遇到过挫折。"凝凝问:"林老师,你遇到过吗?"我笑了笑说:"当然,林老师小时候也经常遇到挫折,其实我们每个人都会遇到各种各样不同的挫折……"此时,王老师追问:"乌鸦遇到挫折的时候是怎么做的?你遇到挫折的时候,会怎么办?""乌鸦一直坚持不懈地往瓶子里叼石子。"凝凝小声地说,我在旁边鼓励她举手大声地说,她小心翼翼地举起了手,我朝王老师使了个眼色,凝凝被请到并说出了刚才的答案。王老师肯定了她:"这个小朋友用了'坚持不懈'四个字,很棒,我们给她拍拍手。"凝凝在小朋友的掌声中缓缓坐下,脸上仍有些小紧张,我赶紧给她竖起了大拇指,她羞涩地对我笑了笑。

简单的故事,简单的对话,让凝凝知道了不止是她一个人遇到了挫折,挫折是无处不在的,她身边的每个人都遇到过。肯定的回答,及时的表扬,让凝凝知道了挫折并不可怕,只要像乌鸦一样坚持不放弃,迈出小小的一步,终会达成自己的目标。

3.情境达情。

又到了星期三的泥工课时间,今天学做小乌龟并结合以前所学的动物尝试创编故事。凝凝捏了一只乌龟,身上有漂亮的花纹,身边还有小兔子、小鸡和一些水果,我就鼓励她:"你捏得很不错,试试来编个故事好吗?"她胆怯地看了看我说:"林老师,我行吗?"我肯定地说:"你行的!把你的故事大声讲给其他小朋友听。"在我的鼓励下,她走到了集体前面,发挥了自己的想象力和创造力,声情并茂地讲了一个很有趣的故事,小朋友都很喜欢并给予了热烈的掌声,当她走下去的时候,我看见她的脸上荡漾着自信而开怀的笑容。

从此以后,我经常鼓励她在集体面前表现自己,使其他孩子看到了她身上的"闪光点",我发现她在各种活动中的积极性和自信心越来越强,和小朋友相处也更融洽。

## C 辅导反思

在辅导中,我运用故事、游戏让凝凝明白人人都可能遇到困难和挫折,而困难和挫折是可以通过坚持不懈地努力克服并战胜的。生活中多给予凝凝鼓励,运用集体肯定的魅力,让凝凝顺利地走出了挫折,重归自信。随着时间的慢慢推移,凝凝的抗挫折能力逐渐增强,活动中再也看不到凝凝因为一点点挫折就萎靡不振、退缩胆小的行为。

在辅导中,我也发现凝凝面对挫折的表现只是单一的胆小退缩,而每个小朋友因为个性不同,面对挫折后的表现也不尽相同,有的会大发脾气,有的会哭闹,这样,教师辅导的切入点该如何选择,如何运用不同的策略帮助孩子克服挫折依然值得我们思考。

本案例使我感到,教会幼儿正确面对和战胜挫折并非一朝一夕的事情,关键是要顺应幼儿心理的发展规律,不放过任何实施教育的机会,在生活中潜移默化地培养幼儿抗挫折的能力。

*作者单位:宁波市第一幼儿园*

# 后 记

接到主编《直面童心的点拨——幼儿园个体心理辅导101例》一书的邀约,不禁喜忧参半。喜的是一直喜欢张骏乐先生的书,喜欢他的敏锐与创新,曾对他的《直面危情的智慧——中小学班主任应急讲话101例》《直面困境的精彩——中小学德育创新101例》爱不释手,写了读后感并被《东南商报》"好书推荐"栏目选上。而在"全民健心"上升为国家战略的今天,他把视角拓展到了中小学与幼儿园的心理健康教育,着手写《直面童心的点拨——幼儿园个体心理辅导101例》《直面心灵的艺术——中小学心理辅导方法101例》,这是何等的谋略与远见。忧的是自己才疏学浅,怕担不起如此重任,既辜负了先生又对不起读者,也担心幼儿园心理个案辅导是一个全新的领域,届时不会有足够的来稿进行筛选。但出于一个幼儿教育工作者的责任和对儿童心理健康教育的热爱,还是欣然接受了任务,开始着手编写《直面童心的点拨——幼儿园个体心理辅导101例》一书,旨在为幼儿园教师提供一些可以借鉴的个别心理辅导方法。

当今的孩子大多是在家长们的过分溺爱中成长,大人们一味地满足孩子的物质需求,而常常忽略了对孩子的情绪培养。经调查发现许多孩子普遍存在着嫉妒、任性、孤僻、焦虑、情绪反常、社交困难等问题,在性格品质方面表现出胆小、害羞、自卑、怯懦、暴躁、攻击等众多方面的问题。而这些问题又常常被家长和老师看做是孩子的品行问题来教育或者要求及时改正。

其实,孩子每一个非正常行为的背后,一定会有一个正常的理由。那么,教师该如何读懂孩子,感同身受地看待他们身上出现的问题,并用专业的技巧解决他们成长的困惑?在我眼中,心理健康教育是不能用成功与否来定义的,它应该是帮助每个孩子不断感受生命的美好,帮助他们逐渐释放生命的力量,并且获得快乐成长的能力。心理辅导不应该是一个点、一个结果,而应该是一个过程、一个随着生命不断变化和成长的过程。我们每天和孩子之间发生的故事都是即兴生成而非刻意彩排的。所以,辅导在这里不是枯燥的说教,而是在一段段真实可感、正在发生的故事中,这些趣味精彩的故事背后,诠释的是科学的理念和专业的技巧。

《直面童心的点拨——幼儿园个体心理辅导101例》正是根据以上的思考,要求作者对自己实践的个别辅导按照"辅导缘起"、"辅导节点"、"辅导反思"进行梳理,真实地展示教师在幼儿园个别心理辅导中的全过程。本书汇集的101例辅导个案,都是每位作者亲身操作过的实例。案例描述实操性强,心理辅导润物无声般地融入生活情景中,为幼儿园有效开展个案辅导活动提供样板和参考。

在这里,我们要感谢宁波市闻裕顺幼儿园教师林环舟、江东区常青藤幼儿园教师罗建丽、北仑区中心幼儿园教师刘露凤,精心撰写了可供借鉴的范文,使得许多来稿行文规范、思路清晰、主题明确;要感谢400余位幼儿园教师的热忱支持,把平时经历过的心理辅导案例原原本本地奉献出来,让我们可以借鉴、共享辅导成果;要感谢宁波市海曙区教科室徐晓虹、江东区教科室王岚、江北区教科室吴晶京、镇海区教科所王焕轶、幼教教研员朱月仙、北仑区教科所陆怡汝、鄞州区教科室朱永良和韩文莲、慈溪市教科所李葵、幼教干部应雁飞、余姚市教科所宋岳新、奉化市教科所姜红霞、宁海县教科室龚锦茹、象山县教科处研中心张玮璟、幼教干部张敏雁、大榭开发区教科研中心张贻波、国家高新区教研室詹霄武等老师积极组织稿源,使得本书可以在丰厚的稿源中优中选优。还要感谢中国《德育报》社长兼总编辑张国宏在百忙之中为本书作序,张社长的序言既高屋建瓴,又衔接地气,诠释了一个教育人的情怀。

令人欣喜的是,这次征稿除了宁波本地,在徐慧珠、陈晓英等老师的支持下,我们也收到了来自温州、湖州等地幼儿园教师的来稿,虽然外地来稿不多,但也足以体现教育的共性。

心理健康教育是一个正在探索的课题,是一个永远奔波"在路上"的课题。受视野的局限、经验的局限、能力的局限,我们对很多心理问题的甄别和辅导还有不足之处,恳请广大读者批评指正!

编者

2015年8月

亲爱的读者：

感谢您购买《直面童心的点拨——幼儿园个体心理辅导101例》。

本书为幼儿园教师对幼儿情绪、行为背后的心理问题进行辅导的参考用书，分为以下12个板块：紧张焦虑、欺骗说谎、动辄告状、胆小退缩、盲目多动、同伴嫉妒、拒绝分享、固执任性、消极依恋、恋母情结、恋物嗜好和其他，运用心理辅导实操的个案共计101例。

每个案例由三个部分组成："辅导缘起"，即介绍该辅导个案的背景，分析情绪、行为产生的原因及辅导的预设目标；"辅导节点"，即辅导过程中的几个关键环节；"辅导反思"，即对辅导正反两方面的小结及对后续辅导的思考。

本书介绍幼儿园教师在心理辅导实践中的思考和做法，全方位展示幼儿园教师在心理辅导中的"点拨"技巧，填补了目前幼儿园个别化心理辅导的空白，是幼儿园开展心理辅导不可多得的参谋和助手。

联系地址：宁波市甬江大道1号宁波书城8号楼616室

联系人：章淑芳　　联系电话：0574-87242865　18969437121　　QQ：573236244

开户行：

1. 交通银行宁波分行(户主：宁波出版社)　　账号：332006271012015501188
2. 建行和丰支行(户主：宁波出版社)　　账号：33101986100052500069
3. 支付宝户名：宁波出版社　　帐号：cw@nbcbs.com

宁波出版社<br>2015年8月30日

------------裁切线------------------------------------裁切线------------

## 回　执

| 书　名 | 《直面童心的点拨——幼儿园个体心理辅导101例》 | | |
|---|---|---|---|
| 订　数 | | 定　价 | 35.00元 |
| 经手人 | | 电　话 | |
| 邮寄地址 | | | |

学校(盖章)＿＿＿＿＿＿＿＿＿＿

亲爱的读者：

感谢您购买《直面童心的点拨——幼儿园个体心理辅导101例》。

《直面心灵的艺术——中小学心理辅导方法101例》是《直面童心的点拨——幼儿园个体心理辅导101例》的姐妹篇，为当前中小学心理教师常用的心理辅导方法，分为以下12个类型：焦点解决法、家庭系统法、系统脱敏法、合理情绪法、认知行为法、阳性强化法、叙事法、箱庭法、游戏法、艺术法、其他（一）和其他（二），运用心理辅导方法实操的个案共计101例。

每个方法由三部分组成："辅导缘起"，即介绍该辅导个案的背景及采用该辅导的心理学思考；"辅导节点"，即辅导过程中的几个关键环节；"辅导反思"，即对辅导正反两方面的小结及对后续辅导的思考。

本书介绍了中小学心理教师在心理辅导实践中的思考和实践，全方位展示中小学心理教师在心灵对话中的辅导艺术，是中小学开展心理辅导不可或缺的参谋和助手。

联系地址：宁波市甬江大道1号宁波书城8号楼616室
联系人：章淑芳　联系电话：0574-87242865　18969437121　QQ：573236244
开户行：
1.交通银行宁波分行（户主：宁波出版社）　　账号：3320062710120155011 88
2.建行和丰支行（户主：宁波出版社）　　　　账号：33101986100052500069
3.支付宝户名：宁波出版社　　　　　　　　　帐号：cw@nbcbs.com

宁波出版社<br>2015年8月30日

------------ 裁切线 ------------　　　　　　------------ 裁切线 ------------

## 回　执

| 书　名 | 《直面心灵的艺术——中小学心理辅导方法101例》 | | |
|---|---|---|---|
| 订　数 | | 定　价 | 35.00元 |
| 经手人 | | 电　话 | |
| 邮寄地址 | | | |

学校(盖章)_____